EUL VERLAG

PLANUNG, ORGANISATION UND UNTERNEHMUNGSFÜHRUNG

Herausgegeben von Prof. Dr. Dr. h. c. Norbert Szyperski, Köln, Prof. Dr. Winfried Matthes, Wuppertal, Prof. Dr. Udo Winand, Kassel, Prof. (em.) Dr. Joachim Griese, Bern, Prof Dr. Harald F. O. von Kortzfleisch, Koblenz, Prof. Dr. Ludwig Theuvsen, Göttingen, und Prof. Dr. Andreas Al-Laham, Kaiserslautern

Band 112
Kai-Christian Muchow
Strategischer Wandel in Professional Service Firms – Eine prozeßorientierte Untersuchung am Beispiel deutscher Rechtsanwaltskanzleien
Lohmar – Köln 2006 ♦ 314 S. ♦ € 52,- (D)
ISBN-13: 978-3-89936-488-0 ♦ ISBN-10: 3-89936-488-0

Band 113
Stefan Wittenberg
Gestaltung interner Märkte in Unternehmensnetzwerken
Lohmar – Köln 2006 ♦ 256 S. ♦ € 47,- (D)
ISBN-13: 978-3-89936-500-9 ♦ ISBN-10: 3-89936-500-3

Band 114
Andreas Roß
Wertsteigerung durch Netzwerkkompetenz – Konzeption und praktisches Vorgehen
Lohmar – Köln 2006 ♦ 300 S. ♦ € 49,- (D)
ISBN-13: 978-3-89936-522-1 ♦ ISBN-10: 3-89936-522-4

Band 115
Klaus-Philipp Koepff
Institutionelles Krisenmanagement – Ein empirischer Vergleich von Inhouse- und Interim-Management
Lohmar – Köln 2007 ♦ 274 S. ♦ € 48,- (D) ♦ ISBN 978-3-89936-574-0

Band 116
Karl Langenstein
Post Merger Integration Management
Lohmar – Köln 2007 ♦ 260 S. ♦ € 47,- (D) ♦ ISBN 978-3-89936-627-3

JOSEF EUL VERLAG

Reihe: Planung, Organisation und Unternehmungsführung · Band 116

Dr. Karl Langenstein

Post Merger Integration Management

Mit einem Geleitwort von Prof. Dr. Michael Nelles,
Bergische Universität Wuppertal

EUL VERLAG

Bibliographische Information der Deutschen Bibliothek

Die Deutsche Bibliothek verzeichnet diese Publikation in der Deutschen Nationalbibliographie; detaillierte bibliographische Daten sind im Internet über <http://dnb.ddb.de> abrufbar.

Dissertation, Bergische Universität Wuppertal, 2006

ISBN 978-3-89936-627-3
1. Auflage September 2007

Printed in Germany
Druck: RSP, Troisdorf

JOSEF EUL VERLAG GmbH
Brandsberg 6
53797 Lohmar
Tel.: 0 22 05 / 90 10 6-6
Fax: 0 22 05 / 90 10 6-88
E-Mail: info@eul-verlag.de
http://www.eul-verlag.de

Bei der Herstellung unserer Bücher möchten wir die Umwelt schonen. Dieses Buch ist daher auf säurefreiem, 100% chlorfrei gebleichtem, alterungsbeständigem Papier nach DIN 6738 gedruckt.

Geleitwort

Die Lösung – das Management – der Folgeprobleme von weltweit zunehmenden Fusionen bestimmen real wesentliche Komponenten der Fusionserfolge und sind daher prinzipiell konstitutive Elemente von Fusionsentscheidungen selbst. Diese Folgeprobleme enthalten grundsätzlich diverse Chancen und Risiken von Fusionsprozessen, die neben rechtlichen Aspekten zahlreiche strategische und strukturelle, kulturelle und personelle Integrationsprobleme aufweisen.

Die Steuerung (das Controlling) dieser Fusions- bzw. Integrationsprozesse bis hin zu einer (vorerst) abschließenden Erfolgskontrolle ist auf einer Metaebene Teil der Fusionsproblematik.

Der Autor beabsichtigt, angesichts wachsender Anforderungen an Fusionen im Rahmen des Globalisierungsprozesses und wachsender Probleme bei der Erfüllung dieser Anforderungen einen Überblick über die wichtigsten Aspekte eines Mergers, insbesondere der Post-Merger-Integration zu geben, der eine Orientierung für betroffene Unternehmen in Ergänzung zur vorhandenen Literatur bieten kann.

Der Autor definiert zunächst generelle Begriffe und Aspekte zur Thematik „Mergers and Acquisitions". Es werden rechtliche Aspekte sowie ökonomische Effekte und Zielsetzungen bei M&A behandelt. Ebenfalls im deskriptiven Referenzsystem werden die Chancen und Risiken von solchen Projekten kategorisiert. Der Autor liefert ein heuristisches Referenzsystem zur Analyse von Fusionsproblemen und befasst sich mit den Aspekten und Problemen der Startphase des Integrationsprozesses. Anschließend werden insbesondere systematisch verschiedene Integrationsstrategien ökonomischer, soziokulturellere und personeller Art erörtert. Der Autor befasst sich mit der Thematik des Integrationscontrollings indem zunächst Planungs- und Kontrollfunktionen des Integrationscontrollings diskutiert werden. Die allgemeine Skizze von Grundaufgaben des Controllings wird durch eine Analyse der Inhalte spezifischer, strategischer und operativer Controllingaufgaben einer Fusion vertieft. Es werden eine Reihe wichtiger Teilfragen der Integrationssteuerung wie Wertmodellierung, Termin, Geschwindigkeit, Planung und Kontrolle der Integration erläutert. Der Autor diskutiert über spezielle Ansätze der Fusionskontrolle, die jahresabschlussorientierte Erfolgskontrolle, die kapitalmarktorientierte Erfolgskontrolle, ereignisorientierte Messverfahren sowie die Erfolgskontrolle mittels Insiderbefragung. Insbesondere die Analyse, Diskussion und Weiterentwicklung der kapitalmarktorientierten

Erfolgskontrolle deren Mittelpunkt aus der Darstellung und Kritik empirisch gestützter Ansätze der Bestimmung abnormaler Renditen in Verbindung mit Cross-Border M&A Geschäften besteht, ist hervorzuheben.

Besonders zwischen den Zeilen spürt man die Erfahrung des Autors in der Bewertung erfolgreicher Fusionen, in dem er klar zum Ausdruck bringt, dass es sich nicht um die Fusion von Firmenmänteln, Paragrafen oder Bilanzen handeln, sondern real um die Integration von Menschen. Dies drückt sich auch dadurch aus, dass die Frage des Erfolges immer direkt damit verknüpft ist, für wen was aus welchen Motiven heraus Erfolg sein kann.

Insgesamt hat der Autor einen Leitfaden als Orientierungshilfe für die Analyse und Bewältigung von Fusionsfolgeproblemen praxisbezogen entwickelt. Die kritisch-konstruktiven Erörterungen zur Erfolgskontrolle der Integration fusionierter Unternehmen und viele kritische Hinweise zur Analyse der vielfältigen Integrationsaspekte lassen sich zu einem guten wissenschaftlichen Beitrag summieren, der die Diskussion von Fusionsanalysen bereichern wird.

Ich wünsche der Arbeit von Herrn Langenstein eine sachgerechte Aufnahme durch Praxis und Theorie.

Professor Dr. Michael Nelles

Vorwort

An dieser Stelle möchte ich meinem Doktorvater, Herrn Prof. Dr. Michael Nelles, und meinem Zweitgutachter, Herrn Prof. Dr. Winfried Matthes besonderen Dank für ihre Unterstützung bei der vorliegenden Arbeit aussprechen.
Selbstverständlich ist eine Dissertation eine sehr eigenständig zu erbringende Leistung; gleichwohl ist diese jedoch ohne die vielfältige Unterstützung der unterschiedlichsten Personen kaum erfolgreich machbar. Insbesondere dann nicht, wenn man dies wie ich neben der normalen beruflichen Arbeit durchgeführt hat. Deshalb geht hier mein besonderer Dank, stellvertretend für alle, die mich wie auch immer unterstützt haben, an meine Kollegin Frau Dipl.-Betriebsw. Agnes Tuschhoff-Stark.
Wenn jetzt noch der ein oder andere beim Lesen zwischen den Zeilen die wahren Gründe erkennen kann, warum – obwohl ja eigentlich alles zum Thema Postmergerintegrationsmanagement in der Literatur vorhanden ist, trotzdem immer wieder so viele Fusionen scheitern, dann hat derjenige verstanden, dass es nicht nur alleine auf die gute und ausgefeilte Mechanik ankommt, sondern das Menschen mit ihren ureigenen, meist nicht klar formulierten Zielen und unausgesprochenen Beweggründen die eigentliche Ursache für den Misserfolg darstellen. Nebenbei braucht PMI sehr viel Erfahrung.

INHALTSVERZEICHNIS

ABBILDUNGSVERZEICHNIS

1 Einleitung

Die letzten Jahre sind durch ein starkes Anwachsen globaler Unternehmensübernahmen und -zusammenschlüsse gekennzeichnet. Seit 1996 hat sich die Zahl der Transaktionen weltweit mehr als verdoppelt. Dabei stieg das Transaktionsvolumen um mehr als das Neunfache an, der Umfang der einzelnen Transaktion hat also ebenfalls zugenommen.[1]

	90	91	92	93	94	95	96	97	98	99	2000	2001	2002	2003
Ausländische Käufer deutscher Unternehmen	242	247	212	184	142	184	223	267	297	359	168	345	230	166
Deutsche Käufer deutscher Unternehmen	373	589	533	372	368	439	457	453	448	485	354	633	526	300
Deutsche Käufer ausländischer Unternehmen	77	117	98	91	101	133	172	154	169	170	231	305	163	82

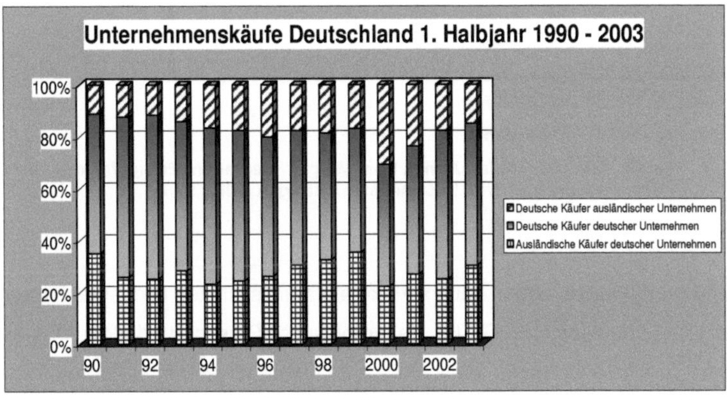

Abbildung 1: Unternehmenskäufe in Deutschland jeweils im ersten Halbjahr der Jahre 1990 bis 2003

Quelle: M&A International GmbH, Kronberg 2004

Diese Entwicklung legt die Frage nahe, auf welche Herausforderungen und Problembereiche wirtschaftliche Einheiten mit diesen strategischen Entscheidungen reagieren. Die folgende Abbildung visualisiert die zentralen Faktoren.

[1] Vgl. www.mergers-and-acquisitions.de/fakten1040.htm

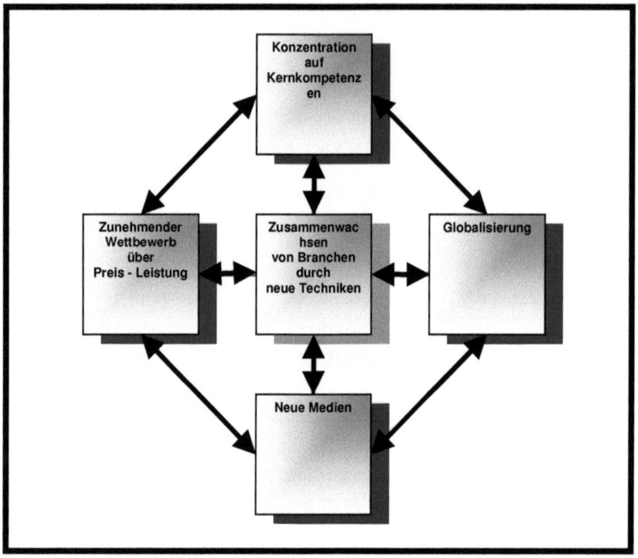

Abbildung 2: Gründe für Transaktionen

Quelle: **Grube, Rüdiger; Töpfer, Armin, Post Merger Integration; Erfolgsfaktoren für das Zusammenwachsen von Unternehmen, Stuttgart, 2002, S. 6**

Wirtschaftliche Einheiten stehen häufig immer anspruchsvolleren Mindestanforderungen bezüglich Produktpalette, Größe, geographischer Präsenz und Professionalität gegenüber. Zunehmend setzen kontinuierlich steigende Investitionserfordernisse im IT-Umfeld insbesondere kleinere und mittlere Unternehmen unter Druck.[2]

Zudem ist die Globalisierung ein wichtiger Faktor in diesem Zusammenhang. Einerseits wird die Globalisierung der Wirtschaftsbeziehungen als eine wechselseitige Internationalisierung von zunehmend allen Funktionsbereichen und Prozessen nationaler und internationaler Märkte verstanden, zum anderen als Entstehung internationaler Kooperationen, Kapitalverflechtungen und Akquisitionen.[3]

---

[2] Vgl. Wisskirchen, Cornell; Naujoks, Henrik; Matouschek, Gero; Balz, Ulrich; Arlinghaus, Olaf (Hrsg.), Post-Merger-Integration; Sonderdruck aus Das Praxisbuch Mergers & Acquisitions, Bonn, 2004, S. 305

[3] Vgl. Grube, Rüdiger; Töpfer, Armin, Post Merger Integration; Erfolgsfaktoren für das Zusammenwachsen von Unternehmen, Stuttgart, 2002, S. 6 ff.

Im Hinblick auf die Globalisierung bestehen mehrere Gründe für Kooperationen und Akquisitionen. Zum einen nimmt der Wettbewerb auf heimischen Märkten durch ausländische Direktinvestitionen zu, andererseits wurden neue nationale Märkte und neue Freihandelszonen erschlossen. Die deutsche Einheit und die zunehmende Abkehr von der sozialen Marktwirtschaft der osteuropäischen Nachbarstaaten sowie die Öffnung der Märkte Chinas und Indiens bieten weitere Marktpotentiale. Auch die Einführung des EURO wird als einer der wesentlichen Gründe für eine neue grenzüberschreitende Konzentrationstendenz in vielen Branchen innerhalb Europas gesehen. Die schnellen technologischen Entwicklungen sowie die politischen Veränderungen tragen ebenfalls zur zunehmenden Globalisierung bei.[4] Diese weltweit gegenwärtigen Globalisierungs- und Konzentrationstendenzen machen auch vor dem deutschen Mittelstand nicht halt. Fusionen und Transaktionen bieten die Möglichkeit, sich diesen Herausforderungen durch sprunghafte Vergrößerung zu stellen.

Kaufobjekt	Land	Preis in Mill. EURO	Käufer	Land
Innogy Holding	Großbritannien	8123	RWE	Deutschland
Reemtsma	Deutschland	5800	Imperial Tobacco	Großbritannien
Zomba Music	USA	3100	Bertelsmann	Deutschland
Mannesmann Rexroth	Deutschland	2700	Robert Bosch	Deutschland
Stinnes AG	Deutschland	2500	Deutsche Bahn	Deutschland
TXU Europe	Großbritannien / USA	2170	Eon	Deutschland
BEN Niederland	Niederlande	2000	T-Mobile	Deutschland
Schmalbach-Lubeca	Deutschland	1725	Amcor	Australien
Siemens-Bereich	Deutschland	1690	KRR	USA
Haarmann & Bayer	Deutschland	1660	Investor	Schweden

Abbildung 3: Die größten Übernahmen mit deutscher Beteiligung 2002

Quelle: M&A International GmbH, Kronberg 2004

Speziell in den Vereinigten Staaten sind Übernahmen und Großfusionen momentan wieder im Trend. Aktuelle Beispiele sind in der Medizintechnik die Akquisition von Guidant durch Johnson & Johnson oder aber in der Telekommunikationsbranche der

[4] Vgl. Jansen, Stephan A. (2001), Mergers & Acquisitions; Unternehmensakquisitionen und -kooperationen, Wiesbaden, 4. Auflage, 2001, S. 1 ff ; Wirtgen Jörg, Post-Merger-Management, www.flexible-unternehmen.de/kl0908.htm, letzter Zugriff 20. 12. 2004 und Lange, Georg F.; Ernst & Young (Hrsg.), Mergers & Acquisitions in der Praxis; Erfolgreiches Projektmanagment bei Unternehmenstransaktionen., Frankfurt am Main, 2001, S. 11

Zusammenschluss von Sprint mit Nextel. Laut einer Studie der Unternehmensberatung Bain haben solche Transaktionen keine guten Erfolgschancen, da hiernach jede größere Transaktion Wert vernichtet. Die Gründe für den Nichterfolg sieht Bain, wie auch andere Untersuchungen seit Jahren gezeigt haben, in folgenden Mängeln. In 67 % der untersuchten Fusionen gab es Probleme bei der Integration der Unternehmen, insbesondere bei den Führungskräften. Die Manager von ebenso vielen Unternehmen räumten die Überschätzung von Synergieeffekten ein. Eine große Anzahl der Fehler wird aber schon vor der Transaktion gemacht. 40 % der befragten Manager gestanden ein, bei der Unternehmensanalyse nicht sorgfältig genug gearbeitet zu haben, und die Hälfte der Führungskräfte bekannte, die Due Diligence im Vorfeld nicht gründlich genug durchgeführt zu haben. Zudem verstärkte die Sorge, ein Marktbegleiter könnte das potentielle Transaktionsobjekt akquirieren, den Druck auf das Management zusätzlich, was sich die Hälfte der Akquisitionsobjekte so zu nutze machten, dass Fakten unbemerkt geschönt wurden. Dies hatte nicht selten zur Konsequenz, dass das übernehmende Unternehmen sich einen kostspieligen Partner ins Boot holte oder einen überhöhten Kaufpreis zahlte, der Synergiepotentiale schmälerte. Erschwerend hierzu hatte das von Bain befragte verantwortliche Management oftmals keine präzise Planung, wie die Transaktion gewinnbringend umgesetzt werden soll. Ein gutes Drittel der Führungskräfte hatte vor dem Zusammenschluss noch nicht einmal ein entsprechendes strategisches Kalkül und bei der Hälfte der Manager, die ein solches hatten, hat sich dieses strategische Kalkül im Nachhinein als falsch erwiesen.[5]

Ungeachtet der unternehmerischen Motivation einer Akquisition – etwa im Hinblick auf die Ausweitung des operativen bzw. strategischen Geschäftsfeldes – gilt es, sich ernsthaft mit der Phase nach dem Unternehmenskauf oder der Unternehmensbeteiligung auseinander zu setzen, um das eigentliche Ziel, die Steigerung des Unternehmenswertes, sicherzustellen. Die Literatur zur Post-Merger-Integration (PMI) bezieht sich überwiegend auf Fusionen von großen Unternehmen. Wie aber sollen die vielen kleinen und mittleren Fusionen im Mittelstand gemanagt werden? Kann und soll es überhaupt richtig sein, zum selben Sachverhalt unterschiedliche Lösungsansätze

---

[5] Vgl. Bain & Company Germany and Switzerland (Hrsg.), Mit Disziplin zur meisterschaft, in Bain & Company Results, Ausgabe Dezember 2004 und Frankfurter Allgemeine Zeitung (Hrsg.), Fusionen wenig erfolgreich, Frankfurt am Main, 20. Dezember 2004, Nr. 297, S. 20.

anzubieten? Handwerkliche Fehler werden gerade bei kleineren Fusionen öfter gemacht als man annimmt und so erlaubt sich der Autor hier an dieser Stelle ein Beispiel aus seiner persönlichen Erfahrung.

Beispiel:
Bei AT&T in Europa lag der Kauffokus überwiegend auf Softwarehäusern, die sich dadurch auszeichneten, einen hohen Technologiestandard als „Grundwert" des Unternehmens zu besitzen. Damit aber die wichtigen Know-how-Träger nicht nach wenigen Wochen schon das Unternehmen verließen und parallel sichergestellt wurde, dass das zu übernehmende Unternehmen auch bilanziell dem entsprach, was in der Due Diligence festgestellt und anschließend auch vertraglich vereinbart wurde, lief der Kauf und damit auch die Kaufpreiszahlung normalerweise in Tranchen ab. Das bedeutete, dass man z. B. festlegte, welche Umsatz- und Profitziele in den nächsten 3 Jahren erreicht werden sollen und welche Mitarbeiter (Keypeople) im Unternehmen zu verbleiben hatten. War das Ergebnis schlechter, als vorher vereinbart, wurde auch der Kaufpreis reduziert – analog wurde es mit den Keypeople gehalten.
Genau dieser im Kerngedanken richtige Sicherungsaspekt beim Kauf und zur Steuerung des Zahlungsstromes nach Vertragsabschluss für Hightech-Unternehmen ist natürlich der direkte Hinderungsgrund für eine rasche Integration.

Solche im Mittelstand auch heute noch angewendeten Verkaufsrituale sind zu den vielen in der heutigen Post-Merger-Integration–Literatur beschriebenen Organisationsentwicklungsstrategien nach der Akquisition geradezu konträr und könnten ein Scheitern forcieren.

Ob jetzt angenommene 74% oder 78% aller Fusionen in diesen Bereichen empirisch nachgewiesen scheitern, hängt sicherlich von den aufgestellten Determinanten ab und soll auch nicht Thema dieser Arbeit sein.

Ziel dieser Arbeit ist es, einen Überblick über die wichtigsten Aspekte eines Mergers, insbesondere der Post-Merger-Integration zu geben. Sie soll als Skelett dienen, an dem sich die betroffenen Unternehmen orientieren können. So können die jeweils relevanten Aspekte identifiziert und abgearbeitet werden. Sie soll eine hilfreiche Ergänzung zu der vorhandenen Literatur darstellen. Der Fokus der vorliegenden Arbeit liegt auf mittelständischen Unternehmen mit einer besonderen Betrachtung des IT-Sektors. Um den Rahmen dieser Arbeit nicht zu sprengen, wird darauf verzichtet, zu den aufgeführten Aspekten bezüglich der Post-Merger-Integration Praxisbeispiele aus der Erfahrung des Autors anzuführen.

Die folgende Abbildung 4 zeigt die Anzahl der im ersten Halbjahr 2003 durchgeführten Transaktionen nach Branchen aufgeteilt.

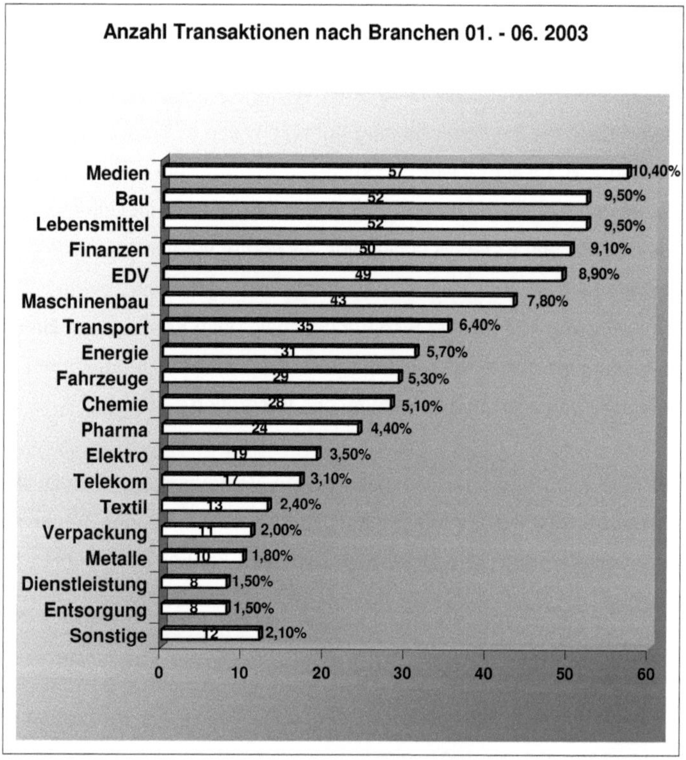

Abbildung 4: Anzahl der im ersten Halbjahr 2003 durchgeführten Transaktionen nach Branchen gegliedert

Quelle: M&A International GmbH, Kronberg 2004

Generell hängt das Vorgehen in einem solchen Integrationsprozess davon ab, ob man beispielsweise Unternehmen aus der IT-Industrie mit Standorten in 30 km Nähe mit der besonderen Problematik (denkende und ins eigene Produkt verliebte Mitarbeiter) oder aber zwei Produktionswerke von Automobilherstellern auf zwei unterschiedlichen Kontinenten fusionieren und anschließend integrieren will. Stets muss man sich darüber im Klaren sein, dass man konkurrierende und damit auch missgünstige Menschen positiv im Sinne des Unternehmens zusammen bringen muss. Heerscharen von M&A–Beratern, Strategieberatern, Moderatoren und Fachleute aller Art werden damit beschäftigt, damit der Wert des Unternehmens nach der Fusion gesteigert wird oder zumindest die ursprünglichen Motive der Transaktion darstellbar sind. Die versprochenen positiven Effekte müssen eintreten, gleichgültig ob es sich um eine horizontale, vertikale oder laterale Akquisition handelt.

Im zweiten Kapitel der vorliegenden Arbeit werden die Begriffe Mergers & Acquisitions, Mittelstand und IT-Branche definiert und erläutert sowie ein Überblick über den Ablauf und die Phasen einer Transaktion gegeben.
Das Kapitel 3 stellt die rechtlichen Aspekte sowie die Unternehmenswertanalyse im Zusammenhang mit Mergers & Acquisitions dar. Die Darstellung der rechtlichen Aspekte konzentriert sich auf die Vorverhandlungen, die Vertraulichkeitserklärung, die Legal Due Diligence sowie auf den Unternehmenskaufvertrag. Die Due Diligence als solche wird behandelt und es werden verschiedene Verfahren zur Unternehmensbewertung und damit zur Kaufpreisfindung kritisch hinterfragt.
Im vierten Kapitel werden die verschiedenen Chancen und Risiken einer M&A-Transaktion beschrieben. Die Motive und Ziele der Käufer sowie Verkäufer werden durchleuchtet und sich eventuell ergebende Problemfelder wie auch Erfolgsfaktoren behandelt.
Einleitend wird in Kapitel 5 der Integrationsbegriff definiert. Anschließend werden das 7 K-Modell der Integration, Ziele und Formen der Integration sowie Integrationsinstrumente vorgestellt. Zudem werden zeitliche Aspekte der Integration und die Informations- und Kommunikationspolitik behandelt. Abschließend werden Illusionen und Erfolgsfaktoren der Post-Merger-Integrationsphase vorgestellt.
Inhalte der ersten Phase der Post-Merger-Integration, der Start-up-Phase, werden im sechsten Kapitel präsentiert. Insbesondere wird auf den Integrationsplan, die Erar-

beitung eines hohen Anspruchsniveaus und den Aufbau einer kollektiven Leistungsmaxime eingegangen.

Das siebte Kapitel erläutert die verschiedenen Determinanten der Integrationsumsetzungs-Phase. Es werden Aspekte der strategischen, strukturellen, kulturellen wie auch personellen Integration aufgearbeitet. Die strategische Integration beschäftigt sich insbesondere mit der Koordination der Wettbewerbsstrategien, der Integration der strategischen Planungsprozesse sowie mit der Einbindung der Führungskräfte der übernommenen Unternehmen. Bei der strukturellen Integration liegt der Fokus insbesondere auf den Bereichen Entwicklung, Beschaffung, Programmierung bzw. Produktion, Absatz und Administration. Das in Kapitel 7.3 behandelte Thema der kulturellen Integration gliedert sich in folgende Aspekte: Elemente der Unternehmenskultur, Funktionen, Erfolgsfaktoren, Resultate wie auch Stufen der kulturellen Integration. Die anschließende personelle Integration behandelt das Personalmanagement, die Entwicklung der Personalstrategie und die Bereiche der personellen Integration.

Integrationscontrolling wird im achten Kapitel erörtert. Anfangs wird der Begriff des Integrationscontrollings erklärt, darauf folgen die Aufgaben des Integrationscontrollings. Diese lassen sich in Planung innerhalb des Integrationscontrollings, Kontrollfunktionen des Integrationscontrollings, spezifische, strategische sowie operative Aufgabenfelder einteilen.

Das Kapitel 9 stellt unterschiedliche Methoden zur Kontrolle des Erfolges der Integration vor. In diesem Zusammenhang werden ausführlich jahresabschlussorientierte und kapitalmarktorientierte Methoden der Erfolgskontrolle diskutiert. Zudem werden ereignisorientierte Messverfahren und die Erfolgskontrolle mittels Insider-Befragung kritisch betrachtet. Im Weiteren wird in Kapitel 9.2.3 versucht, ein Kapitalmarktsignal für den Erfolg bzw. Misserfolg einer Cross-Border-Transaktion mittels einer empirischen Studie zu identifizieren.

Das zehnte und abschließende Kapitel zieht ein Resümee und gibt einen Ausblick auf erwartete Entwicklungen auf dem M&A-Sektor.

2 Mergers & Acquisitions

2.1 Begriff der Mergers & Acquisitions

Im deutschen Sprachgebrauch gibt es keine einheitliche Unterscheidung zwischen Merger (Fusion) und Akquisition (Übernahme, Erwerb). Die fehlende Definition des Unternehmensbegriffs im deutschen Recht kann ein Grund hierfür sein.[6] Des Öfteren wird ein Unterscheidungskriterium bezüglich der rechtlichen Selbständigkeit der beteiligten Akteure vorgeschlagen: Verlieren beide Gesellschaften ihre Rechtspersönlichkeit bei einer für die Fusion erforderlichen Neugründung oder bleibt die rechtliche Selbständigkeit erhalten (Akquisition)? Der Begriff Mergers & Acquisitions wird in der Regel als ein Sammelbegriff verstanden, der sich auf der Unternehmensebene zu einem Instrument strategischer Entscheidungen entwickelt hat.[7]

In der vorliegenden Arbeit soll der Begriff Mergers & Acquisitions in dem weit gefassten anglo-amerikanischen Sinn der vielfältigen Erscheinungsformen von:

- Unternehmensverkäufen und –käufen,
- Unternehmenszusammenschlüssen,
- Kooperationen, Allianzen und Joint Ventures,
- Unternehmenssicherungen und –nachfolgen,
- Management Buy-Out und Buy-In,
- Börsengängen/IPO,
- bis zu den erforderlichen Umwandlungsmaßnahmen
- und Restrukturierungen

verstanden werden.[8]

---

[6] Vgl. Picot, Gerhard (Hrsg.) (1998), Unternehmenskauf und Restrukturierung; Handbuch zum Wirtschaftsrecht, München, 1998, S. 16

[7] Vgl. Jansen, Stephan A. (2001), a. a. O., S. 44

[8] Vgl. Picot, Gerhard (2002a), Handbuch Mergers & Acquisitions; Planung, Durchführung, Integration, Stuttgart, 2002, S. 19

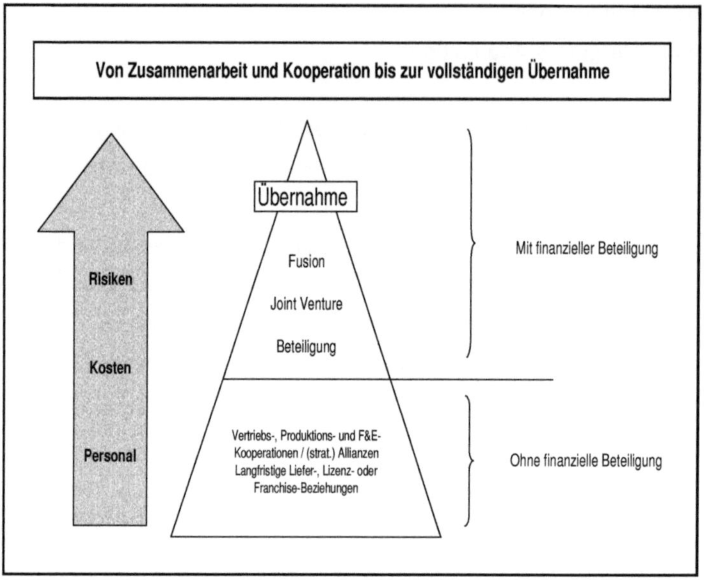

Abbildung 5: **Erscheinungsformen der Mergers & Acquisitions**

Quelle: **Picot, Gerhard (2002a), Rechtliche Parameter der Integrations- bzw. Implementierungsmaßnahmen, insbesondere der Restrukturierungsmaßnahmen, in: Picot, Gerhard (Hrsg.), Mergers & Acquisitions; Planung Durchführung Integration, 2. Auflage, Stuttgart, 2002, S. 20**

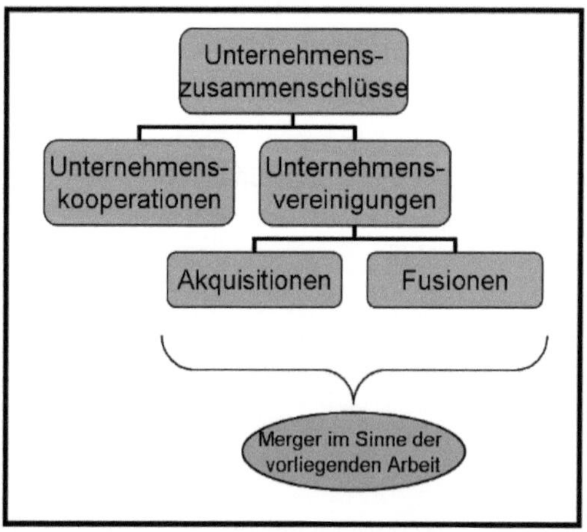

Abbildung 6: Ausprägungen von Zusammenschlüssen

In Anlehnung an Pausenberger, Ehrenfried, Zur Systematik von Unternehmenszusammenschlüssen, in: Das Wirtschaftsstudium, Auflage 11/1989, 1989, S. 623 f.

2.2 Begriffsbestimmung Mittelstand und IT-Branche

2.3 Begriffsbestimmung Mittelstand

Um die wirtschaftliche Bedeutung des Mittelstandes für Deutschland darzustellen, muss zunächst geklärt werden, was unter Mittelstand zu verstehen ist. Eine allseits akzeptierte Definition des Mittelstandes – auch unter der Bezeichnung „KMU" (kleine und mittelständische Unternehmen) bekannt – existiert nicht, weswegen in der Regel zur Beschreibung des Mittelstandes auf allgemein verfügbare quantitative Kriterien zurückgegriffen wird. So gehören in der Bundesrepublik Deutschland zunächst einmal alle Selbständigen in den freien Berufen, Handwerksbetriebe und sämtliche gewerblichen Betriebe mit weniger als 500 Beschäftigten oder weniger als 50 Millionen EURO Jahresumsatz zum Mittelstand.[9]

Quantitative Mittelstandsdefinition		
Unternehmensgröße	Beschäftigte	Umsatz in € / Jahr
Klein	bis 9	bis unter 1 Mio. €
Mittel	10 bis 499	1 bis unter 50 Mio. €
Groß	500 und mehr	50 Mio. € und mehr

Abbildung 7: Quantitative Definition von Mittelstand

Quelle: Günterberg, Brigitte; Wolter, Hans-Jürgen, Mittelstand in der Gesamtwirtschaft – Anstelle einer Definition, Bonn, 2002, www.ifm-bonn/dienste/kap-1.pdf, 2002, S. 2 ff.

Die Europäische Union schränkt diese weite Definition ein und zählt nur Unternehmen mit bis zu 249 Beschäftigten, einem Jahresumsatz von maximal 50 Millionen EURO sowie einer Jahresbilanzsumme von höchstens 43 Millionen EURO zu den KMUs. Des Weiteren darf das Unternehmen keiner Gruppe verbundener Unternehmen angehören bzw. nur einer Gruppe verbundener Unternehmen angehören, die insgesamt die vorgenannten Voraussetzungen erfüllt. Diese Abgrenzung erhält in den Mitgliedsstaaten der EU eine immer höhere Bedeutung, da sich deren Förderpolitik aus beihilferechtlichen Gründen an dieser niedrigen Grenze orientieren muss.[10]

---

[9] Günterberg, Brigitte; Wolter, Hans-Jürgen, Mittelstand in der Gesamtwirtschaft – Anstelle einer Definition, Bonn, 2002, S. 2 ff.

[10] Empfehlung der Europäischen Kommission betreffend die Definition von kleinen und mittleren Unternehmen vom 03.04.1996, in: Amtsblatt Der Europäischen Gemeinschaften; L 107, 1996

KMU-Schwellenwerte der EU seit 01.01.2005			
Unternehmensgröße	Beschäftigte	Umsatz	Jahresbilanz
Kleinstunternehmen	0 - 9	bis 1 Mio. €	bis 1,4 Mio. €
Kleinunternehmen	10 - 49	bis 9 Mio. €	bis 10 Mio. €
Mittleres Unternehmen	50 - 249	bis 50 Mio. €	bis 43 Mio. €
KMU zusammen	unter 250	bis 50 Mio. €	bis 43 Mio. €

Abbildung 8: Definition der EU für KMUs

Quelle: Empfehlung der Europäischen Kommission betreffend die Definition von kleinen und mittleren Unternehmen vom 03.04.1996, in: AMTSBLATT DER EUROPÄISCHEN GEMEINSCHAFTEN; L 107, 1996

Es sollten bei der Mittelstandsdefinition aber nicht ausschließlich quantitative, sondern auch qualitative, sozioökonomische Kriterien betrachtet werden. Der Mittelstand definiert sich nicht allein über die Unternehmensgröße, sondern vor allem über die persönliche Beziehung zwischen Mitarbeitern und Führung, die sich beispielsweise auf die Art der Organisation und der Markstrategien der Unternehmen auswirkt.[11] Kennzeichnend für mittelständische Unternehmen ist, dass eine Person als Eigentümer leitend, planend und kontrollierend in dem Unternehmen steht. Systematisierend gilt daher für mittelständische Unternehmen:

- die Einheit von Eigentum und Leitung, d. h. die enge Verbindung von wirtschaftlicher Existenz der leitenden Person und des Unternehmens und

- die Verantwortung der Führungsperson für alle unternehmensrelevanten Entscheidungen und Vorgänge.[12]

Insofern ist Mittelstand definitorisch immer eine Kombination aus strategisch zugänglichen quantitativen und empirisch erhobenen qualitativen Daten. Insbesondere die wirtschaftliche und rechtliche Unabhängigkeit sowie die Entscheidungsfreiheit der Unternehmerin oder des Unternehmers sind von großer Bedeutung.[13]

---

[11] Vgl. Günterberg, Brigitte; Wolter, Hans-Jürgen, a. a. O., S. 3 f.

[12] Vgl. Günterberg, Brigitte; Wolter, Hans-Jürgen, a. a. O., S. 3 f. und www.sachsen.de/de/wu/smwa/wirtschaft/mitthand/mittelstandsbericht/pdf/kapitel/1.2.pdf, letzter Zugriff 11. 08. 2004

[13] Vgl. www.sachsen.de/de/wu/smwa/wirtschaft/mitthand/mittelstandsbericht/pdf/kapitel/1.2.pdf, letzter Zugriff 11. 08. 2004

In der Bundesrepublik Deutschland umfasste der Mittelstand im Jahre 2001 knapp 99 Prozent aller Unternehmen und beschäftigte 2002 fast 70 Prozent aller Arbeitnehmer. Etwa 42 Prozent aller Umsätze in Deutschland wurden in 2001 vom deutschen Mittelstand realisiert und rund 83 Prozent aller Auszubildenden wurden in 2002 vom Mittelstand ausgebildet. Diese Zahlen sollen die sehr große Bedeutung des Mittelstandes als Motor der deutschen Wirtschaft belegen.[14]

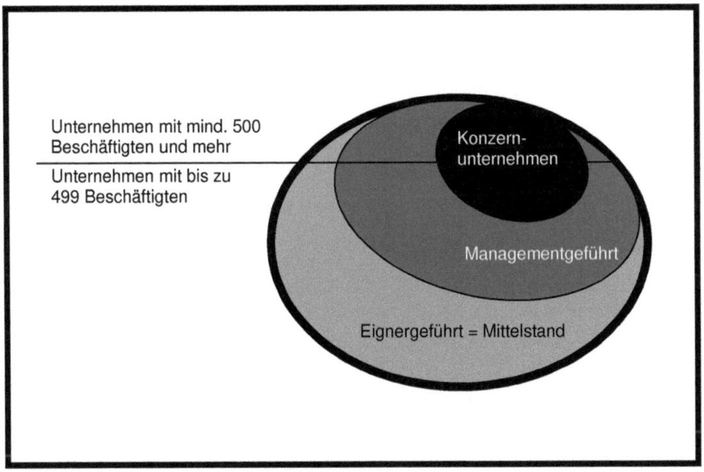

Abbildung 9: Mittelstand nach qualitativen Definitionsmerkmalen

Quelle: Günterberg, Brigitte; Wolter, Hans-Jürgen, a. a. O., S. 3 ff.

2.2.2 Begriffsbestimmung IT-Branche

Der IT-Sektor ist ein Wirtschaftssektor, der über eine Mehrzahl der klassischen Branchen verstreut ist. Bislang liegt keine allgemein gültige Definition der IT-Branche vor, und auch die offizielle Wirtschaftsstatistik weist keinen separaten IT–Sektor aus, sondern zieht einzelne IT-relevante Wirtschaftsbereiche quer über die definierten Branchen hinweg zusammen. Dementsprechend findet man die IT-Branche als solche in keiner Wirtschaftssystematik. Sie ist nur durch die Bündelung unterschied-

---

[14] Vgl. Institut für Mittelstandsforschung Bonn (Hrsg.), www.ifm-bonn.org/dienste/daten.htm, letzter Zugriff 12. 10. 2004 und Statistisches Bundesamt (Hrsg.), www.destatis.de/themen/d/thm-unternehmen.htm, letzter Zugriff 01. 09. 2004

licher Wirtschaftszweige konstruierbar.[15] Damit gehen erhebliche methodische Probleme einher. Die Enquete-Kommission „Zukunft der Medien in Wirtschaft und Gesellschaft“ des Deutschen Bundestages differenziert so z. B. fünf verschiedene Möglichkeiten zur Abgrenzung des IT-Sektors[16]:

- eine produktions- oder outputorientierte Betrachtung der Informationswirtschaft mit den Bereichen Medien, Informations-, Kommunikations- und Medienwirtschaft wie auch Kommunikations- und Informationsdienstleistungen;
- eine weitgefasste Differenzierung, die alle Informationsgüter einschließlich der Content-Produktion umfasst;[17]
- eine beschäftigungsorientierte Differenzierung, die die Anteile der Informationsberufe bzw. -tätigkeiten misst;[18]
- eine gesamtwirtschaftlich orientierte Differenzierung, die die Wachstums- und Produktivitätseffekte des Einsatzes von IuK[19]-Techniken ermittelt;
- eine anwendungsorientierte Differenzierung, die nach dem Anteil von computerisierten bzw. informatisierten Arbeitsplätzen fragt.

2.3 Phasen des Mergers & Acquisitions-Prozess

Der Verlauf eines Unternehmenskaufs unterliegt keinen festen Regeln. Er ist genauso mannigfaltig wie die zu erwerbenden Unternehmen bzw. Unternehmensteile, die sich bei ihnen ergebenden wirtschaftlichen und betrieblichen Problemstellungen und die gegensätzlichen Verkäufer- und Käuferinteressen. Der Ablauf des M&A-Prozesses lässt sich in verschiedene Phasen unterteilen. In der Literatur werden mei-

---

[15] Vgl. Menez, Raphael; Munder, Irmtraud und Töpsch, Karin, Qualifizierung und Personaleinsatz in der IT-Branche; Auswertung der Online-Studie BIT-S (Befragung von IT-Unternehmen in der Region Stuttgart), Stuttgart, 2001, S. 6

[16] Vgl. Deutscher Bundestag, Schlussbericht der Enquete-Kommission Zukunft der Medien in Wirtschaft und Gesellschaft – Deutschlands Weg in die Informationsgesellschaft, Bonn, 1998 ; RWI (Hrsg.), Wachstum- und Beschäftigungspotentiale der Informationsgesellschaft bis zum Jahr 2010; Endbericht zum Forschungsauftrag Nr. 30/99 des Bundesministeriums für Wirtschaft und Technologie, Essen, 2000

[17] Vgl. OECD, ICCP Statistical Panel, Definition for the Information and Communication Technoligy Sector, www.oecd.org/dsti/sti/it/stats/defin.htm, 1998; Seufert, Wolfgang, Informations- und Kommunikationswirtschaft räumlich stark konzentriert, DIW-Wochenbericht 32/00, Berlin, 2000

[18] Vgl. Dostal, Werner, Beschäftigungsgewinne in Informationsberufen; Mitteilungen aus der Arbeitsmarkt- und Berufsforschung, Stuttgart u. a.; 1999, S. 23 ff.

[19] Die IuK-Branche umfasst in einer engen Definition die Herstellung von Datenverarbeitungsgeräten und -einrichtungen, Rundfunk- und Nachrichtentechnik, Fernmeldedienste, Datenverarbeitung inklusive Entwicklung und Beratung.

stens Fünf- oder Drei-Phasen-Modelle aufgezeigt. Da sich bei den Fünf-Phasen-Modellen einzelne Aspekte oft schon überschneiden, wird im Folgenden der M&A-Prozess in drei Stufen bzw. Phasen unterteilt.[20]

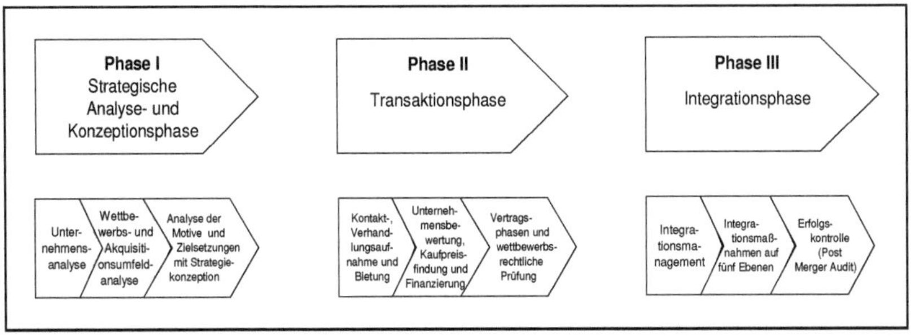

Abbildung 10: Phasen einer Transaktion
Quelle: Jansen, Stephan A. (2001), a. a. O., S. 147

1. Pre-Merger-Phase
2. Merger-Phase
3. Post-Merger-Phase

Die Pre-Merger-Phase kann als Vorplanungsphase verstanden werden, die hauptsächlich die strategische Planung festlegt. Die Merger-Phase ist die Durchführungs- oder Akquisitionsphase. Mit der dritten Phase, der Post-Merger-Phase, beginnt die Integration und Implementierung der neuen Geschäftseinheit.[21]

2.3.1 Pre-Merger-Phase

Bevor man eine Entscheidung zur zukünftigen Unternehmensausrichtung fällt, sollte eine gründliche Prüfung des eigenen Unternehmens und seiner Umwelt stattfinden.

[20] Vgl. Picot, Gerhard (2002a), a. a. O., S. 26; Wirtgen, Jörg, a. a. O., S. 85 f.

[21] Vgl. Wirtgen, Jörg, a. a. O., S. 85 f.; Picot, Gerhard (2002a), a. a. O., S. 26; Bühner, Rolf (2002), Fusionen aus betriebswirtschaftlicher Sicht, in: Franz, Wolfgang; Ramser, Hans Jürgen; Stadler, Manfred, Fusionen, Tübingen, 2002, S. 54 ff. und Bühner, Rolf (2001), Grenzüberschreitende Unternehmenszusammenschlüsse deutscher Unternehmen, Stuttgart, 1991, 164 ff.

Die Unternehmensziele und -potentiale sowie der Unternehmenszweck sollten einer ausführlichen Untersuchung unterzogen werden. Dabei sind eine Analyse der Stärken/Schwächen, Diversifikationstests, Kernkompetenzdefinitionen und Portfoliotests von Vorteil. Es sollte also eine so genannte Due Diligence durchgeführt werden (vgl. Kapitel 3.2, S. 38 ff.). Auch die Umwelt sollte einer Analyse unterzogen werden. Insbesondere die Chancen und Risiken, die sich durch die Stakeholder aus Wirtschaft, Gesellschaft und Politik ergeben, müssen beleuchtet werden. Nach der Analyse der strategischen Potentiale und Lücken der eigenen Unternehmung sollte die Untersuchung des Akquisitionsumfelds folgen.[22]

In der Pre-Merger-Phase sollte eine ganzheitliche Organisation der Transaktion, speziell der betriebswirtschaftlichen und (steuer-)rechtlichen Technik und Optimierung, unter besonderer Beachtung der folgenden zwei Stufen, nämlich der Merger- sowie der Post-Merger-Phase, stattfinden.[23]

Nach der Entscheidung zur Transaktion sollten intern ein Projektteam zusammengestellt werden sowie gegebenenfalls eine externe M&A-Agentur beauftragt werden. Ein Expertenteam aus Juristen, Investment Bankern und anderen Fusionsspezialisten kann zudem entscheidende Unterstützung leisten. Das Transaktionsziel wie z. B. Kauf, Verkauf oder Kooperation sollte definiert und analysiert werden. Es ist sinnvoll, einen Aktions- und Dokumentationsplan zu erstellen sowie den Transaktionsgegenstand anhand einer Finanzvorschau und eines Geschäftsplanes vorläufig zu bewerten. Auch die Konditionen der geplanten Transaktion sollten vorläufig bestimmt werden und es ist vorteilhaft, die für die M&A-Verhandlungen notwendigen Dokumentationen vorzubereiten. Es wird eine Broschüre, ein so genanntes Informations-Memorandum, über das zu veräußernde Unternehmen erstellt. Allgemein sollte die Pre-Merger-Phase durch zwei grundlegende Dinge geprägt sein: Schnelligkeit und Geheimhaltung. Vor allem die Unternehmensdaten, die Interessenten zur Verfügung gestellt werden, sollten nicht zu detailliert sein, da durch zu hohe Transparenz Wettbewerbsnachteile entstehen könnten.[24]

---

[22] Vgl. Jansen, Stephan A. (2001), a. a. O., S.164 ff.

[23] Vgl. Geschwill, Roland, Fusionen erfolgreich managen; Wege aus der Integrationsfalle, Heidelberg, 2000, S. 36 f.

[24] Vgl. Picot, Gerhard (2002a), a. a. O., S. 30 und Geschwill, Roland, a. a. O., S. 36 f.

2.3.2 Merger-Phase

Der Zeitraum zwischen dem Vertragsabschluss und dem „Tag X“, der Tag, an dem das neue Unternehmen seine Arbeit aufnimmt, wird in der Regel als Merger-Phase bezeichnet.[25]

In dieser zweiten, der Durchführungsphase, wird Kontakt zu potentiellen Interessenten bzw. Investoren aufgenommen. Nach einer ersten Sondierung der Interessenten werden die Favoriten der Interessengruppe einer vorläufigen (Bonitäts-)Prüfung unterzogen und sollten zu diesem Zeitpunkt eine schriftliche Bekundung des Kaufinteresses abgeben. Nachdem die potentiellen Käufer die Vertraulichkeits- und Geheimhaltungserklärung unterzeichnet haben, kann man ihnen weitere Informationen zukommen lassen.[26]

Von der Warte des Verkäufers aus ist es wichtig, sich das Recht vorzubehalten, den Ablauf des Vorgangs jederzeit ohne nachteilige Rechtsfolgen ändern oder beenden zu können. Zu diesem Zeitpunkt ist es üblich, dass die Interessenten ihr erstes unverbindliches Angebot (First unbinding Bids) abgeben. Für die Bieter ist es empfehlenswert, die Grundlagen und Annahmen zu fixieren, auf denen ihre Unternehmensbewertung und damit der gebotene Kaufpreis beruhen. Das erste Gebot sollte zudem die Bedingungen enthalten, die aus der Position des Kaufinteressenten notwendig sind. Hierzu zählen beispielsweise eine zufriedenstellende Prüfung des Unternehmens (Due Diligence) und – soweit erforderlich – die Zustimmung der Gesellschaftsgremien (z. B. Hauptversammlung, Aufsichtsrat) und Behörden, insbesondere der Kartellbehörden. Die Verkäuferseite wird nun die Bieter auswählen, die in das weitere und abschließende Bietungsverfahren (Final Round Bidding) einbezogen werden. Diese Entscheidung darf nicht allein vom gebotenen Kaufpreis abhängen. Ergänzend zu diesem sind die Ernsthaftigkeit und Seriosität des Angebotes, das Konzept für die Zukunftsentwicklung und die Sicherung der Arbeitsplätze des Unternehmens sowie die begründete Erwartung eines möglichst professionellen und komplikationsfreien Abschluss der Vertragsverhandlungen zu prüfen.[27]

---

[25] Vgl. Picot, Gerhard, Land, Volker, Der Ablauf von M&A-Transaktionen, in: Picot, Gerhard (Hrsg.), Mergers & Acquisitions optimal managen, www.picot.de/handelsblatt02.htm, letzter Zugriff 02. 08. 2004

[26] Vgl. Picot, Gerhard (2002a), a. a. O., S. 30 ff.

[27] Vgl. Picot, Gerhard (2002a), a. a. O., S. 30 ff.

Den ausgewählten Interessenten werden detaillierte Unternehmensdaten und -interna im Wege einer Management-Präsentation offengelegt. Die Kaufinteressenten müssen nun ein rechtsverbindliches Angebot vorlegen, wenn sie weiter am Bietungsverfahren teilnehmen möchten. Es ist zudem wichtig, eine erneute personenbezogene Vertraulichkeits- und Geheimhaltungserklärung durch die Kaufinteressenten bzw. durch die von ihnen beauftragten Mitarbeiter und Berater einzuholen. Die ausgewählten Interessenten erhalten Zutritt zu dem vom Verkäufer meist außerhalb des eigenen Unternehmens eingerichteten Daten-Raum (Data-Room). Damit wird ihnen die Möglichkeit zur Einsichtnahme sowie zur sorgfältigen finanziellen und rechtlichen Prüfung (Due Diligence) aller für die wirtschaftliche und rechtliche Bewertung des Kaufobjektes relevanten Unterlagen, die im Daten-Raum zusammengetragen wurden, gegeben. Zudem finden Besichtigungen der Betriebsstätten statt.[28] Bei der Due Diligence steht die gründliche Prüfung des Akquisitionsobjektes im Vordergrund.[29]

Der Anbieter wählt nun denjenigen Kaufinteressenten aus, mit dem er die Transaktion fortführen möchte, oder er versucht die Bieter – wie im Fall Rolls Royce[30] – zu jeweils höheren Angeboten zu treiben.

Bei der Auswahl des bevorzugten Kaufinteressenten sollte neben den oben genannten Kriterien der Inhalt und Umfang der Änderungsvorschläge der Bieter zum Unternehmenskaufvertrag für die finale Entscheidung einbezogen werden. Für den Anbietenden ist es von Vorteil, wenn der ausgewählte Interessent nicht auf die Exklusivität der abschließenden Verhandlungen besteht. So muß der Verkäufer sich nicht unter Druck setzen lassen und kann mit anderen potentiellen Käufern Kontakt halten. Nun werden die Vertragsverhandlungen aufgenommen, in denen die Details des Unternehmensvertrages ausgehandelt werden.[31]

Soll eine ordnungsgemäße Übergabe des Unternehmens garantiert werden, bietet sich ein Agreement an, nach dem ein Anteil des Kaufpreises nur gezahlt wird, wenn bestimmte Kennzahlen in der Folgezeit nach dem Vertragsabschluss bzw. der Über-

---

[28] Vgl. Oltmanns, Michael J., Vom ersten Kontakt bis zur Unternehmensübergabe – Rechtliche Facetten des Unternehmenskaufes, in: Lange, Georg F. u. a. (Hrsg.), Mergers & Acquisitions in der Praxis, Frankfurt am Main, 2001, S. 85 ff.

[29] Siehe hierzu Kapitel 3.2 Due Diligence

[30] Im Fall Rolls Royce haben VW und BMW den Kaufpreis durch ihr Bieten in die Höhe getrieben. Letztendlich hat BMW den Zuschlag bekommen.

[31] Vgl. Picot, Gerhard (2002a), a. a. O., S. 30 ff. und Picot, Gerhard, Land, Volker, a. a. O., S. 1 ff.

gabe des Unternehmens (Closing) erreicht werden. In den noch unverbindlichen Positions-Papieren (Position-Papers) werden die Standpunkte der vertretenden Verhandlungsteams zusammengefasst. Diese erste Gesprächsrunde wird in der Regel durch die Bekräftigung der Absicht zum Vertragsabschluss unter Zusammenfassung der Kernpunkte der Verhandlungspositionen, der so genannten Meilensteine (Milestones), abgeschlossen.[32] Zu diesem Zeitpunkt kommt es meist zu einer entsprechenden Presse-Verlautbarung der Verhandlungspartner. Spätestens jetzt wird der Entwurf des Transaktionsvertrages (Sales and Purchase Agreement/S&PA) übergeben. Nach den Verhandlungen über die Einzelheiten des Transaktionsvertrages und erforderlichenfalls über begleitende Vereinbarungen kommt es optimalerweise zum Abschluss des Transaktionsvertrages unter Beachtung der gesetzlich vorgeschriebenen Form. Diese finale Verhandlung und die Unterzeichnung des Vertrages erfolgen häufig in einer Marathonsitzung, die oft erst in den Morgenstunden endet. Vielfach ist eine notarielle Beurkundung des Vertrages gefordert, die aus Kostengründen häufig im Ausland, besonders in der Schweiz, vorgenommen wird.[33]

Anschließend an die Unterzeichnung des Vertrages werden eine Pressekonferenz und eine Mitarbeiterversammlung durchgeführt, bei börsennotierten Unternehmen erfolgt eine Ad-hoc-Mitteilung. Wirksam wird der Vertrag dann mit dem Eintritt der bereits genannten aufschiebenden Bedingungen. Die eigentliche M&A-Transaktion ist damit abgeschlossen. Die Zukunft der betroffenen Unternehmen hängt nun von der erfolgreichen Integration und Implementierung ab.[34]

---

[32] Vgl. Oltmanns, Michael J., a. a. O., S. 87 ff.

[33] Vgl. Oltmanns, Michael J., a. a. O., S. 87 ff.; Picot, Gerhard (2002a), a. a. O., S. 30 ff. und Picot, Gerhard, Land, Volker, a. a. O., S.1 ff.

[34] Vgl. Picot, Gerhard (2002a), a. a. O., S. 30 ff. und Picot, Gerhard, Land, Volker, a. a. O., S. 2 f.

3 Rechtliche Aspekte und Wertanalyse von M&A Transaktionen

3.1 Rechtliche Aspekte von Mergers & Acquisitions

Es kommt bei der Unternehmensbewertung und bei der Erstellung der Businesspläne nicht selten vor, dass die zu beachtenden arbeits- und betriebsverfassungsrechtlichen Parameter mehrfach nicht bedacht, falsch beurteilt oder zumindest in ihrer Bedeutung unterbewertet werden.[35] Die erarbeiteten Geschäfts- und Steuer-Konzepte können sich als nicht umsetzbar erweisen oder es kann das Erreichen des geplanten wirtschaftlichen Erfolgs erschwert oder verzögert werden, wurden o. g. Aspekte falsch eingeschätzt.[36]
Von den ersten Gesprächen an bis zur Unternehmensübergabe müssen in mehreren Verhandlungsterminen die Vorstellungen des akquirierenden und des zu übernehmenden Unternehmens harmonisiert werden. Man kann diesen rechtlichen Prozess in mehrere Phasen unterteilen:[37]

- Vorverhandlungen
- Vertraulichkeitserklärung
- Legal Due Diligence
- Unternehmenskaufvertrag
- Übertragung, Übergabe, Kaufpreiszahlung, Closing.

3.1.1 Vorverhandlungen

Die ersten Gespräche werden meist noch ohne Hinzuziehung externer Berater geführt. Aus diesen Gesprächen geht in der Regel ein Vorvertrag hervor. Dieser skizziert die Rahmenbedingungen der Übernahme, ohne den Kauf verbindlich abzuschließen. In diesem „Letter of Intent“ werden der Kaufgegenstand, der Kaufpreis sowie weitere wichtige Aspekte der Transaktion ausgehandelt. Dieser Vorvertrag

---

[35] Vgl. ausführlich Picot, Gerhard; Schnitker, Elmar, Arbeitsrecht bei Unternehmenskauf und Restrukturierung, München, 2001, S. 254 ff.
[36] Vgl. Picot, Gerhard (2002a), a. a. O., S. 407
[37] Vgl. Oltmanns, Michael J., a. a. O., S. 85 ff.

besitzt meist keine rechtliche Bindung, gibt aber schon eine Tendenz vor, von der bei den folgenden Verhandlungen nur schwer abgewichen werden kann. Es ist daher sinnvoll, schon in diesem Stadium der Verhandlung professionellen Rechtsbeistand mit in die Verhandlungen einzubeziehen.[38]

Schon in dieser Phase der Gespräche sollte entschieden werden, ob der Kaufgegenstand die Geschäftsanteile an der Gesellschaft („Share Deal") oder die Aktiva und Passiva der Gesellschaft („Asset Deal") sein sollen. Um die rechtlichen und steuerlichen Auswirkungen dieser Entscheidung abzuwägen, ist professionelle Beratung von Nöten, um das gewünschte Ergebnis auch tatsächlich zu erreichen. Da das akquirierende Unternehmen die Anschaffungskosten der erworbenen Unternehmensteile bei einem Asset Deal steuerlich abschreiben kann, ist dieser für den Käufer in der Regel günstiger. Da aber der Share Deal aus verschiedenen Gründen für das akquirierte Unternehmen oft vorteilhafter ist, sollte diese Entscheidung schon in dieser Phase getroffen werden, da sonst zu einem späteren Zeitpunkt Dispute zwischen den beiden Seiten diesbezüglich auftreten können. Manchmal wird auch einer der beiden Parteien ein Wahlrecht für die eine oder andere Form eingeräumt.[39]

Es sollte schon im Vorvertrag geregelt werden, inwiefern der Kaufpreis vom Eigenkapital der Übernahmebilanz abhängig ist. Zusicherungen zu einzelnen Bilanzpositionen, wie beispielsweise Bankverbindlichkeiten, Außenstände oder Working Capital[40], können durch Aktivtauschmaßnahmen, Bilanzverlängerungen oder -verkürzungen in der Übergangsphase ausgehebelt werden. Demzufolge ist die Garantie eines bestimmten Eigenkapitals sinnvoller.[41]

Der Vorvertrag sollte zudem eine klare Struktur der weiteren Vorgehensweise enthalten. Hierzu zählen die Due Diligence für alle wichtigen Bereiche, die Abgabe der Vertraulichkeitserklärung durch das akquirierende Unternehmen, Festlegung darüber, welche Partei den Transaktionsvertrag ausarbeitet, sowie ein grober Transak-

---

[38] Picot, Gerhard (2002b), Wirtschaftsrechtliche Aspekte der Durchführung von Mergers & Acquisitions, insbesondere der Gestaltung des Transaktionsvertrages, in: Picot, Gerhard (2002a) (Hrsg.), Handbuch Mergers & Acquisitions; Planung, Durchführung, Integration, Stuttgart, 2002, S.120 ff.

[39] Vgl. Picot, Gerhard (2002b), a. a. O., S. 120 ff.

[40] Absolute Kennzahl zur Beurteilung der Liquidität einer Unternehmung; Umlaufvermögen ./. kurzfristige Verbindlichkeiten = Working Capital

[41] Vgl. Oltmanns, Michael J., a. a. O., S. 86

tionskalender. Besitzen die beiden Seiten verschiedene Muttersprachen, muss festgelegt werden, in welcher Sprache (oder welchen Sprachen) der Kaufvertrag abgefasst werden soll, da nur eine Sprache letztendlich verbindlich sein sollte. Weiterhin ist es sinnvoll, den Zeitraum zu bestimmen, für den dem Käufer die Exklusivität der Verhandlungen gewährt wird. Müssen außenstehende Parteien (z. B. Bundeskartellamt; Minderheitsgesellschafter) der Transaktion zustimmen, sollten diese frühzeitig kontaktiert werden und deren Zustimmung eingeholt werden.[42]

Abschließend muss geregelt werden, welche Partei jeweils die Kosten für die Due Diligence, die Verhandlungen und die externen Berater zu tragen hat, sowie ob bestimmte Gegenstände des Vorvertrags schon eine Bindungswirkung entfalten sollen. Was die Konsequenz wäre, wenn eine der Parteien grundlos die Gespräche abbricht oder gegen Vereinbarungen des Vorvertrages verstößt, und mit was für Vertragsstrafen dann zu rechnen wäre, sollte ebenfalls festgelegt sein.[43]

3.1.2 Vertraulichkeitserklärung

Wird eine beabsichtigte Transaktion zu früh publik, kann dies für alle Beteiligten sehr negative Auswirkungen nach sich ziehen. Aufgrund des vorvertraglichen Schuldverhältnisses sind die Parteien verpflichtet, die Gespräche vertraulich zu behandeln und die erworbenen Kenntnisse über den Vertragspartner keinem Dritten zugänglich zu machen. Eine solche Geheimhaltungserklärung sollte zumindest folgende Punkte enthalten:[44]

- Die Verpflichtung des übernehmenden Unternehmens, vertrauliche Informationen, die es im Laufe der Vertragsverhandlungen und während der Due Diligence bekommt, vertraulich zu behandeln.

- Die Definition, was alles vertrauliche Informationen sind.

---

[42] Vgl. Picot, Gerhard (2002b), a. a. O., S.120 ff. und Oltmanns, Michael J., a. a. O., S. 83 ff.
[43] Vgl. Oltmanns, Michael J., a. a. O., S. 83 ff. und Picot, Gerhard (2002b), a. a. O., S.120 ff.
[44] Vgl. Oltmanns, Michael J., a. a. O., S.87 f. und Picot, Gerhard (2002b), a. a. O., S. 120

- Die Verpflichtung des Käufers, nur mit exakt bestimmten Personen im akquirierten Unternehmen über die geplante Übernahme zu sprechen.

- Die Verpflichtung des Käufers, bei Scheitern der Verhandlungen alle Unterlagen über das Zieltarget zurückzugeben.

- Die Pflicht, bei Scheitern der Verhandlungen innerhalb eines bestimmten Zeitraums keine Mitarbeiter des Verhandlungspartners abzuwerben.

- Die Verpflichtung zur Entrichtung einer Vertragsstrafe bei Nichteinhaltung der Vertragspflichten (bloßer Schadensersatz ist oft nicht ausreichend, da der Schaden nicht konkret quantifiziert werden kann).

Das Einflussgebiet solcher Vertraulichkeitserklärungen kann individuell problematisch sein. Je nach Interessenlage kann es empfehlenswert sein, die Vertraulichkeitserklärung und Unterlassensverpflichtungen vertraglich festzulegen.

3.1.3 Legal Due Diligence

Ein Teilbereich der Due Diligence (vgl. Kapitel 3.2) ist die Legal Due Diligence, also die sorgfältige Überprüfung der rechtlichen Situation des zu akquirierenden Unternehmens. Neben den rechtlichen sollten auch die wirtschaftlichen Gegebenheiten, Expektanzen, Chancen und Risiken einer eingehenden Analyse unterzogen werden. Eine solche Legal Due Diligence sollte sehr sorgfältig vor Vertragsabschluss vom Käufer durchgeführt werden.[45]

3.1.3.1 Teilbereiche der Legal Due Diligence

Ein Teilbereich der Legal Due Diligence ist die Überprüfung der unternehmensinternen Rechtsstrukturen, wie beispielsweise:

---

[45] Vgl. Oltmanns, Michael J., a. a. O., S. 87 ff.

- gesellschaftsrechtliche Aspekte,
- vermögensrechtliche Aspekte und
- unternehmensinterne, vertragsrechtliche Aspekte.

Die Überprüfung der gesellschaftsrechtlichen Belange beinhaltet die Beleuchtung der Rechtsform der Gesellschaft, des Gesellschaftsvertrags, aktueller Handelsregisterauszüge, Beteiligungsverhältnisse sowie interner Vollmachten.[46]

Um die vermögensrechtlichen Aspekte zu untersuchen, werden Grundbuchauszüge sowie Flur- und Bebauungspläne eingesehen wie auch Grundschuld- und Sicherungsurkunden bewertet.

Zur Einschätzung der unternehmensinternen, vertragsrechtlichen Belange werden speziell die Arbeitsverträge, insbesondere die der Führungskräfte, untersucht.[47]

Der zweite Teil der Legal Due Diligence besteht aus der Bewertung externer Rechtsstrukturen wie z. B. von:[48]

- Kunden- und Lieferantenverträgen,
- Pacht- und Mietverträgen,
- Kooperationen/Allianzen,
- Garantie- und Gewährleistungsverträgen und
- Risiken aus schwebenden Rechtsverfahren.

Abgesehen von diesen internen bzw. externen Rechtsstrukturen sollten u. a. folgende Tatbestände berücksichtigt werden:[49]

---

[46] Vgl. Koch, Wolfgang; Wegmann, Jürgen, Praktiker-Handbuch Due Diligence, 2. Auflage, Stuttgart, 2001, S. 102 ff.
[47] Vgl. Koch, Wolfgang, a. a. O., S. 102 ff. und Pack, Heinrich, a. a. O., S. 290 f.
[48] Vgl. Pack, Heinrich, a. a. O., S. 290 f.
[49] Vgl. Pack, Heinrich, a. a. O., S. 290 f.

- Genehmigungen oder Auflagen durch Behörden,
- ungeklärte Rechtsstreitigkeiten,
- mangelhafter Versicherungsschutz,
- Rückerstattung von Subventionen/Zulagen/Beihilfen,
- Wettbewerbsbeschränkungen sowie
- Gefahren aus der Betriebsfortführung bis zur effektiven Übernahme.

Eine Legal Due Diligence soll der Informationsbeschaffung über das Zieltarget dienen. Diese Prüfung soll zudem Aufschluss über Chancen und Risiken sowie Schwachstellen des Transaktionsgegenstandes bringen. Das akquirierte Unternehmen wird so u. a. zu Beweiszwecken offengelegt und dokumentiert.[50]

3.1.3.2 Ablauf der Legal Due Diligence

Zwischen dem akquirierten Unternehmen und dem Käufer mit seinem Rechtsbeistand sollte ein erstes Auftaktgespräch geführt werden. Hier soll die gesellschaftsrechtliche Struktur des akquirierten Unternehmens durchleuchtet werden und der Umfang der Due Diligence festgelegt werden.[51]
Daraufhin wird vom Rechtsberater eine Checkliste erstellt, in der sämtliche Unterlagen aufgeführt sind, die das zu übernehmende Unternehmen zusammenstellen soll. Nach Prüfung der Due Diligence Checkliste durch das akquirierte Unternehmen ist es empfehlenswert, diese mit dem Rechtsberater des übernehmenden Unternehmens sorgfältig zu diskutieren, um eventuelle Missverständnisse zu vermeiden.[52]

Die Due Diligence Prüfung findet meist im so genannten Dataroom im zu akquirierenden Unternehmen statt. In seltenen Fällen ist das Unternehmen bereit, Kopien der Unterlagen herauszugeben, wenn doch, findet die Prüfung meist in den Kanzleiräumen des Käuferanwalts statt. Dieser Datenraum wird in der Regel dann eingerichtet,

---

[50] Vgl. Picot, Gerhard (2002b), a. a. O., S. 122 f.
[51] Vgl. Picot, Gerhard; Vondenhoff-Mertens, Renate, Due Diligence, in: Picot, Gerhard (Hrsg.), Mergers & Acquisitions optimal managen, www.picot.de/handelsblatt03.htm, letzter Zugriff 02. 08. 2004
[52] Vgl. Pack, Heinrich, a. a. O., S. 274 ff.

wenn bestimmte Aspekte nicht publik werden sollen oder die Due Diligence nur einen Teilbereich der Unternehmung betreffen soll. Dabei ist jedoch zu beachten, dass je weniger Daten und Informationen von einem Vertragspartner bereitgestellt werden, die Ansprüche des anderen Vertragspartners nach vertraglichen Gewährleistungs-, Garantie- und Haftungsversprechen umso umfassender und exakter geraten werden.[53]

Der Anwalt der Käuferseite sollte unverzüglich Rücksprache mit dem zu akquirierenden Unternehmen halten, sobald Widersprüche oder Fragen auftreten. Es ist von großer Bedeutung, aufgetretene Fragen direkt zu beantworten und Widersprüche zügig zu klären, da im Extremfall solche Widersprüche zum Abbruch der Verhandlungen führen können. Daher sollten solche Punkte zeitnah geklärt werden und es sollte bestimmt werden, ob und wie diese Aspekte sich klären bzw. entschärfen lassen und welchen Einfluss diese auf den Kaufpreis haben.

Abschließend werden die Resultate der Legal Due Diligence in einem Report zusammengefasst und dem Entscheidungsgremium des erwerbenden Unternehmens vorgelegt. Nicht geklärte Ungereimtheiten sollten von einer Handlungsempfehlung begleitet werden. Dem zu übernehmenden Unternehmen sollte dieser Bericht ebenfalls vorgelegt werden und den Verantwortlichen sollte die Chance gegeben werden, o. g. Ungereimtheiten aufzuklären.[54]

3.1.4 Unternehmenskaufvertrag

Der Unternehmenskaufvertrag bildet das wesentliche Kernstück für die optimale Gestaltung der Mergers & Acquisitions sowie für ihre Umsetzung. Üblicherweise wird dieser vom Anwalt des Käufers konzipiert. Daher kann der Käufer seine Vorstellungen auch besser in den Kaufvertrag einbringen als der Verkäufer.[55]

---

[53] Vgl. Picot, Gerhard (2002b), a. a. O., S. 120 ff.
[54] Vgl. Oltmanns, Michael J., a. a. O., S. 87 ff. und Picot, Gerhard (2002b), a. a. O., S. 120 ff.
[55] Vgl. Picot, Gerhard (2002b), a. a. O., S. 126

Um Überraschungen entgegenzuwirken, sollte der Transaktionsvertrag bzw. Unternehmenskaufvertrag folgende Aspekte detailliert regeln:[56]

- Vertragsgegenstand,
- Gewährleistungs- und Haftungsrecht,
- Haftung für Altverbindlichkeiten,
- Wettbewerbsvereinbarungen,
- eventuelle Verfügungsbeschränkungen, Zustimmungs- und Genehmigungserfordernisse,
- Zustimmung der zuständigen Kartellbehörde sowie
- formale Strukturen.

Der Vertrag wird ein- oder zweisprachig abgefasst, in letzterem Fall ist es vorteilhaft, die bindende Vertragsfassung zu bestimmen. Bei der Gestaltung und dem Inhalt von Unternehmenskaufverträgen haben sich in der Vergangenheit bestimmte Standards herausgebildet. Insbesondere die Regelungen zum Vertragsgegenstand, zum Kaufpreis, zum Zeitpunkt der Übergabe, zu übergehenden Rechtsverhältnissen und Forderungen wie auch zur Haftung des Verkäufers wurden standardisiert. Um der Komplexität einer Unternehmung und den verschiedenen Facetten einer Transaktion gerecht zu werden, sollte man einen solchen Standardvertrag lediglich als Hilfestellung verstehen. Der Unternehmenskaufvertrag lehnt sich inhaltlich an den Vorvertrag an und verfeinert diesen, auch die Resultate der Due Diligence werden hier berücksichtigt. Um umfangreiche Transaktionsverträge übersichtlicher zu gestalten, ist es zweckmäßig, dem eigentlichen Vertragswerk ein detailliertes Inhaltsverzeichnis und ein genaues Anlagenverzeichnis voranzustellen.[57]

Abhängig von der rechtlichen und auch steuerlichen Struktur kann die Transaktion durchgeführt werden als:

---

[56] Vgl. Oltmanns, Michael J., a. a. O., S. 90, Picot, Gerhard (2002b), a. a. O., S. 126 und Picot, Gerhard; Franz, Aleth, (1999), a. a. O., S. 2 f.

[57] Vgl. Oltmanns, Michael J., a. a. O., S. 90, Picot, Gerhard (2002b), a. a. O., S. 126 und Picot, Gerhard; Franz, Aleth, (1999), Der Unternehmenskaufvertrag, in: Picot, Gerhard (Hrsg.), Mergers & Acquisitions optimal managen, www.picot.de/handelsblatt05.htm, letzter Zugriff 02. 08. 2004

- Asset Deal (Übertragung einzelner Wirtschaftsgüter) oder als
- Share Deal (Übertragung von Gesellschaftsbeteiligungen).[58]

3.1.4.1 Asset Deal

Bei der Übertragung einzelner Wirtschaftsgüter müssen diese zuzüglich der zu übertragenden Verbindlichkeiten nach dem sogenannten Bestimmtheits-Grundsatz konkret und individuell identifiziert werden, da ein Unternehmen an sich kein Gegenstand eines Übertragungsvorganges sein kann. Diese Variante stellt einen Sachkauf gemäß § 433 Abs.1 (1) BGB n. F. dar. Ein Asset Deal ist aber keineswegs nur der Kauf einzelner Wirtschaftsgüter, sondern vielmehr der Kauf einer Gesamtheit von Sachen und Rechten sowie Beziehungen. Die Sachen und Rechte werden durch Singularsukzession gemäß den jeweils für sie geltenden Vorschriften auf den Käufer übertragen. Somit haftet die verkaufende Gesellschaft im Zuge eines Asset Deals auch für den wirtschaftlichen Wert des Unternehmens.[59] Sollen einzelne Gegenstände, Verbindlichkeiten oder Betriebsteile nicht mit veräußert werden, müssen diese im Vorfeld vom Verkäufer entnommen werden.[60] Mit dem verkauften Betrieb gehen sämtliche Arbeitsverhältnisse auf den Erwerber über (vgl. § 613a BGB). Grundsätzlich finden beim Asset Deal die Regelungen zur Sachmängelhaftung Anwendung mit dem Recht zur Minderung des Kaufpreises oder gar Rückabwicklung des Unternehmenskaufvertrages.[61]

In manchen Fällen bestimmt sich der Wert der zu übertragenden Sachen und Rechte bei einem bilanzierenden Unternehmen durch die Bilanz und das Inventarverzeichnis.[62] Auch die verschiedenen Vertragsbeziehungen mit diversen Geschäftspartnern, wie Kunden, Lieferanten und anderen Dritten, sollten einzeln benannt und unter Erfüllung bestimmter Voraussetzungen übertragen werden. Da sich ein Unternehmen

[58] Vgl. Picot, Gerhard; Aleth, Franz, a. a. O., S. 1 ff.
[59] Vgl. Picot, Gerhard (2002b), a. a. O., S. 126 f.; Picot, Gerhard; Aleth, Franz, a. a. O., S. 1 ff.; Vogel, Dieter, M&A – Ideal und Wirklichkeit, Wiesbaden, 2002, S. 11 und Commandeur, Gert; Kleinebrink, Wolfgang, Betriebs- und Firmenübernahme, München, 2002, S. 237 f. und S. 244
[60] Stille Reserven sind bei einem Asset Deal grundsätzlich vom Kaufgegenstand ausgenommen.
[61] Vgl. Picot, Gerhard (2002b), a. a. O., S. 126 f.; Picot, Gerhard; Aleth, Franz, a. a. O., S. 1 ff.; Vogel, Dieter, a. a. O., S. 11 und Commandeur, Gert; Kleinebrink, Wolfgang, a. a. O., S. 237 f. und S. 244
[62] Vgl. hierzu ausführlich Kapitel 3.3 Unternehmensbewertung und Kaufpreisfindung, S. 45 ff.

ständig im Wandel befindet, kann sein Zustand nur in einer Momentaufnahme, nämlich einer Bilanz zu einem bestimmten Stichtag festgelegt werden. Der Verkäufer haftet dann für das in der Übernahmebilanz ausgewiesene Eigenkapital. Um das Risiko des Erwerbers zu minimieren sollte der Bilanzstichtag nicht allzu weit vor dem Tag der effektiven Übergabe liegen, da der Käufer auf die Ereignisse in der Zwischenzeit nur bedingt Einfluss hat.[63]

Der Asset Deal hat steuerlich für den Käufer gegenüber einem Share Deal den Vorteil, dass bei Übernahme der einzelnen Wirtschaftsgüter in das Betriebsvermögen den Bilanzansätzen des Verkäufers hinsichtlich Sache, Höhe und Restnutzungsdauer nicht notwendigerweise gefolgt werden muss. Eine sich eventuell ergebende positive Differenz zwischen Kaufpreis und übernommenem Reinvermögen ist auf die erworbenen Aktiva und Passiva im Rahmen bestimmter Höchstwerte zu verteilen und abzuschreiben. So können bei einem Asset Deal meist höhere Abschreibungen geltend gemacht werden als beim Share Deal. Der Veräußerungsgewinn des Verkäufers ist allerdings ertragsteuer- und gewerbesteuerpflichtig.[64]

3.1.4.2 Share Deal

Der Unternehmenskäufer erwirbt bei einem Share Deal durch den Kauf von Anteilen oder einer Beteiligung eine unmittelbaren Beteiligung am Vermögen der Unternehmung. Aus zivilrechtlicher Sicht gelten als Kaufgegenstand die Mitgliedschaftsrechte des zu erwerbenden Unternehmens. So stellt der Share Deal einen Rechtskauf im Sinne von § 453 BGB n. F. dar, auf welchen die Vorschriften der §§ 433 ff BGB n. F. über den Kauf von Sachen entsprechende Anwendung finden. Rechtlich wird ein Anteilskauf wie ein Sachkauf behandelt, was die Anwendbarkeit der Sachmängelhaftung zur Folge hat. In diesem Fall ist es nicht nötig, die einzelnen zu übertragenden Bestandteile explizit aufzuführen. Die Vermögensgegenstände, Verbindlichkeiten und Vertragsbeziehungen bestehen in bzw. mit dem Unternehmen. Es ändert sich insofern nichts, als nur die Anteile an der Zielgesellschaft übertragen werden. Die Vertragsbeziehungen mit Dritten bleiben so in der Regel auch bestehen. Gleiches gilt

[63] Vgl. Oltmanns, Michael J., a. a. O., S. 90 f. und Picot, Gerhard (2002b), a. a. O., S. 126 f.
[64] Vgl. Vogel, Dieter, a. a. O., S. 11

hinsichtlich der Arbeitnehmer des Zieltargets, da es zu keinem Wechsel des Arbeitgebers kommt. Der Käufer übernimmt durch den Kauf eines Unternehmens in Form des Share Deals wirtschaftlich die Rechte und Verbindlichkeiten des Verkäufers mittels Universalsukzession.[65]

Beim Share Deal steht der Verkäufer in der Regel nur für den Bestand der verkauften Rechte bzw. Beteiligungen ein, ohne für den wirtschaftlichen Wert zu haften. Beim Share Deal sollte der Erwerber darauf achten, dass er die Anteile lastenfrei erwirbt, die Unternehmung muss wirksam mit dem im Handelsregister ausgewiesenen Kapital bestehen und dieses Kapital muss komplett einbezahlt sein.[66]

Aus steuerrechtlicher Sicht ist einerseits zwischen Veräußerer und Käufer, andererseits zwischen Privatvermögen und Betriebsvermögen zu unterscheiden. Werden die Anteile vom Käufer in sein Betriebsvermögen erworben, werden diese zu Anschaffungskosten in das Anlagevermögen der Bilanz eingestellt. Abschreibungen fallen nicht an, da diese Anteile als nicht abnutzbares Wirtschaftsgut gelten.[67]

3.1.5 Weitere rechtliche Aspekte

Es werden bei einem Übertragungsvertrag regelmäßig Vereinbarungen getroffen, die dem Käufer auch für die Zeit nach der Übertragung den Werterhalt des erworbenen Unternehmens sichern. In diesem Zusammenhang werden beispielsweise Wettbewerbsvereinbarungen getroffen, die dem Veräußerer für einen bestimmten Zeitraum verwehren, eine konkurrierende Tätigkeit in der gleichen Branche auszuüben.[68]

---

[65] Vgl. Oltmanns, Michael J., a. a. O., S. 90 ff.; Picot, Gerhard; Aleth, Franz, a. a. O., S. 1 ff.; Commandeur, Gert; Kleinebrink, Wolfgang, a. a. O., S. 24; Vogel, Dieter, a. a. O., S. 10 und Picot, Gerhard (2002b), a. a. O., S. 126 ff.

[66] Vgl. Vogel, Dieter, a. a. O., S. 10; Oltmanns, Michael J., a. a. O., S.90 ff.; Picot, Gerhard; Aleth, Franz, a. a. O., S. 1 ff.; Picot, Gerhard (2002b), a. a. O., S. 126 ff. und Commandeur, Gert; Kleinebrink, Wolfgang, a. a. O., S. 24

[67] Vgl. Picot, Gerhard; Aleth, Franz, a. a. O., S. 1 ff.; Oltmanns, Michael J., a. a. O., S.90 ff.; Commandeur, Gert; Kleinebrink, Wolfgang, a. a. O., S. 24; Vogel, Dieter, a. a. O., S. 10 und Picot, Gerhard (2002b), a. a. O., S. 126 ff.

[68] Vgl. Picot, Gerhard (2002b), a. a. O., S. 126 ff.; Picot, Gerhard; Aleth, Franz, a. a. O., S. 1 ff. und Oltmanns, Michael J., a. a. O., S.90 ff.

Die Mindestelemente der Kaufpreisregelung sind die Höhe, die Zahlungsweise und seine Verzinsung. Zur Bestimmung des Kaufpreises sind verschiedene Methoden vorhanden.[69]

Es sollte im Unternehmenskaufvertrag klar geregelt sein, welche Seite jeweils für die Kosten der notariellen Beurkundung, eine eventuell anfallende Grunderwerbsteuer, die Kosten der Berater oder eines Maklers aufkommt.[70]

3.1.6 Closing

Aus rechtlicher Sicht ist die abschließende Phase einer Transaktion die dingliche Übertragung des Unternehmens und die tatsächliche Übernahme des Zieltargets. Aus steuerrechtlichen Gründen und kartellrechtlichen Zwängen erfolgt die dingliche Übertragung regelmäßig nicht bei Vertragsabschluss. Aus steuerlichen Überlegungen heraus wählt man als Übergangsstichtag den Beginn des neuen Wirtschafts-jahres[71], um die Aufstellung einer Übergabebilanz zu erleichtern. Muss der Unternehmenskaufvertrag einer kartellrechtlichen Prüfung unterzogen werden, so ist der Vollzug des Kaufvertrages ohnehin frühestens einen Monat nach Anmeldung des Zusammenschlusses, spätestens jedoch vier Monate nach Anmeldung möglich.[72]

Der Begriff Closing ist im Rechtssinne uneinheitlich. In der Regel ist mit Closing der Stichtag zu bezeichnen, an dem das Unternehmen vom Verkäufer an den Käufer übergeht. Ergänzend dazu, wird Closing auch in manchen Fällen als Vornahme aller Rechtshandlungen an diesem Stichtag, die erforderlich sind, um den Unternehmensübergang vorzunehmen, definiert.[73]

---

[69] Vgl. hierzu ausführlich Kapitel 3.3 Unternehmensbewertung und Kaufpreisfindung, S. 45

[70] Vgl. Picot, Gerhard; Aleth, Franz, a. a. O., S. 1 ff.; Oltmanns, Michael J., a. a. O., S. 90 ff. und Picot, Gerhard (2002b), a. a. O., S. 126 ff.

[71] Häufig stimmt das Wirtschaftsjahr mit dem Kalenderjahr überein.

[72] Vgl. Niewiarra, Manfred, Unternehmenskauf, 2. Auflage, Baden-Baden, 2002, S. 130; Rat der Europäischen Union, Vorschlag für eine Verordnung des Rates über die Kontrolle von Unternehmenszusammenschlüssen („EG_Fusionskontrollverordnung), 21.11.2003, Art. 10 i. V. m. Art. 7 und Gesetz gegen Wettbewerbsbeschränkungen vom 26.08.1998, BGBl. I, S. 2546, §§ 40 und 41

[73] Vgl. Picot, Gerhard (2002b), a. a. O., S. 29 und Picot, Gerhard (2002a), a. a. O., S.168

Im Zeitraum zwischen Vertragsabschluss und der tatsächlichen Unternehmensübergabe können der Wert des akquirierten Unternehmens und seine Wettbewerbsposition enormen Modifikationen unterliegen. Da in dieser Übergangszeit die Unternehmensführung weiterhin dem Verkäufer unterliegt, enthalten die Kaufverträge daher in der Regel Passagen, die das Risiko des Käufers dementsprechend minimieren sollen. Ohne das Einvernehmen des Käufers ist es dem Verkäufer meist untersagt, innerhalb dieses Zeitraums des Übergangs außergewöhnliche Geschäfte oder Investitionen zu tätigen oder aber Veränderungen im Management vorzunehmen.

Die o. g. Problembereiche sollen im Closing, das sich aus dem amerikanischen Rechtskreis kommend auch in Deutschland eingebürgert hat, entschärft werden. Das Closing ist ein tatsächlicher Vorgang, mit dem beabsichtigt wird, zu einem von den Vertragspartnern festgelegten Zeitpunkt alle für den Kauf erforderlichen Dokumente unterschriftsreif an einem festgelegten Ort zusammenzutragen. Entweder werden diese Dokumente nun von Verkäufer und Käufer unterzeichnet oder es werden sämtliche Rechtshandlungen vorgenommen, die erforderlich sind, um den Unternehmensübergang vorzunehmen. Daher ist eine der Hauptfunktionen des Closings die Komplettierung aller für die Transaktion relevanten Dokumente an einem festgelegten Ort und zu einem bestimmten Zeitpunkt. Wurde nichts Gegenteiliges vereinbart, können keine weiteren Dokumente mit Rechtswirkung nachgereicht werden. Der Kaufvorgang ist mit Beendigung des Closings abgeschlossen.[74]

3.2 Due Diligence

Vor jeder M&A-Maßnahme sollte sich der Interessent einen möglichst umfangreichen Überblick über den gegenwärtigen Zustand des Verhandlungspartners und den Gegenstand der Transaktion verschaffen. Im Zuge dieser Überprüfung der prinzipiellen Qualifikation eines Transaktionspartners trifft man häufig auf den Ausdruck der Due Diligence. Genau genommen bedeutet Due Diligence nichts anderes als „erforderliche Sorgfalt". Gemeint im Zusammenhang mit M&A ist der komplexe Prüfprozess aus strategischer und finanzieller Sicht bezogen auf den potentiellen Anwärter in der

[74] Vgl. Niewiarra, Manfred, a. a. O., S. 130 ff.

Kauf- und Verkaufsverhandlungsphase eines Mergers.[75] In diesem Zusammenhang kann die Durchführung einer Due Diligence als Prozess des kombinierten Einsatzes von Wissensübertragung seitens des Verkäufers wie auch Wissenserarbeitung seitens des Interessenten verstanden werden.[76]

3.2.1 Verlauf der Due Diligence

Im Zuge der Due Diligence sollten die Entwicklung des Ziel- bzw. Targetunternehmens, seine wirtschaftlichen Hintergründe und Eigenschaften sowie auch seine Zukunftsperspektiven und -chancen kontrolliert werden. Die Überprüfung selbst sowie ihre Qualität hat nicht nur Einfluss auf den Erfolg der Transaktion selbst und begrenzt die Risiken ungeahnter und gegebenenfalls unüberschaubarer Gefahren. Sie dient zudem dazu, sich rechtzeitig auf die nach der Transaktion in der Post-Merger-Phase erforderlichen Aktionen einzustellen und frühzeitig angemessene Lösungskonzepte zu erarbeiten.[77]

Die Ablauforganisation der Due Diligence kann grundsätzlich untergliedert werden in Informationssammlung, Informationsverarbeitung und Informationsanalyse.

Für den Käufer ist diese sorgfältige Prüfung des Targets nicht nur Grundvoraussetzung für das Gelingen der Transaktion, sie ist auch zur angemessenen Bewertung des Zielunternehmens, die Fixierung eines verbindlichen Kaufpreisangebotes und die Vertragsverhandlung, vor allem im Hinblick auf das zu vereinbarende Gewährleistungs- und Haftungssystem, unerlässlich. Der Interessent sollte daher nach folgenden Grundsatz handeln: Je weniger Informationen und Daten ihm von dem Verkäufer zur Verfügung gestellt worden sind, umso umfangreicher und detaillierter

---

[75] Vgl. Wirtgen, Jörg, Post-Merger-Management, www.flexible-unternehmen.de/kl0908.htm, letzter Zugriff 20. 12. 2004 und Picot, Gerhard; Vondenhoff-Mertens, Renate, Due Diligence, in: Picot, Gerhard (Hrsg.), Mergers&Acquisitions optimal managen; www.picot.de/handelsblatt03.htm, letzter Zugriff 02. 08. 2004

[76] Vgl. Krömker, Michael, Die Due Diligence im Spannungsfeld zwischen Gesellschafts- und Aktionärsinteressen; Ein Beitrag zur Offenbarungsbefugnis des Vorstandes und zum Offenbarungsanspruch eines Paketaktionärs zum Zwecke der Due Diligence vor einem Unternehmenskauf, Frankfurt am Main u. a., 2002, S. 2 ff.

[77] Vgl. Berens, Wolfgang; Strauch, Joachim, Planung und Durchführung der Due Diligence, in: Berens, Wolfgang; Brauner, Hans U. (Hrsg.), Die Due Diligence bei Unternehmensakquisitionen, Stuttgart, 1999, S. 183 ff. und Picot, Gerhard; Vondenhoff-Mertens, Renate, a. a. O.

sollten seine Forderungen bezüglich vertraglicher Gewährleistungs-, Garantie- und Haftungsversprechen des Verkäufers sein.[78]

In der Regel wird die Durchführung einer Due Diligence durch eine Projektorganisation realisiert. Dies hat zur Folge, dass von Beginn an eine klare Definition des Prüfungsumfanges, der Tätigkeitsbereiche und der Verantwortlichkeiten notwendig wird.[79] Hierzu sollte ein Team aus erfahrenen Experten zusammengestellt werden, da durch eine Offenlegung von Dokumenten eine spätere Haftung des Verkäufers für Umstände, die sich aus den Unterlagen ergeben, – vorbehaltlich divergierender vertraglicher Regelungen – weitgehend ausgeschlossen ist. Abhängig vom Inhalt der Due Diligence kann es sinnvoll sein, neben Wirtschaftsjuristen und Wirtschaftsprüfern auch Fachleute anderer Disziplinen, beispielsweise Pensions-, Umwelt- oder Sicherheitsexperten, heranzuziehen. Eine Fehlbewertung des Targets kann zu großen Kosten seitens des Käufers führen.[80]

3.2.2 Ansätze der Due Diligence

Zur Ausgestaltung eines solchen Teams finden sich in der Literatur zum aufbauorganisatorischen Aspekt drei Ansätze:

- **Experten-Ansatz**
  Die Akquisition selbst wird durch die Geschäftsführung des Käufers betrieben, nur für den Zweck der Due Diligence wie auch für Bewertungsfragen wird ein Expertenteam der verschiedenen Fachbereiche zusammengestellt.

- **Team-Ansatz**
  Ein aus Experten des akquirierenden Unternehmens bestehendes Team begleitet die Transaktion während des gesamten Prozesses. Der Teamleiter übernimmt im Wesentlichen die Verantwortung, die Ge-

[78] Vgl. Picot, Gerhard; Vondenhoff-Mertens, Renate, a. a. O., S. 2
[79] Vgl. Pack, Heinrich, a. a. O., S. 271 ff.
[80] Vgl. Berens, Wolfgang; Strauch, Joachim, a. a. O., S. 185 ff. und Picot, Gerhard; Vondenhoff-Mertens, Renate, a. a. O:, S. 3

schäftsleitung schaltet sich nur bei Streitfällen bzw. in die Endverhandlung ein.

- **Abteilungs-Ansatz**
  Das akquirierende Unternehmen verfügt über eine eigene M&A-Organisationsabteilung, die die Geschäftsführung im gesamten Transaktionsprozess unterstützt.

Eine Bewertung dieser Ansätze untereinander dürfte kaum möglich sein, in der Praxis dominiert aber der Team-Ansatz.[81]

3.2.3 Bereiche der Due Diligence

Die Due Diligence kann vom Unternehmenskäufer mit Hilfe einer Checkliste durchgeführt werden, die je nach der konkreten Situation in folgende Bereiche aufgegliedert sein kann:

- **Financial Due Diligence**
  Beschaffung und Analyse von Informationen zur wirtschaftlichen bzw. finanziellen Situation des Akquisitionsobjektes, stützt sich im Wesentlichen auf die Daten des externen Rechnungswesens, d. h. Bilanz sowie Gewinn- und Verlustrechnung.[82]

---

[81] Vgl. Pack, Heinrich, Due Diligence, in: Picot, Gerhard (2002a) (Hrsg.), Handbuch Mergers & Acquisitions; Planung, Durchführung, Integration, 2. Auflage, Stuttgart, 2002, S. 271 f. und Picot, Gerhard; Vondenhoff-Mertens, Renate, a. a. O.

[82] Vgl. Rebien, Axel; Andersen, Arthur, Financial Due Diligence, in: Lange, Georg F. (Hrsg.), a. a. O., S. 191 ff.; Picot, Gerhard, Vondenhoff-Mertens, Renate, a. a. O. und Lang, Friedrich, Financial Due Diligence, in: Kranebitter, Gottwald (Hrsg.), Due Diligence: Risikoanalyse im Zuge von Unternehmenstransaktionen, Bonn, 2002, S. 49 ff.

- **Marketing Due Diligence**

  Sollte eine Verknüpfung zwischen der stark vergangenheitsorientierten Financial Due Diligence und der auf die künftigen Erfolgspotentiale ausgerichteten Strategie bilden.[83]

- **Human Resources Due Diligence**

  „Die Führungsqualifikation des Managements und die Qualifikation der Mitarbeiter, die Unternehmenskultur, die Loyalität und damit einhergehend die Fluktuationsgefährdung der Führungskräfte und Mitarbeiter, insbesondere deren Auseinandersetzung mit der Akquisition bzw. die persönliche Einstellung zum Merger- oder Integrationsprozess, sind letztlich wesentliche Faktoren, die über Erfolg und Misserfolg eines Unternehmenszusammenschlusses entscheiden."[84]

- **Legal Due Diligence**

  Sollte die rechtliche Einordnung des Zieltargets, die Überprüfung der gesellschaftsrechtlichen Strukturen sowie der Rechtsbeziehungen beinhalten (vgl. hierzu Kapitel 3.1.3).[85]

- **Tax Due Diligence**

  Bei der rechtlichen Due Diligence geht es speziell um die Bestimmung von Grundlagen für einen vertraglichen Gewährleistungskatalog. Bei der steuerlichen Due Diligence sind für den Käufer die Bewertung von steuerlichen Risiken sowie Kenntnisse über die steuerliche Sachlage relevant. Für den Verkäufer ist ein steuerbegünstigter Verkauf des Unternehmens nach §§ 16, 17 i. V. m. 34 Abs. 1 EStG und eine möglichst gänzliche Isolierung vom unternehmerischen Engagement wesentlich. Zum einen sollte hier die steuerlich optimale Gestaltung der Akquisition

[83] Vgl. Rebien, Axel; Andersen, Arthur, Financial Due Diligence, in: Lange, Georg F. (Hrsg.), a. a. O., S. 191 ff.; Picot, Gerhard, Vondenhoff-Mertens, Renate, a. a. O.; Pack, Heinrich, a. a. O., S. 278 f. und Preschern, Georg; Wintersberger, Karlheinz, Commercial Due Diligence, in: Kranebitter, Gottwald (Hrsg.), a. a. O., 2002, S. 106 ff.

[84] Aldering, Christoph; Freiin von Hutten, Christina, Due Diligence und Human Resources, in: Berens, Wolfgang; Brauner, Hans U. (Hrsg.), a. a. O., S. 236 ff.

[85] Vgl. Fellner, Markus; Kellermayr, Sebastian; Rossmeier, Daniela; Schiffer, Jack; Zemp, Thomas P., Legal Due Diligence, in: Kranebitter, Gottwald (Hrsg.), a. a. O., 2002, S. 82 f.; Picot, Gerhard, Vondenhoff-Mertens, Renate, a. a. O. und Pack, Heinrich, a. a. O., S. 278 ff.

für Käufer und Verkäufer ermittelt werden und zum anderen muss eine steuerliche Prüfung zum Schutz des Käufers vor steuerlich begründeten finanziellen Risiken aus der Vergangenheit durchgeführt werden.[86]

- **Environmental Due Diligence**
  Identifizierung und Bewertung von Umweltrisiken.[87]

- **Organizational und IT Due Diligence**
  Prüfung, ob die Organisation des Zielunternehmens zweckmäßig und wirtschaftlich bzw. ob die Informationstechnologie angemessen ist.[88]

Das Resultat der Due Diligence wird für gewöhnlich in einem schriftlichen Bericht zusammengefasst. Abgesehen von einer Darstellung des zu akquirierenden Unternehmens enthält der Bericht im Wesentlichen eine Analyse und Beurteilung der Chancen und Risiken, die aus der Transaktion zu erwarten sind. Das Team, welches mit den Verhandlungen beauftragt wurde, legt diesen Due Diligence Bericht dem Entscheidungsgremium vor und benutzt diesen Report als Basis für die Unternehmensbewertung, die Vertragsverhandlungen und die Gestaltung des Vertragswerkes.[89]

3.2.4 Erfolgsfaktoren für Due Diligence

Abgesehen von einer feindlichen Übernahme, wo eine Due Diligence nicht durchführbar ist, sollte dieses Instrument der systematischen und sorgfältigen Prüfung zum festen Bestandteil bei Akquisitions-Prozessen gehören.

---

[86] Vgl. Unger, Christine; Behrend, Lars; Grube, Frank; Rösli, Priska, Tax Due Diligence, in: Kranebitter, Gottwald (Hrsg.), a. a. O., 2002, S. 66 ff.; Picot, Gerhard, Vondenhoff-Mertens, Renate, a. a. O. und Pack, Heinrich, a. a. O., S. 278 ff.

[87] Vgl. Picot, Gerhard, Vondenhoff-Mertens, Renate, a. a. O. und Pack, Heinrich, a. a. O., S. 278 ff. und Steinmüller, Horst, Environmental Due Diligence, in: Kranebitter, Gottwald (Hrsg.), a. a. O., 2002, S. 120 ff.

[88] Vgl. Dankl, Andreas; Müller, Michael, Technical Due Diligence, in: Kranebitter, Gottwald (Hrsg.), a. a. O., 2002, S. 135 ff.; Picot, Gerhard, Vondenhoff-Mertens, Renate, a. a. O. und Pack, Heinrich, a. a. O., S. 278 ff.

[89] Vgl. Picot, Gerhard, Vondenhoff-Mertens, Renate, a. a. O. und Pack, Heinrich, a. a. O., S. 278 ff.

Eine gezielte Prüfung im Zuge einer geordneten Einbindung in den M&A-Prozessen kann das Risiko eines Misserfolgs fühlbar verringern, indem ein essentieller Input für die Gestaltung des Kaufvertrags, insbesondere bei der Berücksichtigung und Formulierung von Gewährleistungen und Garantien, sowie ausschlaggebende Informationen und Hilfestellungen zur Bewertung des Kaufobjektes sowie zur Preis-Verhandlung gegeben werden. Abgesehen davon, können die Resultate aus der Due Diligence auch dazu beitragen, ein erfolgversprechendes Integrationsmanagement vorzubereiten.[90]

3.3 Unternehmensbewertung und Kaufpreisfindung

Neben Integrationsproblemen zählen überhöhte Kaufpreise durch fehlerhafte Prüfung und Bewertung zu den Hauptursachen für die hohen Misserfolgsquoten von ca. 70% bei Unternehmenstransaktionen.[91]
Inzwischen kann man auf eine Fülle von modernen Verfahren zur Unternehmensbewertung zurückgreifen. Zur Beurteilung von Unternehmenstransaktionen bietet sich eine vergleichende Anwendung mehrerer dieser Verfahren an. Diese wissenschaftlich komplexen Verfahren sind oft diffizil im praktischen Einsatz. Es werden häufig Fehler bei der Bewertung gemacht, die den Erfolg der Unternehmensakquisition von Anfang an gefährden können.[92]

Generell sollte man sich darüber bewusst sein, dass der ermittelte Unternehmenswert nicht gleichzeitig den Transaktionspreis darstellt. Unternehmensakquisitionen kommen vielmehr nur zu Stande, wenn der reelle Wert des Zieltargets den Kaufpreis übersteigt. Meist haben der Käufer und der Verkäufer diesbezüglich sehr differierende Vorstellungen. Der Käufer ist bestrebt, eine Preisminderung durch eine unterhalb der Netto-Synergiepotentiale liegende Übernahmeprämie und durch entsprechende Risikoabschläge durchzusetzen. Im Gegensatz dazu möchte der Verkäufer hingegen sein Vermögen vergrößern und eine möglichst hohe Übernahmeprämie

---

[90] Vgl. Rockholtz (1990), Carsten, Marktwertorientiertes Akquisitionsmanagement, Frankfurt a. M., 1990, S. 245 ff.

[91] Vgl. Henselmann, Klaus, Unternehmensbewertung, in: Lange, Georg F. (Hrsg.), Mergers & Acquisitions in der Praxis; Erfolgreiches Projektmanagement bei Unternehmenstransaktionen, Frankfurt a. M., 2001, S. 68 ff.

[92] Vgl. Vogel, Dieter, a. a. O., S. 276 f.

erzielen. Durch die Ermittlung von Grenzpreisen kommt der sorgfältigen Unternehmensbewertung im M&A-Prozess eine wichtige Vermittlungs-, Beratungs- und Argumentationsfunktion bei den Verhandlungen zu.[93]

In der letzten Zeit wurde eine Fülle mathematischer Prozesse zur Unternehmensbewertung entwickelt. Grob lassen sich in diesem Zusammenhang die gängigen Verfahren in Einzel- und Gesamtbewertungsverfahren, Mischverfahren sowie Überschlagsrechnungen unterteilen. Die Rechtsprechung wendet beispielsweise die Ertragswertmethode (Gesamtbewertungsverfahren) an, wenn ausscheidende Gesellschafter abgefunden werden müssen. Familiengerichte berechnen wiederum für Zugewinnansprüche den Unternehmenswert aus der Hälfte von Substanz- und Ertragswert (Mischverfahren).[94]

3.3.1 Einzelbewertungsverfahren

Bei Einzelbewertungsverfahren, wie beispielsweise beim Substanzwertverfahren, errechnet sich der Unternehmenswert aus den Vermögensteilen, die für einen Wiederaufbau des Unternehmens benötigt würden. Der Unternehmenswert wird also auf der Basis der Wiederbeschaffungskosten von betriebsnotwendigen Vermögensgegenständen und Verbindlichkeiten zuzüglich der Einzelveräußerungswerte der nicht betriebsnotwendigen Unternehmensteile ermittelt. Das Substanzwertverfahren beruht also auf der Annahme, dass ein Käufer soviel für ein Unternehmen zu zahlen bereit ist, wie er für die Rekonstruktion des Betriebs mit der gleichen technischen Leistungsfähigkeit aufwenden müsste.[95]

Bei dieser Art von Unternehmensbewertung werden lediglich materielle und verkehrsfähige immaterielle Werte in die Berechnung mit einbezogen.

---

[93] Vgl. Picot, Gerhard; Jansen, Stephan A., Moderne Bewertungsverfahren von Unternehmen, in: Picot, Gerhard (Hrsg.), Mergers & Acquisitions optimal managen, www.picot.de/handelsblatt04.htm, letzter Zugriff 02. 08. 2004 und Henselmann, Klaus, a. a. O., S. 68 ff.

[94] Vgl. www.nexxt.org/seiten/unp/1113/2271/?print=1, letzter Zugriff 16. 09. 2004

[95] Vgl. Picot, Gerhard; Jansen, Stephan A., a. a. O., S. 1 ff.

Die Vorteile der Substanzwertmethode liegen in der langjährigen praktischen Bewährung und der relativ simplen Ermittlung des Unternehmenswertes. Nachteilig ist die fehlende Berücksichtigung von nichtbilanzierungsfähigen Werten, wie beispielsweise von Image, von Kunden- und Lieferantenbeziehungen sowie von Know-how der Unternehmensführung und der Mitarbeiter. Zudem wird die Ertragskomponente – welche Erträge kann ich mit dem Unternehmen zukünftig überhaupt erwirtschaften – nicht mit einbezogen.

Problematisch wird diese Form der Unternehmensbewertung auch bei stark expandierenden und Know-how- und wissensintensiven Unternehmen, wie beispielsweise in der Software-Branche.[96]

3.3.2 Gesamtbewertungsverfahren

Während bei den Einzelwertmethoden die gegenwärtigen Vermögens- und Verbindlichkeitspositionen einzeln erfasst und bewertet werden, sind die Gesamtbewertungsverfahren, wie z. B. das Ertragswertverfahren, auf die Bewertung der zu erwartenden zukünftigen Erträge ausgerichtet. Beim Ertragswertverfahren steht also ein investitionstheoretischer Gedanke im Vordergrund und es wird nicht mehr nur das physische Unternehmen „reproduziert“, sondern die zu erwartenden Ertragsüberschüsse.[97]

3.3.2.1 Ertragswertverfahren

Die Berechnung des Unternehmenswerts mit Hilfe des Ertragswertverfahrens wird folgendermaßen durchgeführt:

[96] Vgl. www.1-to-manage.de/onetomanage/1-to-manage.nsf, letzter Zugriff 23. 05. 2004; Picot, Gerhard; Jansen, Stephan A., a. a. O. und www.nexxt.org/seiten/unp/1113/2271/?print=1, letzter Zugriff 16. 09. 2004

[97] Vgl. www.nexxt.org/seiten/unp/1113/2271/?print=1, letzter Zugriff 16. 09. 2004 und www.1-to-manage.de/onetomanage/1-to-manage.nsf, letzter Zugriff 23.05.2004

- Analyse und Darstellung der wirtschaftlichen Rahmenbedingungen (Beschreibung der technischen und wirtschaftlichen Entwicklung des Unternehmens),

- Bereinigung der Vergangenheitszahlen (Kapital-, Ertrags- und Vermögensanalyse sowie Finanzanalyse auf der Basis vergangener Jahresabschlüsse),

- Ermittlung der nachhaltigen Ertragskraft (Zukunftsbetrachtung in Form einer Ertrags-, Finanz- sowie Kapital- und Vermögensplanung) und

- Kapitalisierung (Berechnung des Barwertes zukünftiger Einkünfte).

Der Ertragswert wird also als Bruttokapitalwert aus der Gesamtheit aller auf einen bestimmten Bewertungsstichtag abgezinsten zukünftigen Jahresüberschüsse des Unternehmens berechnet, die allerdings aufgrund der Bilanzierung bilanzpolitischen Veränderungen unterworfen sind.
In Deutschland hat sich die Ertragswertmethode als wissenschaftlich akzeptiertes Verfahren zur Unternehmensbewertung etabliert und ist daher auch für Sachverständigengutachten obligatorisch.[98]

3.3.2.2 Discounted Cashflow-Methode

Die Discounted Cashflow-Methode (DCF-Methode) ist eine Variante des Ertragswertverfahrens. Dieses Verfahren ist insbesondere für Unternehmen geeignet, die über eine fundierte und vollständige Datenbasis verfügen. Bei anderen Unternehmen ist infolge fehlender Daten eine Bewertung mit Hilfe der DCF-Methode fast unmöglich. Mit Verabschiedung der aktualisierten Grundsätze zur Durchführung von Unter-

[98] Vgl. www.1-to-manage.de/onetomanage/1-to-manage.nsf, letzter Zugriff 23. 05. 2004; Picot, Gerhard; Jansen, Stephan A., a. a. O. und www.nexxt.org/seiten/unp/1113/2271/?print=1, letzter Zugriff 16. 09. 2004

nehmensbewertungen[99] des IDW (Institut der Wirtschaftsprüfer) ist die DCF-Methode in Deutschland gleichrangig neben dem Ertragswertverfahren für Unternehmensbewertungen durch Wirtschaftsprüfer anerkannt. Mit Hilfe der DCF-Methode wird der Unternehmenswert durch die Diskontierung von Cashflows ermittelt. Der Cashflow gibt an, wie viel eigen erwirtschaftete liquide Mittel dem Unternehmen für Steuern, Kredittilgung, Investitionen usw. zur Verfügung stehen.[100]

Generell lassen sich bei der Discounted Cashflow-Methode zwei Ansätze unterscheiden: die Bruttokapitalisierung und die Nettokapitalisierung.

Die Bruttokapitalisierung berechnet den Unternehmenswert in zwei Schritten. Zu Anfang wird der Unternehmensgesamtwert durch die Diskontierung der zu erwartenden Free Cashflows[101] ermittelt. Dieser Unternehmensgesamtwert ist nicht abhängig von der Finanzstruktur des Unternehmens, dem Eigen- und Fremdkapital. Er stellt vielmehr die Ansprüche der Eigen- sowie Fremdkapitalgeber dar. Im zweiten Schritt wird nun der Marktwert des Fremdkapitals ermittelt und vom Unternehmensgesamtwert subtrahiert. So erhält man den Marktwert des Eigenkapitals einer Unternehmung, also den eigentlichen Unternehmenswert. Gebräuchliche Ansätze der Bruttokapitalisierung sind die Variante der gewogenen durchschnittlichen Kapitalkosten (WACC-Methode), der Total Cashflow-Methode (TCF-Methode) und der Adjusted Present Value-Methode (APV-Methode).[102]

---

[99] Vgl. IDW Standard S. 1 vom 28.06.2000

[100] Vgl. Oehlrich, Marcus, Strategische Analyse von Unternehmensakquisitionen, Das Beispiel der Pharmazeutischen Industrie, Wiesbaden, 1999, S. 86 f. und www.nexxt.org/seiten/unp/1113/-2390?print=1, letzter Zugriff 16. 09. 2004

[101] Free Cashflow ist der operative Cashflow (Cashflow der gewöhnlichen Geschäftstätigkeit) abzüglich Investitionen und zuzüglich der Zinsen für die Investitionen.

[102] www.nexxt.org/seiten/unp/1113/2390?print=1, letzter Zugriff 16. 09. 2004; Oehlrich, Marcus, a. a. O., S. 86 f. und Nestler, Anke; Kupke, Thomas, Die Bewertung von Unternehmen mit dem Discounted Cash Flow-Verfahren, www.orcf.de/downloads/BM_06_danz.pdf, letzter Zugriff 24. 07. 2004

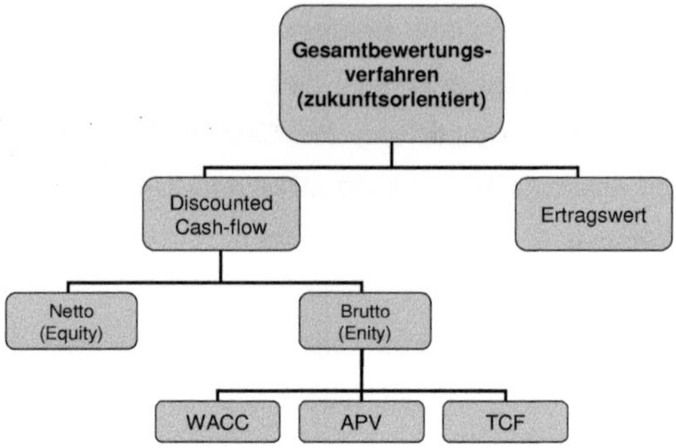

Abbildung 11: Überblick der Bewertungsmethoden im Gesamtbewertungsverfahren

Der Ansatz der Nettokapitalisierung kommt mit einer Stufe zur Ermittlung des Unternehmenswertes aus. Die zu erwartenden, den Eigenkapitalgebern zustehenden Cashflows werden ermittelt und mit Hilfe des Kapitalisierungszinses[103] abgezinst.[104]

3.3.3 Kombinationsmethoden

Mischverfahren, wie beispielsweise das Praktikerverfahren, versuchen, über eine Kombination von Substanz- und Ertragswerten mit einer festzulegenden Gewichtung die anhaftenden Problemfelder beider Verfahren – Vergangenheitsorientierung einerseits und unsichere Zukunftsprognose andererseits – zu relativieren, ohne sie aber effektiv ausschalten zu können. Die Gewichtung des Ertrags- und des Substanzwertes ist u. a. abhängig von der jeweiligen Branche, in der das zu bewertende Unternehmen tätig ist. Bei der Beurteilung eines Softwareunternehmens beispielsweise sollte der Ertragswert stärker als der Substanzwert gewichtet werden.[105]

[103] Als Kapitalisierungszins wird die risikoäquivalente Renditeforderung der Eigenkapitalgeber zugrunde gelegt.
[104] Vgl. Nestler, Anke; Kupke, Thomas, a. a. O.
[105] Vgl. Picot, Gerhard; Jansen, Stephan A., a. a. O., S. 2 f.

Ergebnis-Kenngrößen wie beispielhaft KGV (Kurs-Gewinn-Verhältnis), EBIT (Earning Before Interest and Tax) bzw. EBDIT (Earning Before Depreciation, Interest and Tax) bilden die Basis für die Multiplikationsfaktoren zur Unternehmensbewertung mit Hilfe einer **Überschlagsrechnung**. Der Wert des Multiplikationsfaktors soll z. B. Zyklenanfälligkeiten, Branchenrisiken wie auch Volatilitäten der Kenngrößen darstellen. Bei Versicherungen liegt dieser Multiplikationsfaktor zwischen zehn und zwanzig, in der Bauindustrie zwischen drei und sechs. Diese Überschläge sollen reflektieren, wie oft der künftig zu erwartenden Überschuss in dem Preis für das Unternehmen enthalten ist.[106]

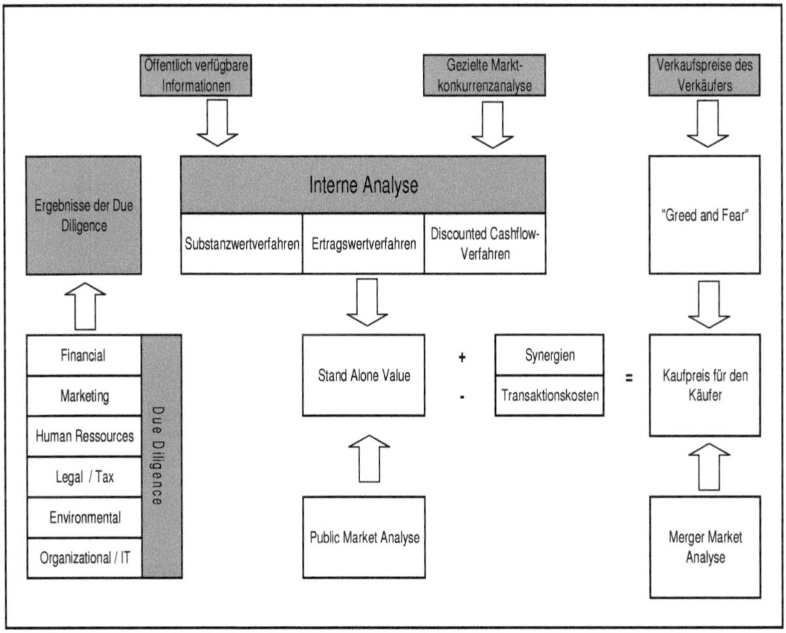

Abbildung 12: Prozess der Unternehmensbewertung und Kaufpreisfindung

Quelle: Pack, Heinrich, a. a. O., S. 296

[106] Vgl. Picot, Gerhard; Jansen, Stephan A., a. a. O., S. 2 ff.

Welche Bewertungsmethode letztlich im konkreten Fall angewendet wird, entscheiden die Branche bzw. der Markt, also Angebot und Nachfrage, sowie natürlich die Banken, die die Transaktion finanzieren. In welchem Fall welche Bewertungsmethode angewendet wird, hängt zudem vom Bewertungszweck, von der Unternehmensgröße und vom vorhandenen Datenmaterial ab.[107]

3.3.4 Grundsätze ordnungsgemäßer Unternehmensbewertung

Nach langen wissenschaftlichen Diskussionen um die Frage, welches der Bewertungsverfahren am sinnvollsten ist, haben sich folgende Grundsätze ordnungsgemäßer Unternehmensbewertung (GoU) herausgebildet:[108]

1. **Grundsatz der Subjektivität**
   Berücksichtig die subjektiven Synergiepotentiale des Erwerbers

2. **Grundsatz der Zweckadäquanz**
   Unternehmenswert variiert mit dem Zweck der Bewertung

3. **Grundsatz der Zukunftsbezogenheit**
   Der Käufer will nur diejenigen Potentiale vergüten, die ihm ab Transaktion zufließen werden, wobei Vergangenheitswerte diesbezüglich keine ausreichende Basis zur Bewertung dieser Potentiale darstellen.

4. **Grundsatz der Bewertungseinheit**
   Unter Annahme des Going Concern wird das Unternehmen nur als Gesamtwert unter Erfassung der nichtbilanzierten immateriellen Vermögensgegenstände bewertet.

Überprüft man anhand dieser Grundsätze o. g. Bewertungsverfahren, erscheinen lediglich die Gesamtwertverfahren als adäquat. In diesem Zusammenhang gewinnen

---

[107] Vgl. www.nexxt.org/seiten/unp/1113/2392?print=1, letzter Zugriff 16. 09. 2004

[108] Vgl. www.nexxt.org/seiten/unp/1113/2390?print=1, letzter Zugriff 16. 09. 2004 und Picot, Gerhard; Jansen, Stephan A., a. a. O., S. 2 ff.

unter dem amerikanischen Einfluss der wertorientierten Unternehmensführung die bereits beschriebenen Discounted Cashflow-Methoden zunehmend an Bedeutung. Abschließend bleibt festzuhalten, dass nicht in erster Linie ein physisches Unternehmen, wie es steht und liegt, erworben wird, sondern ein zukünftiger Zahlungsstrom. Für eine effektive Wertsteigerung sind gründliche Prüfungen und der konsequente Einsatz der Bewertungsverfahren notwendig.[109]

---

[109] Vgl. Picot, Gerhard; Jansen, Stephan A., a. a. O. und www.nexxt.org/seiten/unp/1113/2390?print=1, letzter Zugriff 16. 09. 2004

4 Chancen und Risiken von Mergers & Acquisitions

4.1 Motive und Ziele für Mergers & Acquisitions aus der Perspektive des Käufers

Unternehmenstransaktionen hat es schon immer gegeben und schon immer traten sie zeitlich geballt, also in Wellen, auf, so in den USA in den 30er, den 60er und den 80er Jahren sowie in Deutschland in den 20er und 80er Jahren des 20. Jahrhunderts. Jede dieser Fusionswellen hatte ihre Gründe.[110] Die harten ökonomischen Gründe für Transaktionen waren und sind fast immer Neuerungen der Produktionstechniken und -methoden, der Absatz- sowie der Kapitalmärkte und der staatlichen Regulierung der wirtschaftlichen Tätigkeit, in deren Folge die wirtschaftlich optimalen Betriebsgrößen zunehmen. Unternehmen, die unter den neuen Bedingungen zu klein erscheinen, fusionieren aus eigenem Antrieb oder werden aufgekauft bzw. treten aus dem Wettbewerb von selbst aus.[111]

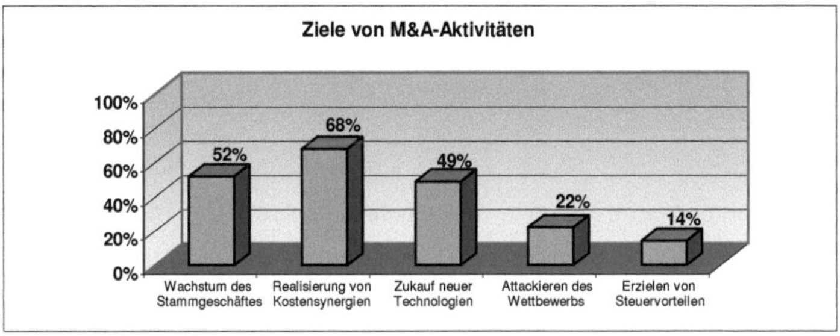

Abbildung 13: Ziele von Transaktionen
In Anlehnung an Gösche, Axel, a. a. O., S. 59

Die Motive für M&A sind demnach sehr vielfältig und man findet in der Literatur viele verschiedene Unterteilungen. Die hier angebrachte ist also nur eine Möglichkeit, die

[110] Vgl. ausführlich zum Thema Fusionswellen Kleinert, Jörn; Klodt, Henning, Fusionswellen und ihre Ursachen, in: Franz, Wolfgang; Ramser, Hans Jürgen; Stadler, Manfred, Tübingen, 2002, S. 27 ff. und Böckem, Sabine, Fusionsdomino: Eine industrieökonomische Erklärung von Fusionswellen, in: Franz, Wolfgang; Ramser, Hans Jürgen; Stadler, Manfred, a. a. O., S. 141 ff.

[111] Vgl. Gösche, Axel, Mergers & Acquisitions im Mittelstand; Unternehmen und Beteiligungen gezielt kaufen und verkaufen: Planung, Strategie, Durchführung, Integration, Wiesbaden, 1991, S. 59 ff.

zahlreichen unterschiedlichen Motivationen strukturiert aufzuzeigen. Man kann die Ziele in strategische Motive, finanzielle Motive und persönliche Motive einteilen.[112]

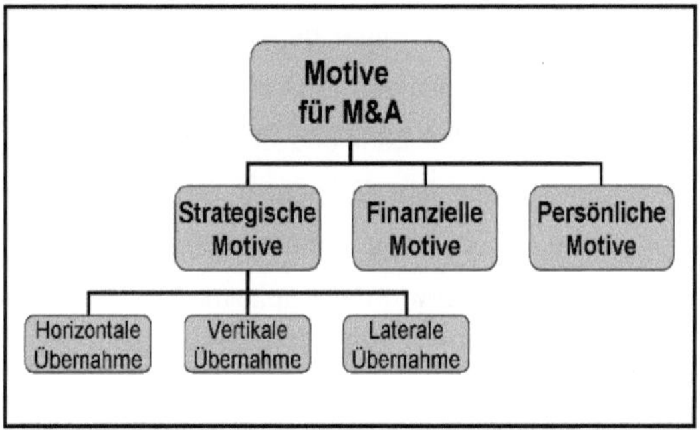

Abbildung 14: Motive für M&A

Quelle: Vgl. Nelles, Michael, Skript 3 Mergers & Acquisitions, Vorlesung Investment-Banking WS 2002/2003

4.1.1 Strategische Motive

Als strategisch motivierte M&A werden solche Transaktionen bezeichnet, die Ausdruck einer Unternehmensstrategie sind bzw. diese umsetzen. Ein Teil der strategischen M&A umfasst die Diversifikation. Als Diversifikation wird die Ausdehnung der Tätigkeit eines Unternehmens auf neue Märkte und Leistungsbereiche oder die Intensivierung der Tätigkeit auf den bereits akquirierten Märkten bezeichnet.[113] Als grundlegende Ziele der Diversifikation können in diesem Zusammenhang genannt werden:[114]

---

112 Vgl. Gösche, Axel, a. a. O., S. 61 ff.

113 Vgl. Steinöcker, Reinhard (1998), Mergers and Acquisitions: Strategische Planung von Firmenübernahmen; Konzeption Transaktion, Controlling, Düsseldorf, 1998, S. 41 f.

114 Vgl. Steinöcker, Reinhard (1998), a. a. O., S.41 f.; Wirtgen, Jörg, Post-Merger-Management, www.flexible-unternehmen.de/kl0908.htm, letzter Zugriff 20. 12. 2004; Dreesbach, Michael u. a., Strategie- und managementbezogenen Ansätze zur Begründung von Mergers & Acquisition wwwfl.ebs.de/Lehrstuehle/Strategische_Unternehmensfuehrung.pdf, letzter Zugriff 14. 12. 2004; Schmidt, Reinhard H.; Hackethal, Andreas, Fusionen und Übernahmen –Immer wichtiger und immer schwieriger, www.finance.uni-frankfurt.de/schmidt/publikations/mergers.pdf, letzter Zugriff 23. 05. 2004 und Jansen, Stephan A. (2001), a. a. O., S. 174

- Steigerung der Rendite einer Investition bei gleich bleibendem Risiko,
- Senkung des Risikos einer Investition bei gleich bleibender Rendite,
- Gemisch aus beidem,
- Verbesserung der Wettbewerbs- bzw. Marktposition,
- Marktzugang (geographisch),
- Erweiterung bzw. Abrundung der Produktpalette,
- strategische Umorientierung,
- Erwerb von Lizenzen, Patenten oder Markennamen,
- Lösung eines Generationen- oder Nachfolgeproblems und/oder
- Zeitgewinn im Hinblick auf Konkurrenzaktivitäten.

Diversifikation ist meist dahingehend beschränkt, dass neue Kosten für die betroffenen Geschäftseinheiten entstehen und dass Anteilseigner in der Regel selber und günstiger sowie gewinnbringender diversifizieren können. Diversifikation lässt sich anhand der verschiedenen Formen von Akquisitionen in horizontale, laterale und vertikale Diversifikation unterteilen.[115]

[115] Vgl. Wirtgen, Jörg, a. a. O.; Dreesbach, Michael u. a., a. a. O. und Schmidt, Reinhard H.; Hackethal, Andreas, a. a. O.

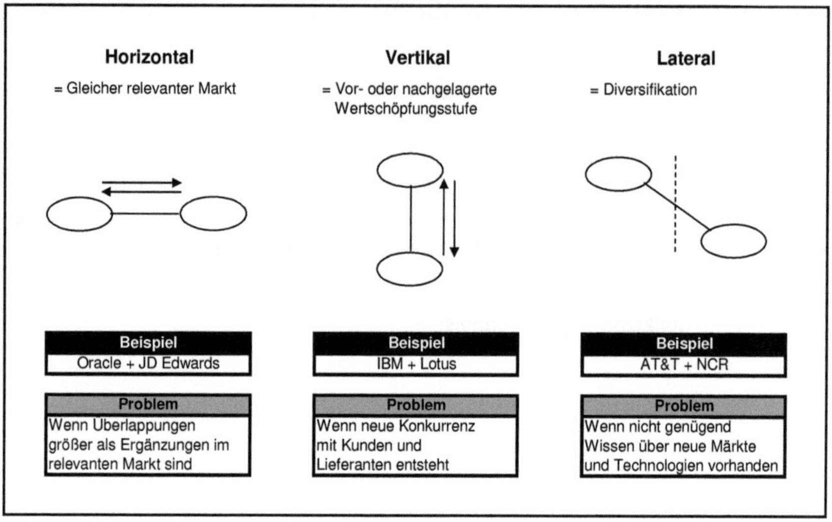

Abbildung 15: M&A-Diversifikationen

Quelle: Grube, Rüdiger; Töpfer, Armin, a. a. O., S. 26

4.1.1.1 Horizontale Diversifikation

Horizontale Diversifikation bedeutet die Ausweitung des Leistungsspektrums eines Unternehmens auf Bereiche der gleichen Wirtschaftsstufe, also die Übernahme eines Unternehmens der gleichen Branche und Produktionsstufe.[116] Diese Form der Transaktion, mit häufig einem direkten Konkurrenten, kann mehrere Ziele verfolgen. Wird das übernommene Unternehmen im Rahmen einer Fusion oder als Tochtergesellschaft langfristig integriert, dient diese Verflechtung der Generierung von Synergiepotentialen. Durch die gewonnenen Marktanteile kann die Marktmacht ausgeweitet werden, im Extremfall bis hin zur Monopolbildung. Die Steigerung der Marktmacht hat zum Ziel, die Preise, die Qualität und die Quantität auf den relevanten Märkten (Absatz- und Beschaffungsmärkten) besser bestimmen zu können und damit höhere Gewinne realisieren zu können.[117] Durch die Zusammenlegung von allgemeinen Ver-

[116] Vgl. Fischer, Johannes; Wirtgen, Jörg, Post Merger Integration Management, Berlin, 2000, S. 16 und Krüger, Wilfried, Mergers & Acquisitions als geschäftspolitische Option?, www.competence-site.de/stratemanagement.nsf, letzter Zugriff 14. 01. 2005

[117] Vgl. Fischer, Johannes; Wirtgen, Jörg, a. a. O., S. 16

waltungsaufgaben, Forschungs- und Entwicklungsaktivitäten sowie durch Abstimmung von Produktions-, Vertriebs-, Absatz- und Einkaufsstrukturen können die Kosten in diesen Bereichen erheblich gemindert werden („Economies of Scale"). Zudem können sich Verbundvorteile („Economies of Scope") oder Lernkurveneffekte einstellen. Wachstum muss aber nicht zwingend extern über horizontale Akquisition geschehen, sondern lässt sich auch intern durch die Ausweitung der eigenen Kapazitäten erreichen. Entscheidend bei der Wahl für ein externes Wachstum sind in der Regel bestehende Markteintrittsbarrieren, die das akquirierte Unternehmen bereits überwunden hat oder zeitliche Restriktionen, da internes Wachstum wesentlich mehr Zeit benötigen kann. Häufig erfordern notwendige Forschungs- und Entwicklungsinvestitionen, vor allem in der IT-Branche, eine Unternehmensgröße, die durch internes Wachstum nur schwer erreicht werden kann.

Abgesehen davon, kann das akquirierte Unternehmen nach der Transaktion im Rahmen einer Einzelveräußerung der Vermögensgegenstände liquidiert werden. Das Ziel ist in diesem Fall das Ausschalten eines Konkurrenten und nicht die Generierung von Synergien.[118]

4.1.1.2 Vertikale Diversifikation

Von einer vertikalen Transaktion wird gesprochen, wenn das akquirierte Unternehmen der gleichen Branche angehört und in der Wertschöpfungskette vor- oder nachgelagert ist. Generell ist die vertikale Diversifikation die Antwort auf die „Make or Buy"-Frage.[119] Auch in diesem Zusammenhang sollen Synergien durch den M&A-Prozess entstehen. Aus ökonomischer Sicht liegen die Vorteile bei einer vertikalen Diversifikation in den Einsparungen, die sich aus den kombinierten Operationen, der internen Kontrolle und Koordination, der Umgehung des Marktes und der stabilen Geschäftsbeziehung ergeben. Die Vorteile aus strategischer Sicht liegen in der Sicherung der Versorgung bzw. des Absatzes, der Verbesserung der Fähigkeit zur Differenzierung, dem Ausgleich von Verhandlungsstärken, dem Schutz gegen Markt-

---

[118] Vgl. Dreesbach, Michael, u. a., a. a. O.; Fischer, Johannes; Wirtgen, Jörg, a. a. O., S. 16 und Krüger, Wilfried, a. a. O.

[119] Vgl. Jansen, Stephan A. (2001), a. a. O., S. 174; Dreesbach, Michael, u. a., a. a. O. und Steinöcker, Reinhard (1998), a. a. O., S. 41 f.

ausschluss sowie dem Anschluss an Technologien. Durch die Übernahme von Kunden nachgelagerter Produktionsstufen kann der Absatz eigener Produkte langfristig gesichert werden.[120] Im Umkehrschluss kann die Versorgung mit Inputfaktoren durch die Übernahme von Anbietern vorgelagerter Produktionsstufen gewährleistet werden. Durch vertikale Integration lassen sich größere Bereiche der Wertschöpfungskette optimal und damit profitabel aufeinander abstimmen. Durch steigende Kosten der Verwaltung wird der Nutzen der Integration entlang der Wertschöpfungskette allerdings etwas begrenzt. Da das Wissen über die Märkte, auf denen ein Unternehmen aktiv ist, erfolgsentscheidend sein kann, ist die vertikale Diversifikation mit Risiken behaftet, sofern derartige Spezialkenntnisse nur für Teilbereiche der Wertschöpfungskette bestehen. Nachteile bei dieser Form der Akquisition liegen in den erhöhten Fixkosten und der geringen Flexibilität beim Wechsel von Geschäftspartnern. Zudem ist der Bedarf an Kapitalinvestitionen höher und es werden unterschiedliche Führungsanforderungen gestellt.[121]

4.1.1.3 Laterale Diversifikation

Die dritte Form ist die laterale Diversifikation. Hier wird das Leistungsspektrum des Unternehmens auf andere, vollständig neue Branchen ausgeweitet. Die einzelnen Geschäftsbereiche stehen in keinem funktionalen Verbund. Es erfolgt also eine Diversifizierung in vollkommen neue Märkte und neue Produkte. Durch den Eintritt in rentable Märkte mit Hilfe dieser Form der Akquisition versuchen die Unternehmen, ihr langfristiges Überleben zu sichern.[122] Dies gilt vor allem für Unternehmen, deren Produkte sich in der Degenerationsphase des Produktlebenszyklusses befinden. Auch die Minimierung der Kapitalkosten kann ein Motiv darstellen. Ein weiterer Grund für die laterale Diversifikation ist oft die damit verbundene Risikostreuung. Da ein Unternehmen aus einer anderen Branche dementsprechend eine andere Risikostruktur besitzt, wird die Risikostreuung des Konzerns erhöht. Durch diese Risikostreuung wird zwar die Ertragslage stabilisiert, aber die Chance für Anleger auf hohe Renditen gesenkt. Nachteile können in der Überforderung des Managements sowie

[120] Vgl. Dreesbach, Michael, u. a., a. a. O.
[121] Vgl. Steinöcker, Reinhard (1998), a. a. O., S. 41 f.; Dreesbach, Michael, u. a., a. a. O. und Jansen, Stephan A. (2001), a. a. O., S. 174
[122] Vgl. Wirtgen, Jörg, a. a. O.

in der eventuell fehlenden einheitlichen Unternehmensidentität liegen. Auch der fehlende Bezug der neuen Geschäftseinheiten zum Stammgeschäft kann sich negativ auswirken.[123]

4.1.2 Finanzielle Motive

Während die bislang aufgeführten Ziele in die strategische Unternehmensplanung einzuordnen sind, lohnen sich M&A-Aktivitäten auch aus rein finanziellen Aspekten. In der Regel soll eine Kostenreduzierung oder eine Ertragssteigerung erreicht werden.[124]

Kostensynergien entstehen in fast allen betrieblichen Bereichen, insbesondere in der Beschaffung, in der Administration, im Marketing und Vertrieb, in der Logistik und Produktion sowie in der Forschung und Entwicklung. Die Kostenoptimierung bei horizontaler M&A im Bereich Beschaffung liegt an den Einsparungen, die sich durch gemeinsame Nutzung von Beschaffungseinrichtungen, durch Zusammenlegung einzelner Beschaffungsbereiche und durch Optimierung der Konditionspolitik ergeben. Im Bereich Administration können die Synergieeffekte durch Personalzusammenlegung, EDV-Optimierung (Netzwerke) oder Arbeitszeitangleichung realisiert werden. Zudem kann durch horizontale Akquisition der Einsatz des Innen- und Außendienstteams optimiert werden, bei Auslandsstützpunkten können durch ein Zusammenfassen einzelner Vertriebskanäle bzw. Länderkompetenzen Einsparungen stattfinden und Werbeausgaben müssen nicht doppelt aufgewendet werden.[125] Zu diesen Vorteilen aus dem Bereich Marketing und Vertrieb kommt noch die Kostenreduktion in der Logistik durch Lagerzusammenführung wie auch Transportwegoptimierung. Bei der Produktion finden Einsparungen durch Abbau der Leer- und Stillstandskosten und u. a. durch eine bessere Kapazitätsauslastung statt. Auch der Bereich Forschung und Entwicklung kann durch ein konzentriertes Forschungsbudget, Projektzusammenlegungen und durch Einsparungen von teurem Fachpersonal Kosten minimieren. Bei vertikaler M&A können bei Eingliederung der vorgelagerten Produk-

---

[123] Vgl. Wirtgen, Jörg, a. a. O.; Dreesbach, Michael, u. a., a. a. O.

[124] Vgl. Steinöcker, Reinhard (1998), a. a. O., S. 151 f. und Jansen, Stephan A. (2001), a. a. O., S. 77 und S. 174

[125] Vgl. Jansen, Stephan A. (2001), a. a. O., S. 77 und S. 174

tionsstufe die benötigten Inputfaktoren zu Herstellungskosten bezogen werden und bei Akquisition der nachgelagerten Produktionsstufe ist ein geregelter Absatz der Produkte zu optimalen Preisen sichergestellt.[126]

Eine Motivation für Transaktionen, die aus rein finanziellen Aspekten heraus angestrebt werden, ist insbesondere die Unterbewertung von Unternehmen am Markt. Diese Unterbewertung kann sich bei börsennotierten Gesellschaften in einen unrealistisch niedrig erscheinenden Kurswert darstellen oder bei nichtbörsennotierten Unternehmen beispielsweise im Rahmen der nicht problemlosen Suche nach einer Unternehmensnachfolge ergeben. Ausgangspunkt einer finanziell motivierten Akquisition kann also auch eine bestehende Unterbewertung des Targets sein. Im Anschluss an die Übernahme werden diese Unterbewertungen beispielsweise durch Restrukturierungsmaßnahmen, zusätzliche Akquisitionen, Fusionen und Verkäufe oder durch einen Managementwechsel beseitigt. In manchen Fällen wird das akquirierte Unternehmen auch vollständig zerschlagen, da durch den Verkauf der Einzelteile ein höherer Preis erzielt wird, als für das gesamte Unternehmen gezahlt wurde.[127]

Durch o. g. Möglichkeiten zur Kosteneinsparung kommt es gleichzeitig zur Ertragssteigerung. Die Erträge werden zudem durch die vom übernommenen Unternehmen mitgebrachten Kundenpotentiale gesteigert. Auch können durch die erweiterte Leistungsfähigkeit und neu gewonnene Größe andere, größere Kunden akquiriert werden. Hierdurch können sowohl der Umsatz als auch der Ertrag gesteigert werden.

Ein weiteres Motiv für Unternehmensübernahmen stellen Steuervorteile dar. In diesem Zusammenhang sind insbesondere stille Reserven und entsprechende Abschreibungsmöglichkeiten sowie die Akquisition von Unternehmen, die über einen unausgenutzten Verlustvortrag verfügen, zu nennen. Auch die Erhöhung des steuerlich abzugsfähigen Zinsaufwandes bei einer entsprechenden Fremdkapitalfinanzierung kann ein Grund für M&A sein.[128]

---

[126] Vgl. Jansen, Stephan A. (2001), a. a. O., S. 77 und S. 174 und Steinöcker, Reinhard (1998), a. a. O., S. 151 f.

[127] Vgl. Steinöcker, Reinhard (1998), a. a. O., S. 151 f.

[128] Vgl. Steinöcker, Reinhard (1998), a. a. O., S. 151 f. und Jansen, Stephan A. (2001), a. a. O., S. 77 und S. 174

4.1.3 Management Motive

4.1.3.1 Macht- und Prestigedenken

Es kommt auch vor, dass Eigentümer oder angestellte Manager nach mehr Wachstum und Einfluss, Prestige und Selbstbestätigung streben und daher M&A-Aktivitäten aufnehmen. Manche Vergütungssysteme der Manager sind an Umsatz und/oder Marktanteil gekoppelt. Daher lassen sich diese Manager eher dazu verleiten, eine Übernahme anzustreben, obwohl die Transaktion nicht so erfolgsversprechend ist.[129]
Ein weiteres Problem in diesem Kontext ist die Selbstüberschätzung des Managements. Damit ist die so genannte Hybris-Hypothese angesprochen. Das Management des akquirierenden Unternehmens meint, begründet auf ihrer Kompetenz und Erfahrung, das Kaufobjekt allein und besser bewerten zu können. Dabei schätzt es die Wertschöpfungspotentiale, welche durch die Transaktion erschlossen werden sollen, oft systematisch zu hoch ein. Synchron dazu bewertet es die eigene Kompetenz über, bestehende Möglichkeiten der Wertsteigerung in reale Werte umzusetzen. Durch diese überhöhten Preise werden die Anteilseigner des Käufers geschädigt und die Anteilseigner des übernommenen Unternehmens profitieren davon.[130]
Auch das Sammeln von Akquisitionserfahrung als eigener Kompetenzaufbau ist für manche Manager der primäre Grund für die Entscheidung zur M&A.[131]

4.1.3.2 Free Cashflow-Hypothese

Nach der Free Cashflow-Hypothese von Jensen[132] entstehen besonders in reifen und schrumpfenden Branchen hohe Free Cashflow-Positionen, die aber nur bedingt für Ersatz- oder Neuinvestitionen verwendet werden, so dass sie zur effizienten Allokation des Kapitals an die Aktionäre ausgeschüttet werden sollten. Die Unternehmensleitung neigt hier verstärkt zur Gewinnthesaurierung, da die Ausschüttung den Wirkungsbereich des Managements dezimieren würde und es künftig einer größeren

[129] Vgl. Roll, Richard, The Hubris Hypothesis of Corporate Takeovers, in: Journal of Business, Jahrgang 59, Heft 2, S. 202 ff.
[130] Vgl. Oehlrich, Marcus, a. a. O., S. 28 und Roll, Richard, a. a. O., S. 202 ff.
[131] Vgl. Oehlrich, Marcus, a. a. O., S. 28
[132] Vgl. Jensen, Michael C., The Free Cash Flow Theory of Takeovers: A Financial Perspektive on Mergers and Acquisitions and the Economy, in: Browne, Lynn E.; Rosengren, Eric S. (Hrsg.), The Merger Boom, Boston, 1987, S. 328

Kontrolle bei späterer Aufnahme von neuem Kapital ausgesetzt wäre.[133] Zugleich werden die Reserven zur Ertragsstabilisierung und -glättung eingesetzt. Das Management verschafft sich durch die Free Cashflows erhöhte Freiheitsgrade, da die Unternehmensführung sich nicht direkt der Kontrolle durch den Kapitalmarkt aussetzen muss. Solche Unabhängigkeiten ermöglichen auch das Verfolgen eigener Interessen, wie beispielsweise die Steigerung des Einkommens sowie den Ausbau des Machteinflusses. Dies kann dazu führen, dass das Management Investitionen tätigt, deren Rendite unterhalb der Kapitalkosten liegt und/oder die Machtposition der Unternehmensleitung erhöht.[134]

4.2 Motive und Ziele für Mergers & Acquisitions aus der Perspektive des Verkäufers

Auch die Unternehmensverkäufer handeln nach verschiedenen Motiven, die sich, wie im Folgenden beschrieben, typisieren lassen.

Zum einen gibt es junge expandierende Unternehmen, die ihr schnelles Wachstum aus eigener Kraft nicht mehr in erforderlichem Maße optimal durchführen können. Durch die Veräußerung kann der Unternehmer den bisher geschaffenen Wert in Form des Verkaufserlöses realisieren und die neue Firma gegebenenfalls mit seinem Know-how unterstützen.
Die Nachfolgelösung ist ein weiteres Motiv für den Unternehmensverkauf. Insbesondere kleine und mittelständische, familienorientierte Unternehmen sind von diesem Problem betroffen. Im Familienkreis ist kein Interesse oder es besitzt niemand entsprechende Qualifikationen und die ausscheidende Führungspersönlichkeit möchte die Verantwortung keinem Außenstehenden übertragen.

In den vergangenen Jahren haben sich viele Konzerne wieder auf ihre Kernkompetenzen konzentriert und im Zuge einer solchen Umstrukturierung einzelne Unternehmensbereiche verkauft. Auch die große Insolvenzwelle in Deutschland in den letzten

---

[133] Vgl. Jensen, Michael C., a. a. O., S. 328 ff. und Oehlrich, Marcus, a. a. O., S. 27

[134] Vgl. Jensen, Michael C., a. a. O., S. 328 ff.; Steinöcker, Reinhard (1998), a. a. O., S. 151 f.; Fischer, Johannes; Wirtgen, Jörg, a. a. O., S. 17; Dreesbach, Michael u. a., a. a. O.; Jansen, Stephan A. (2001), a. a. O., S. 78 und Oehlrich, Marcus, a. a. O., S. 27

Jahren hat – gezwungenermaßen – zu gesteigerten M&A-Aktivitäten geführt. Die angeschlagenen Unternehmen wurden zum einen durch das Management veräußert oder zum anderen durch den Insolvenzverwalter im Ganzen oder in Einzelteilen zwangsversteigert.[135]

Zudem stellt die Privatisierung von Staatsbetrieben ein weiteres Motiv für M&A-Aktivitäten dar. Die Privatisierung von staatseigenen Betrieben kann aus mehreren Gründen erfolgen, wie beispielsweise zur Entlastung der öffentlichen Haushalte.[136]

4.3 Problemfelder und Erfolgsfaktoren von Mergers & Acquisitions

4.3.1 Konflikte und Problemfelder bei Mergers & Acquisitions

Vor einem Unternehmenszusammenschluss werden in der Regel sorgfältige Unternehmens- und Branchenanalysen durchgeführt, um die Ziele der Transaktion festzulegen. Die prognostizierten Erfolge von Fusionen lassen sich im Endeffekt aber nur selten realisieren. Hier stellt sich die Frage, ob durch Transaktionen zu große oder einfach falsche Erwartungen geweckt wurden oder ob bei den Planungen Einflussfaktoren nicht gebührend einbezogen wurden, die das Resultat von Fusionsprozessen nachhaltig beeinträchtigen. Vielfach wird auch die Situation zu optimistisch beurteilt. Die einzelnen Unternehmensteile sind gut, doch können ihre Erwartungen beim besten Willen und größten Einsatzvermögen nicht realisiert werden. Ein Jahr nach der erfolgten Übernahme wird dieses Faktum schlagend und beeinflusst die weitere Planungsarbeit der Manager.[137]

Insgesamt lassen sich fünf wesentliche Faktoren für den Misserfolg von Unternehmenszusammenschlüssen erkennen:[138]

---

[135] Vgl. Nelles, Michael, Skript 3 Mergers & Acquisitions, Vorlesung Investment-Banking WS 2002/2003, S. 28 ff.

[136] Vgl. Nelles, Michael, a. a. O., S. 28 ff.

[137] Vgl. Picot, Gerhard (1999), Fusionseuphorie oder Überlebensstrategie, in: Picot, Gerhard (Hrsg.), Mergers & Akquisitions optimal managen, www.picot.de/handelsblatt01.htm, letzter Zugriff 02. 08. 2004

[138] Vgl. Grube, Rüdiger; Töpfer, Armin, Post Merger Integration; Erfolgsfaktoren für das Zusammenwachsen von Unternehmen, Stuttgart, 2002, S. 47 ff.

- unsystematische und inkonsistente Akquisitionsstrategien,

- unzureichende Bestimmung und Umsetzung der Entscheidungsgrundlagen,

- Überbewertung der Synergiepotentiale und als Folge daraus die Vereinbarung eines überhöhten Unternehmenskaufpreises,
- Kommunikationsdefizite und

- Probleme bei der Integration der verschiedenen Unternehmen und Unternehmenskulturen.

Eine unsystematische Akquisitionsstrategie und die unzureichende Bestimmung der Entscheidungsgrundlagen deuten darauf hin, dass auch das mittlerweile genügend vorhandene betriebs- und finanzwirtschaftliche Know-how nicht immer genutzt und bewusst im Sinne eines ordentlich gestalteten Prozesses eingesetzt wird. Da mehrfach keine klare Strategie für den Zusammenschluss vorhanden ist, kann das Scheitern in der strategischen Analyse- und Konzeptionsphase zumindest indirekt begründet liegen. Vielfach liegt das Hauptaugenmerk der Unternehmen stärker auf der bisherigen organisatorischen Gliederung statt auf der erforderlichen Neugestaltung der Abläufe und der marktbezogenen Geschäftsprozesse. So ergeben sich oft Probleme, wenn die neue Führung nicht rechtzeitig benannt werden kann. Aufgrund der häufig im Management anzutreffenden Orientierungslosigkeit ist die Kommunikation mit den Führungskräften in der Integrationsphase unzureichend. Auch führen Zielkonflikte zwischen den neu zusammengelegten Unternehmensbereichen zu einer miserablen Koordination der Wertschöpfungskette.

Zudem betreiben zu wenig Unternehmen ein aktives Risikomanagement. Im Hinblick auf sich ergebende Wechselwirkungen bei einer Integration ist eine solche frühzeitige Informationsbeschaffung und Risikobewertung jedoch ausgesprochen wichtig.[139]

---

[139] Vgl. Grube, Rüdiger; Töpfer, Armin, a. a. O., S. 47 ff.

In vielen Fällen unterschätzt das Management darüber hinaus den Zeitbedarf für den Integrationsprozess[140]. Nicht selten ist der Integrationsprozess mit zuwenig detaillierten Konzepten unterlegt. Es kann vorkommen, dass dann die Machtverhältnisse entscheidend dafür sind, in welcher Form die Integration vollzogen wird. Dies bedeutet, dass den zugekauften Unternehmen die Kultur der erwerbenden Firma übergestülpt wird, ohne kulturelle Differenzen gebührend zu berücksichtigen. Lediglich nur bei jeder achten Transaktion wird eine Due Diligence (vgl. Kapitel 3.2 Due Diligence) durchgeführt. Im Vertrauen auf die eigene Kompetenz wird eher zu rasch und zu intuitiv entschieden. Es kommt mitunter vor, dass die Interessen der Mitarbeiter übergangen werden und schnelle Erfolge zur Rechtfertigung der Transaktion nur durch Personalabbau realisiert werden.[141]

In diesem Zusammenhang sind es insbesondere die weichen Faktoren, die zuwenig berücksichtigt wurden, womit vor allem die Unternehmenskultur, das Personal und die Unternehmensorganisation gemeint sind. Faktoren, die mit misslungenen Transaktionen in Verbindung stehen und sich direkt auf die Human Resources beziehen, können sein:[142]

- Unterschätzung der Schwierigkeiten bei der Vereinigung zweier Kulturen,
- Unterschätzung der Probleme beim Wissens- und Fähigkeitstransfer;
- Demotivation von Mitarbeitern des akquirierten Unternehmens,
- zu hoher Energieaufwand für die Abwicklung des Kaufvertrages und zu wenig Energie für die Planung und Integration nach der Akquisition,
- Entscheidungsverzögerung durch unklare Verantwortlichkeiten und Konflikte nach der Akquisition,

[140] Vgl. hierzu Kapitel 5.5 Zeithorizont der Integration
[141] Vgl. Picot, Gerhard (1999), a. a. O.; www.organisationsberaterin.de/publikation/erfolge_mergers.htm, letzter Zugriff 08. 11. 2004 und Grube, Rüdiger; Töpfer, Armin, a. a. O., S. 47 ff.
[142] Vgl. Wirtgen, Jörg, Post-Merger-Management, www.flexible-unternehmen.de/kl0908.htm, letzter Zugriff 20. 12. 2004

- Vernachlässigung des Tagesgeschäfts infolge zu starker Aufmerksamkeitskonzentration auf das akquirierte Unternehmen sowie

- ungenügende Recherchen über das akquirierte Unternehmen.

Vor allem das im weiteren beschriebene, als Merger-Syndrom bekannte Problem im Personalbereich sollte durch frühzeitige Gegenmaßnahmen vermieden werden.

4.3.2 Merger-Syndrom

Der M&A-Prozess bringt in der Regel eine Menge Veränderungen mit sich. Sowohl die Mitarbeiter als auch die Führungskräfte des akquirierten Unternehmens werden durch Fusionsankündigungen extremem Stress ausgesetzt, da in einer solchen Situation für jeden einzelnen Mitarbeiter der bisherige Status, die erworbene Macht und Freiheit sowie Privilegien und wichtige persönliche Netzwerke zur Disposition stehen. Bei einem „Merger of Equals" gilt dies für beide beteiligten Unternehmen. Dieser Zustand der Lähmung und Unsicherheit überträgt sich auf das gesamte Unternehmen.[143]
Die Ängste, die durch einen solchen Veränderungsprozess entstehen, lassen sich in drei Gruppen unterteilen:[144]

- Konfliktängste, die das Unternehmen vor unbekannten und bisher nicht gewohnten Konflikten charakterisieren,
- Versagensängste als Beklemmung vor der eigenen, aber auch der fremden Inkompetenz sowie
- Verlustängste, also die angesprochene Angst vor dem Einbüßen von erworbenen Besitzständen und Entwicklungschancen.

[143] Vgl. Pack, Heinrich, Due Diligence, in: Picot, Gerhard (2002a) (Hrsg.), Handbuch Mergers & Acquisitions; Planung, Durchführung, Integration, Stuttgart, 2002, S. 287 f.

[144] Vgl. Grube, Rüdiger; Töpfer, Armin, Post Merger Integration; Erfolgsfaktoren für das Zusammenwachsen von Unternehmen, Stuttgart, 2002, S. 175; Pack, Heinrich, a. a. O., S. 287 f.; Jansen, Stephan A. (2002), Trends, Tools, Thesen und empirische Tests zum Integrationsmanagement bei Unternehmenszusammenschlüssen, in: Picot, Gerhard (2002a) (Hrsg.), a. a. O., S. 532 ff. und www.umsetzungsberatung.de/lexikon/lexikon-change-management, letzter Zugriff 26. 11. 2004

Der Stress, welcher sich aus dem M&A-Prozess ergeben kann, hat Auswirkungen auf verschiedenen Ebenen. Zum einen auf die psychische Ebene der Mitarbeiter, hier kann es zu Unzufriedenheit, Erschöpfung, Aggressivität und Depressionen kommen. Auf der Verhaltensebene kann dieser Stress zum gehäuften Auftreten von Fehlern, zu Unfällen, zu sozialer Isolierung und u. a. zur inneren Kündigung führen. Auf der kognitiven Ebene kann sich dieser Stress durch Konzentrationsmangel, Vergesslichkeit und reduzierte Problemlösefähigkeit bemerkbar machen. Der M&A-Stress kann auch physiologische Reaktionen hervorrufen. Auf physischer Ebene werden in diesem Zusammenhang in der Literatur häufig Bluthochdruck, Magen- und Darmerkrankungen, Migräne und Allergien genannt.[145]

Diese o. g. Folgen und ihre Auswirkungen für das Unternehmen werden mit dem Begriff des Merger-Syndroms belegt. Die Arbeitsqualität sowie die Motivation des einzelnen Mitarbeiters kann nachlassen, es kann zu Unzufriedenheit und innerer Kündigung kommen. Dies kann eine erhöhte Fluktuationsquote sowie auch einen erhöhten Krankenstand zur Folge haben. Nicht nur der damit verbundene Rückgang der Produktivität, sondern auch die aus oben beschriebener Entwicklung resultierenden personalwirtschaftlichen Kosten für Trennung, Wiederbeschaffung und Training von Mitarbeitern bedeuten finanzielle Einbußen für das Unternehmen.[146]

Ein weiterer stressproduzierender Faktor ist die unrealistische Einschätzung der individuellen Situation. Um dem Einzelnen eine Neubewertung seiner Situation zu ermöglichen und zudem auch positive Aspekte der Veränderung aufzuzeigen, kann ein Stressmanagement oder Stressbewältigungstraining hilfreich sein. Hierbei sollte dafür Sorge getragen werden, dass:[147]

- unrealistische Annahmen korrigiert werden,
- die momentane Situation als Chance gedeutet wird und

[145] Gut-Villa, Cornelia, Human Resource Management bei Mergers & Acquisitions; Schriftenreihe des Instituts für betriebswirtschaftliche Forschung an der Universität Zürich, Bern, Band 84, 1997, S. 98 ff.

[146] Vgl. Mirvis, Philip H.; Marks, Mitchell Lee, Managing the Merger; Making It Work, London, 2003, S. 76 ff.

[147] Mirvis, Philip H.; Marks, Mitchell Lee, a. a. O., S. 76 ff. und Wirtgen, Jörg, Post-Merger Management, www.flexible-unternehmen.de/kl0908.htm, letzter Zugriff 20. 12. 2004

- die relative Bedeutung des einzelnen Arbeitsplatzes reflektiert wird.

Um ein Stressmanagement optimal nutzen zu können, sollten nur Mitarbeiter einbezogen werden, die zum einen von der M&A direkt betroffen sind und zum anderen mit Stresssymptomen reagiert haben.[148] Die Mitarbeiter lassen sich dementsprechend in drei Gruppen einteilen:[149]

1. Mitarbeiter, die nicht von der M&A betroffen sind oder von diesem Prozess profitieren,

2. Mitarbeiter, die speziell im mittleren und oberen Management zu finden sind und ein neues Ziel benötigen sowie dazu auf interne oder externe Unterstützung angewiesen sind und

3. Mitarbeiter, die nicht von der M&A profitiert haben, die sich neu orientieren müssen, derer man sich annehmen muss, um sie gegebenenfalls halten zu können.

Stressmanagementseminare bzw. Stressbewältigungstrainings sollten als Weiterbildungsmaßnahme verstanden werden und die Teilnahme sollte freiwillig sein. Für diese Seminare kommen nur die Mitarbeiter aus der zweiten und dritten Gruppe in Frage. Da die Mitarbeiter der zweiten Gruppe oft nicht den gewünschten Job erhielten oder degradiert wurden, somit einen Statusverlust hinnehmen mussten, neigen sie zu Depressionen, sind eventuell verärgert und daher meist rachsüchtig. Allerdings entwickelt diese Gruppe von Mitarbeitern zumeist den Ehrgeiz, die Verluste durch die neue Tätigkeit zu überwinden. Für die Mitarbeiter der dritten Kategorie hat sich die Tätigkeit in der Regel kaum verändert, jedoch hat das berufliche Umfeld sich gewandelt. Sie fühlen sich teils übergangen und haben mehr Abstand zur Führungsetage bekommen. Diese Mitarbeiter müssen neu motiviert werden, können aber Ihre Frustration durch die veränderten Umstände überwinden und sich neue Ziele stecken.[150]

---

[148] Vgl. Wirtgen, Jörg, a. a. O.
[149] Vgl. Wirtgen, Jörg, a. a. O.; Mirvis, Philip H.; Marks, Mitchell Lee, a. a. O., S. 76 ff.
[150] Vgl. Mirvis, Philip H.; Marks, Mitchell Lee, a. a. O., S. 76 ff. und Wirtgen, Jörg, a. a. O.

4.3.3 Faktoren für den erfolgreichen Abschluss einer Transaktion

Werden die ermittelten Gründe für das Misslingen von M&A-Aktionen in der Weise umformuliert, dass erkannte Defizite zu Handlungsempfehlungen werden, lassen sich zwölf Leitsätze formulieren, die einen nahezu reibungslosen Ablauf des M&A-Vorgangs gewährleisten können:[151]

1. Leitsatz: Strategische Harmonie der Partner

Grundsätzlich ist ein strategischer Fit bezogen auf insbesondere die Produkte, die Märkte, die Strategie und die Positionierung der beiden Unternehmen erforderlich.

2. Leitsatz: Kein fauler Kompromiss am Ende der M&A-Verhandlungen

Zum Schluss der Verhandlungen dürfen sich die Verhandlungspartner nicht unter zuviel Ergebnisdruck setzen lassen. Dies kann zu Kompromissen führen, welche sich im Endeffekt als nicht tragbar erweisen.

3. Leitsatz: Große Management-Attention

Sämtliche essentiellen Entscheidungen müssen von der obersten Führungsebene getroffen werden.

4. Leitsatz: Nur die Qualifiziertesten arbeiten im M&A-Prozess mit

Es sollten nicht Mitarbeiter mit dem M&A-Prozess betraut werden, die gerade entbehrlich sind.

5. Leitsatz: Kein Publikum im PMI-Prozess

Jeder der im PMI-Prozess eingesetzt wird, muss eine konkrete Funktion haben. Dies fördert den Teamgeist und die persönliche Mitverantwortlichkeit.

[151] Vgl. Töpfer, Armin, Zwölf Grundsätze für erfolgreiche Mergers & Acquisitions, in: RGB, 11/2000, S. 491 ff., siehe Grube, Rüdiger; Töpfer, Armin, Post Merger Integration, a. a. O., S. 55 ff. und Habeck, Max M.; Kröger, Fritz, Träm, Michael, Fusionsfieber – Die sieben Schlüsselfaktoren erfolgreicher Fusionen, 2. Auflage, Wiesbaden, 1999; S. 27 ff.

6. Leitsatz: Vision und Mission des neuen Unternehmens formulieren

Spätestens mit Beginn der PMI-Phase sollten die Ziele und Handlungsweisen des neuen Unternehmens festgelegt werden.

7. Leitsatz: Maßnahmen schnell umsetzen, ohne die Komplexität zu forcieren.

Nach dem Pareto-Prinzip sollte ein Anteil von 80 Prozent der anfallenden Tätigkeiten sehr schnell umgesetzt werden.

8. Leitsatz: Komplexität der Merger-Organisation nur kontinuierlich erhöhen

Am Anfang der Integrationsphase sollten die Kernaufgaben präzisiert und als Basis für Folgeaufgaben genutzt werden.

9. Leitsatz: Jedes Projektthema präzisieren und exakt darstellen

So soll die Komplexität der Integrationsmaßnahmen schon frühzeitig erkannt werden.

10. Leitsatz: Mit voller Transparenz steuern

Die oberste Führungsebene sollte durchgängig Einblick in alle Abläufe haben. Hohe Transparenz ist erforderlich, um zu kontrollieren, ob Synergieeffekte realisiert werden.

11. Leitsatz: Unbürokratisch handeln

Die Umstrukturierung zu einem neuen Unternehmen sollte dazu genutzt werden, veraltete festgefahrene Verfahrensweisen zu identifizieren und zu optimieren.

12. Leitsatz: Die Motive nicht aus den Augen verlieren

Die eigentlichen Ziele der M&A-Tätigkeit, beispielsweise Profitabilität und Wachstum, müssen verfolgt werden.

5 Post-Merger-Integration

Der finanzielle und rechtliche Zusammenschluss allein bewirkt nicht mehr als die Addition von zwei Unternehmen. Werden die Unternehmen nicht konsequent integriert, war der Zusammenschluss so gut wie sinnlos. Fusionen ohne Integration schaffen heute keinen Mehrwert mehr; eher gilt das Gegenteil.[152]

Mit dem ersten Arbeitstag des neuen Unternehmens tritt die Phase ein, in der alle in der Pre-Merger- und Merger-Phase beabsichtigten Aktionen in die sogenannte Integration umgesetzt werden. Um zu den o. g. Synergieeffekten zu kommen, erfordert jeder Mergers & Acquisitions-Prozess, die ursprünglichen Unternehmen auf die eine oder andere Art zusammenzuführen oder zu vernetzen. Für diesen Vorgang hat sich in der Vergangenheit der Begriff „Post-Merger-Integration-Management“ durchgesetzt. Die Integration akquirierter Unternehmen genießt aber erst seit einiger Zeit die Aufmerksamkeit, die ihr aufgrund der wohl kritischsten Phase der Transaktion zustehen sollte.[153]

5.1 Der Integrationsbegriff

Der Begriff der Integration lässt sich in erster Linie aus dem Lateinischen als integrare (vervollständigen), integer (ganz, unversehrt, vollständig) oder integratio (Wiederherstellung des Ganzen) ableiten.

In der betriebswirtschaftlichen Literatur hat sich folgende Begriffserklärung etabliert: Integration ist der primär vom akquirierenden Unternehmen (= Integrationsinitiator) forcierte evolutionäre Prozess, in dem hauptsächlich über Interaktionen (= Integrationsmittel) der Mitarbeiter des erwerbenden oder des erworbenen Unternehmens immaterielle Fähigkeiten/Know-how bei beiden Unternehmen beeinflusst und zwi-

---

[152] Vgl. Gaiser, Bernd; Kaiser, Markus; Strobl, Günter, Post Merger-Integration; Erfolgreiche Steuerung von Unternehmensintegrationen, in: Blätchen, Wolfgang; Wegen, Gerhard (Hrsg.), Übernahme börsennotierter Unternehmen; Strategie, Unternehmensbewertung, Rechtliche Rahmenbedingungen, Steuern, Finanzkommunikation, Stuttgart, 2003, S. 344 ff.

[153] Vgl. www.organisationsberaterin.de/publikation/erfolge/erfolge_mergers.htm, letzter Zugriff 08. 11. 2004; Gaiser, Bernd; Kaiser, Markus; Strobl, Günter, a. a. O., S. 344 ff. und Schmidt, Reinhard H.; Hackethal, Andreas, Fusionen und Übernahmen –Immer wichtiger und immer schwieriger, www.finance.uni-frankfurt.de/schmidt/publikations/mergers.pdf, letzter Zugriff 23. 05. 2004

schen ihnen ausgetauscht werden (= Integrationsobjekt I) sowie Neuerungen in der Nutzung materieller Ressourcen zumindest beim Akquisitionsobjekt erwirkt werden (= Integrationsobjekt II), um durch die Akquisition eröffnete Potentiale zur Erhöhung des Gesamtwertes beider Unternehmen herbeizuführen (= Integrationsziel).[154]

Jede Transaktion stellt eine starke Behinderung des operativen Geschäfts dar, also genau dessen, wovon die beteiligten Unternehmen leben. Die Führungsetage und Mitarbeiter sind vorwiegend von ihren eigenen Problemen abgelenkt, auf Aktionen von Konkurrenten wird verspätet reagiert, Kunden werden vernachlässigt, Projekte werden nicht umgesetzt, Ziele werden nicht weiter verfolgt. Die Hauptaufgabe des Integrations-Managements ist es, solchen Störfaktoren so wenig Angriffsfläche wie möglich zu bieten, die Beeinträchtigung zu minimieren und das neue Unternehmen so schnell wie möglich funktionsfähig zu machen.[155]

---

[154] Vgl. Lehmann, Helmut, Integration, in: Grochla, Erwin (Hrsg.), Handwörterbuch der Organisation, Stuttgart, 2. Auflage, 1980, Sp. 976 – 984 und Gerpott, Thorsten J., Integrationsgestaltung und Erfolg von Unternehmensakquisitionen, Stuttgart, 1993, S. S. 115 f.

[155] Vgl. Berner, Winfried, Integrationskonzept: Das neue Unternehmen schnellstmöglich arbeitsfähig machen, www.pmi-post-merger-integration.de/integrationskonzept.php?layout=druck, letzter Zugriff 12. 11. 2004

Autor	Definition
Schoenauer (1967)	The process of bringing together the parts, the human resources in this instance, and making them into a new whole is the integration process
Lindgren (1982)	... the concept of integratiion refers to the process through which changes in various systems in the acquired subsidiary are undertaken
Leimer (1989)	Bei der Integration handelt es sich (...) um eine evolutionäre Konzeption, das heißt, die resultierende Gesamtunternehmung ist nicht das Ergebnis einer planenden und gestaltenden Vernunft, sondern das Resultat von Wachstums- und Entwicklungsprozessen, bei denen zwar der menschliche Konstruktionswille eine Rolle spielt, die entstehende Integration aber nie daraus allein erklärt werden kann. Die Integration weist daher die Grundstruktur des evolutionären Problemlösungsprozesses auf, bei dem es sich um einen Versuchs-Irrtums-Prozess handelt.
Reineke (1989)	Unter "Eingliederung" oder "Einbindung" sind die von der (...) Unternehmung mittels geeigneter Instrumente und Prozesse eingeleiteten Kultur-, Strktur- und Ablaufänderungen vor allem bei der übernommenen Tochtergesellschaft zu verstehen
Sautter (1989)	Die Integration beinhaltet die Einbindung des akquirierten Unternehmens in die strategische Informationskultur des gesamten Konzerns
Scheiter (1989)	Der (...) Integrationsbegriff (...) bedeutet die Zusammenführung und Verschelzung von Systemen, Strukturen, Ressourcen und Kulturen zweier Unternehmungen zur Erreichung einer wirtschaftlichen Zielsetzung
Hapeslagh/ Jemison (1991)	Integration is an interactive and gradual process in which individuals from two organizations learn to work together and cooperate in the transfer of strategic capabilities
Gerpott (1993)	Integration ist der hauptsächlich vom erwerbenden Unternehmen (=Integrationsinitiator) vorangetriebene evolutionäre Prozess, in dem primär über Interaktionen (= Integrationsmittler) der Mitarbeiter des Akquisitionssubjektes und -objektes immaterielle Fähigkeiten/Know-how bei beiden Unternehmen beeinflusst und zwischen ihnen übertragen werden (=Integrationsobjekt I) sowie Veränderungen in der Nutzung materieller Ressourcen zumindest beim Akquisitionsobjekt herbeigeführt werden (Integrationsobjekt II), um durch die Akquisition eröffnete Potentiale zur steigerung des Gesamtwertes beider Unternehmen zu realisieren (=Integrationsziel)
Jansen (2000)	Integration ist ein graduell hinsichtlich seiner Intensität und Asymetrie differierende(r) gemeinsame(r) Prozess der abgestimmten Koordination von Entscheidungen auf den Integrationsebenen Strategie, Organisation/Administration, Personal, Kultur und Operationen im Sinne einer internen Integration und (ein) parallel laufende(r), die interne Integration wechselseitig beeinflußende(r) Prozess der externen Integration von Kunden, Zulieferern, Aktionären, Analysten und anderen Stakeholdern

Abbildung 16: Definitionsansätze für Integration im M&A-Prozess

Quelle: Wirtz, Bernd W., a. a. O., S. 272

5.2 Das „7 K-Modell der Integration“

Eine umfassende Zusammenstellung aller kritischen Aspekte des Post Merger Managements ist das folgende „7 K-Modell der Integration“. Sämtliche sieben Faktoren des Fusionsmanagements haben direkt oder indirekt Wirkung auf die Integrationskosten.

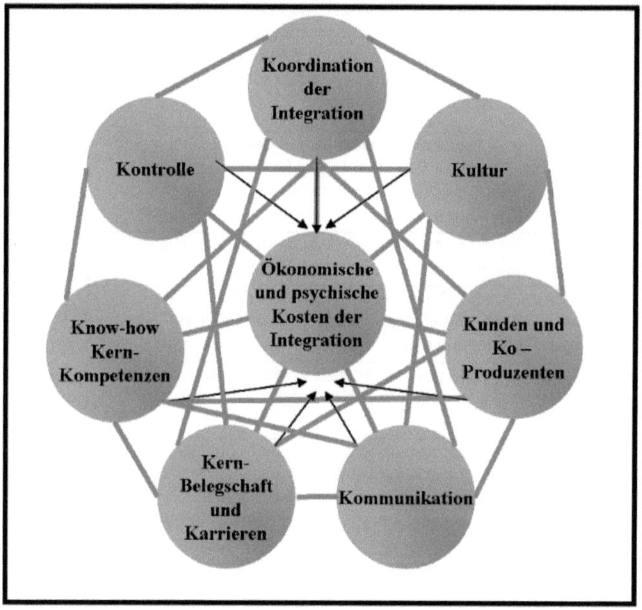

Abbildung 17: Das 7 K Modell der Integration im M&A-Prozess

Quelle: Kramer, R. J., Organizational Aspects of Postmerger Integration, in: M&A Europe, 03.04.1990, S. 24 ff. und Jansen, Stephan A. (2001), a. a. O., S. 230

1. **Koordination der Integration**

   Es gibt zentrale, dezentrale und symbiotische Formen der Integrationskoordination. Der Typus der Integration ist abhängig von der Form der Transaktion und seiner strategischen Zielvorgaben. In diesem Zusammenhang unterscheidet man die zentralisierte und dezentralisierte Post-Merger-Architektur sowie die symbiotischen Ansätze. Der Nutzen einer zentralisierten Koordination liegt in der Geschwindigkeit und Transparenz des Organisationsplanes und der

Führungsverantwortlichkeit. Es entstehen jedoch oft Verzögerungen durch die Überforderung des zentralisierten Entscheidungsteams und eine Vernachlässigung der Kunden- und Lieferantenbeziehungen. Eine Koordination der Integration mit Hilfe einer speziellen Arbeitsgruppe kann unter Verzicht der Hypothese einer gemeinschaftlichen und identischen Organisation das spezifische dezentrale Know-how in der Integration nutzen. Bei „Fusionen unter Gleichen" spricht man von einer symbiotischen Integration. Dabei wird ein generell nicht vorhersehbarer, evolutionärer Ablauf angenommen und die Basis bildet eine gemeinschaftliche, vertrauensbewusste Erstellung einer neuen gemeinsamen Organisation.[156]

2. Kultur

Empirische Untersuchungen haben verdeutlicht, dass Differenzen in Kulturprofilen auch bei grenzüberschreitenden Fusionen nicht signifikant mit dem Misserfolg zusammenhängen, wie es vielerorts behauptet wird. Sie können sich sogar als äußerst wertsteigernd erweisen. Der Versuch, Kulturen anzupassen, bringt des Öfteren erst übertriebene Distanzierung hervor, warnt und alarmiert die Abwehrkräfte beider Unternehmen. Die Destruktion der zuvor bedächtig ausgebildeten informellen Gefüge schränkt die Entwicklung der organisationsübergreifenden Netzwerke ein.[157]

3. Kommunikation

Innerhalb eines Transaktionsprozesses werden Horrorszenarien ausgemalt und Gerüchte gestreut. Daher erscheint der Aspekt der Unternehmenskommunikation mittlerweile als eine der wichtigsten Aufgaben im Fusionsprozess. Da die Transaktionsverhandlungen vertraulich ablaufen, entsteht eine systematische Kommunikationslücke. So entsteht Misstrauen bei den Mitarbeitern. Aber auch die Kommunikation zu den Stakeholdern muss aktiv betrieben werden.[158]

---

[156] Vgl. Jansen, Stephan A. (2002), a. a. O., S. 515 ff. und Jansen, Stephan A. (1999), Die Härte der weichen Faktoren, in: Picot, Gerhard (Hrsg.), Mergers & Acquisitions optimal managen, www.picot.de/handelsblatt12.htm, letzter Zugriff 02. 08. 2004 und Morosini, Piero, Managing Cultural Differences (Series in International Business and Economies), New York, 1998, S. 136 ff.

[157] Vgl. Jansen, Stephan A. (1999), a. a. O.

[158] Vgl. Jansen, Stephan A. (1999), a. a. O., Winkler, Brigitte; Dörr, Stephan, Fusionen Überleben – Strategien für Manager, München, 2001, S. 31 ff. und Jansen, Stephan A., (2002), a. a. O., S. 521 f.

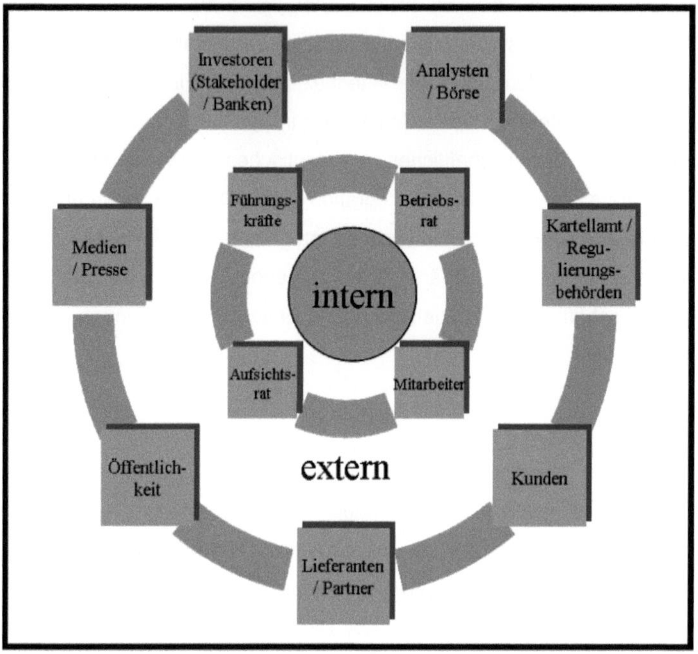

Abbildung 18: Management der Stakeholder im PMI-Prozess
Quelle: vgl. Grube, Rüdiger; Töpfer, Armin, a. a. O., S. 147

Sinnvoll ist hier der Einsatz von Integrationszeitungen bzw. Artikeln in vorhandenen Mitarbeiterzeitungen, Intranets mit Diskussionsforen sowie beispielsweise Integrationsworkshops. Darüber hinaus sollten zur Forcierung Aktionen der Vertrauensbildung zum neuen Unternehmen eingesetzt werden. Diese Aktionen können die Integration in die Planungs- und Umsetzungsteams, die Veranstaltung von Festlichkeiten zum Abschied vom alten Unternehmen und gleichzeitig zum Übergang zum neuen Unternehmen, Informationen über die individuellen Karriere- und Weiterbildungsmaßnahmen wie auch Symbole der Zugehörigkeit zum neuen Unternehmen sein.[159]

[159] Vgl. Jansen, Stephan A. (1999), a. a. O., Winkler, Brigitte; Dörr, Stephan, a. a. O., S. 31 ff. und Jansen, Stephan A., (2002), a. a. O., S. 521 f.

4. Know-how

Die Gründe für eine Fusion liegen insbesondere in dem Know-how des akquirierten Unternehmens. Besonderes Fachwissen ist in vielen Wirtschaftsbereichen die bedeutendste und parallel die vergänglichste Ressource. Im Fusionsprozess geht speziell bei der Harmonisierung der Informations- und Kommunikationstechnologien, durch die hohe Personalfluktuation, durch die Angst vor der Rationalisierung des eigenen Arbeitsplatzes, Sprachbarrieren und die Unsicherheit über die Relevanz der eigenen Fachkenntnisse Know-how verloren. Um dieses oft sehr spezifische Fachwissen zu erhalten und einen Wissenstransfer zu erreichen, können Corporate Universities (Vernetzung der Wissensträger) eingerichtet und gemischte operative Arbeitsgruppen gebildet werden. Bei diesen Maßnahmen steht die gemeinsame Wissensgenerierung an erster Stelle. Leider haben solche Maßnahmen bisher wenig gebracht. Bei großen Fusionen lässt sich beispielsweise ein klares Absenken der Anzahl angemeldeter Patente erkennen.[160]

5. Kunden und Lieferanten

In einem Fusionsprozess sind die involvierten Unternehmen in der Regel so sehr mit sich selbst beschäftigt, dass Kundenbeziehungen vernachlässigt werden. Die Kunden zeigen für dieses Verhalten häufig keinerlei Verständnis, da sie fast ausschließlich an den Produkten des Unternehmens Interesse haben. Bei Kunden und Lieferanten herrscht häufig Unsicherheit darüber, ob bestehende Verträge in der Form auch nach der Fusion Bestandskraft haben. Daher ist es wichtig, offen mit diesen Gruppen zu kommunizieren, da diese sich sonst aus Misstrauen nach anderen Vertragspartnern umschauen. Kunden und Lieferanten sollten aktiv in den Fusionsprozess integriert werden und über sämtliche positiven oder negativen Veränderungen informiert werden.[161]

6. Kernbelegschaft und Karriere

Auf den Bereich der Personalentwicklung kommen innerhalb des Fusionsprozesses wichtige Aufgaben zu. Die Kernbelegschaft bzw. die kompetenten Mitarbeiter müssen ans Unternehmen gebunden werden. Es ist in der Regel

---

[160] Jansen, Stephan A. (1999), a. a. O. und Grube, Rüdiger; Töpfer, Armin, a. a. O., S. 147 ff.

[161] Vgl. Jansen, Stephan A. (1999), a. a. O.

sinnvoll, dem Mitarbeiter Entwicklungsmöglichkeiten, Weiterbildungsprogramme und Kulturworkshops anzubieten. Ab einer entsprechenden Integrationstiefe kann es für die Mitarbeiter äußerst demotivierend sein, wenn die Gehalts- und Incentivestrukturen nicht harmonisiert werden. Auch das in Punkt 4.3.2 behandelte Merger Syndrom ist ein Problembereich, dem entgegengewirkt werden sollte. Einer Studie von Mc Kinsey zu Folge ist bei 85 % der gelungenen Fusionen das Spitzen-Management der Unternehmen erhalten geblieben. In der Vergangenheit hat sich gezeigt, dass sich die Personalfluktuation im Laufe des Integrationsprozesses um das 12-fache des normalen Niveaus erhöht.[162]

7. Kontrolle des Erfolges

Dem Integrationsprozess schließt sich ein Post Merger Audit als Erfolgkontrolle an. Mit Hilfe von Wirtschaftlichkeitsrechnungen und der Untersuchung des Realisierungsgrades der Synergien (Goodwill-Amortisationsrechnung) werden so der Integrationsgrad und der Akquisitionserfolg mess- und prüfbar. Um dem Post Merger Audit Aussagekraft zu verleihen, müssen verschiedene Gesichtspunkte beachtet werden. Zum einen sollte das Post Merger Audit differente Zieldimensionen integrieren können, d. h. eine finanzielle Evaluation der Fusion sowie die Erreichungsgrade aller anderen damit einhergehenden Ziele qualitativer Beschaffenheit aufnehmen. Auch die Maßnahmen und Interventionen des Post-Merger-Managements selbst sollten mit eingebracht werden. Mit dieser eigenen Erfolgs- und Misserfolgsuntersuchung erarbeitet man eine Akquisitionskompetenz, die sich vorteilhaft auf weitere Transaktionen auswirken kann.[163]

[162] Vgl. Jansen, Stephan (1999), a. a. O., Pribilla, Peter, Personelle und kulturelle Integration, in: Picot, Gerhard (2002a) (Hrsg.), a. a. O., S. 434 ff. und Grube, Rüdiger; Töpfer, Armin, a. a. O., S. 175 f.

[163] Vgl. Jansen, Stephan A. (1999), a. a. O.; Jansen, Stephan A. (2002), a. a. O., S. 525 f. und Grube, Rüdiger; Töpfer, Armin, a. a. O., S. 45

5.3 Ziele der Integration

Ziel des Integrationsprozesses ist es, die Integration unterschiedlicher Faktoren in verschiedenen Bereichen zu erreichen.
Ziel der **organisatorischen und administrativen Integration** ist u. a. die Klärung der Schnittstellen, also die aufbauorganisatorische Integration sowie die Integration von Prozessabläufen. Damit ist insbesondere die Standardisierung von Planungs- und Kontrollabläufen, die Harmonisierung des internen und externen Rechnungswesens und der Bilanzrichtlinien gemeint. Auch die Integration auf der finanztechnischen und fiskalischen Ebene, wie beispielsweise ein zentrales Cashflow-Management, Aufdeckung der stillen Reserven, Kreditlinienmanagement sowie ein Risiko- und Anlagenmanagement, muss gewährleistet sein. Zudem sollte ein einheitliches Controlling integriert werden. Im Bereich von rechtlichen und steuerlichen Aspekten müssen die Firmen aufeinander abgestimmt werden und es ist eine Harmonisierung und Vernetzung der Informations- und Kommunikationstechnologien erforderlich.[164]

Zur **strategischen Integration** zählt die Strategiekomplementarität, die Geschäftsfeldintegration sowie die Bestimmung der gemeinsamen strategischen Neuausrichtung. Auch muss die Neuorientierung bezüglich der Kunden-, Lieferanten-, Management-, Innovations-, Zukunfts- und Wettbewerbsorientierung definiert werden.[165]

Die Konsolidierung von Produktlinien, Produktionstechnologien, Forschungsprojekten, Standorten und Fertigungsstätten, also die **operative Integration,** führt zur Auslastungsoptimierung in diesen Bereichen. So können Kostensynergien durch den Abbau von Doppelbesetzungen generiert werden. Durch die Zentralisierung von Einkaufsabteilungen können neue Rahmenverträge ausgehandelt werden und die Kernlieferanten selektiert werden. Durch die Integration der Logistik kann nicht nur die optimale Auslastung des Fuhrparks erreicht werden, sondern auch die Optimierung der Logistik- und Vertriebsregionen. Die Integration im Bereich Vertrieb läuft

---

[164] Vgl. Hase, Stefan, Integration akquirierter Unternehmen; Planung, Konzeption, Bewertung und Kontrolle, 2. Auflage, Berlin, 2002, Abschnitt III

[165] Vgl. Hase, Stefan, Integration akquirierter Unternehmen; Planung, Konzeption, Bewertung und Kontrolle, 2. Auflage, Berlin, 2002, Abschnitt III und Steinöcker, Reinhard (1993), Akquisitionscontrolling – Strategische Planung von Firmenübernahmen, Berlin, 1993, S. 105 ff.

hauptsächlich über eine Harmonisierung der Marketingstrukturen und eine Reorganisation des Vertriebsnetzes. Auch muss die Fertigungstiefe einheitlich festgelegt werden.[166]

Im Zuge der **kulturellen Integration** sollten die nationalen und die für das Unternehmen charakteristischen Kulturen nicht zerstört werden. Es sollte dennoch zur Assimilation einer neuen und eigenständigen Kultur und Identität kommen. Dies kann durch neue Leitlinien, Corporate Identity, Corporate Design und durch den Austausch von Mitgliedern der Führungsebene und Mitarbeitern geschehen.
Im Personalbereich, also bei der **personellen Integration,** müssen folgende Aspekte festgelegt und integriert werden, um sich schnellstmöglich wieder dem Tagesgeschäft widmen zu können:[167]

- Führungsstil,
- Anreizsysteme,
- Vergütungssysteme,
- Personalentwicklung,
- Hilfen zur Konfliktbewältigung,
- Projektmanagement,
- Sozialisation sowie
- Kommunikations- und Entscheidungsstrukturen[168].

Die externe Integration wird verwirklicht, indem es zu einer offenen und aktiven Kommunikation und Einbindung von externen Analysten, Kunden, Lieferanten, Beratern und anderen Stakeholdern kommt.[169]

---

[166] Vgl. Steinöcker, Reinhard (1993), a. a. O., S. 105 ff.
[167] Vgl. Steinöcker, Reinhard (1993), a. a. O., S. 107 f. und Hase, Stefan, a. a. O., Abschnitt III.
[168] Vgl. ausführlich zur personellen Integration Kapitel 7.4 Personelle Integration
[169] Vgl. Hase, Stefan, Integration akquirierter Unternehmen; Planung, Konzeption, Bewertung und Kontrolle, 2. Auflage, Berlin, 2002, Abschnitt III und Steinöcker, Reinhard (1993), Akquisitionscontrolling – Strategische Planung von Firmenübernahmen, Berlin, 1993, S. 107 f.

5.4 Integrationsdesign

Nach Abschluss der Due Diligence und der Einigung über die vertraglichen Rahmenbedingungen sind die Basisinformationen zusammengetragen, so dass mit der Planung der Integration begonnen werden kann.

Es gibt verschiedene Formen der Integration, die sich aufgrund ihres Integrationsgrades unterscheiden lassen. Die Integrationsform wird bestimmt, indem der Grad der organisatorischen und kulturellen Selbständigkeit des akquirierten Unternehmens einerseits und der Grad der Überschneidung von Geschäftsaktivitäten andererseits festgelegt wird. In der Praxis existieren sämtliche Formen zwischen den beiden Extrempositionen der Autonomie und der vollständigen Übernahme. Meistens trifft man auf die in den folgenden Kapiteln beschriebenen drei Formen der Integration. Ein oft vermuteter Zusammenhang zwischen dem Integrationsgrad und dem Erfolg der Transaktion ist nicht gegeben.[170]

5.4.1 Stand-alone-Position

Soll das neu akquirierte Unternehmen als völlig unabhängige Rechtsform geführt werden, spricht man vom Stand-alone-Ansatz. In diesem Fall wird das akquirierende Unternehmen in der Form einer Holding geführt. Diese rechtliche Autonomie wird in der Regel favorisiert, wenn etablierte Markennamen erhalten bleiben sollen, komplementäre Märkte und Produkte bestehen, die Unternehmensziele voneinander abweichen und die Vorzüge aus der Kontinuität der bisherigen Management-, Organisations- und Personalstruktur überwiegen.[171] Bei dieser Integrationsform ist die Generierung von Synergieeffekten nebensächlich. Die Vorteile der Stand-alone-Position sind:[172]

---

[170] Vgl. Vogel, Dieter, M&A – Ideal und Wirklichkeit, Wiesbaden, 2002, S. 246 f. und Jansen, Stephan A. (2001), a. a. O., S. 233 f.

[171] Vgl. Steinöcker, Reinhard (1993), a. a. O., S. 107 f.; Vogel, Dieter, a. a. O., S. 248

[172] Vgl. Jansen, Stephan A. (2001), a. a. O., S. 233 f.; Steinöcker, Reinhard (1998), a. a. O., S. 118 ff.; Steinöcker, Reinhard (1993), a. a. O., S. 107 f. und Vogel, Dieter, a. a. O., S. 248

- keine komplizierten Veränderungen der Organisation,
- keine Änderung der Unternehmensstrategie, bestehende Management-Ressourcen verbleiben im Unternehmen,
- Vermeidung eines Kulturschocks,
- Mitarbeiter werden nur geringfügig vom Tagesgeschäft abgelenkt,
- Management hat einen nahtlosen Übergang seiner Tätigkeiten,
- Chance der Deinvestition als deutlich abgegrenzte, autonome Unternehmenseinheit.

Diese Form der Integration ist besonders für Unternehmen geeignet, die über wenig Akquisitionserfahrung verfügen.

Um den Erfolg der Transaktion zu sichern, muss das übernommene Unternehmen weitestgehend wie bisher weiterarbeiten. Zudem sollten noch folgende Punkte berücksichtigt werden: Zum einen ist es wichtig, ohne große zeitliche Verzögerung ein Planungs- und Kontrollinstrument zu installieren, um insbesondere finanzielle Wertsteigerungspotentiale auszuschöpfen. Auch ist es sinnvoll, dem Management bestimmte Vorgaben bezüglich der Unternehmensziele, der Strategie wie auch der Ressourcen vorzugeben. Andererseits müssen die vorgegebenen Ziele auch in Bezug auf ihren Erfüllungsgrad kontrolliert werden. In diesem Zusammenhang ist die Einbindung verschiedener Meinungen zur gegenwärtigen und zukünftigen Position des Unternehmens nach einem exakten Zeit- und Stufenplan von Bedeutung.[173]

[173] Vgl. Steinöcker, Reinhard (1998), a. a. O., S. 118 ff.; Steinöcker, Reinhard (1993), a. a. O., S. 107 f.; Vogel, Dieter H., a. a. O. S. 248 und Jansen, Stephan A. (2001), a. a. O., S. 233 f.

5.4.2 Partielle Integration

Der am meisten verbreitete Integrationsgrad ist die Form der partiellen Integration. Die partielle Integration beabsichtigt, die Vorteile der Stand-alone-Position zu realisieren sowie die Synergiepotentiale zu generieren. Es bleibt die Organisation des akquirierenden Unternehmens erhalten. Die Unternehmens- und Funktionsbereiche des akquirierten Unternehmens, die einen klaren Bezug zum übernehmenden Unternehmen haben, werden mit dem Ziel der Verwirklichung von Skaleneffekten eingegliedert. Abgesehen von einigen Schlüsselpositionen, die einen essentiellen Einfluss auf die zukünftige Entwicklung des Unternehmens ausüben, werden die restlichen Unternehmenssparten liquidiert.[174]

Die partielle Integration wird am erfolgreichsten umgesetzt, wenn die Unternehmen schon Erfahrung mit dieser Art der Integration gesammelt haben. Folgende Schwierigkeiten müssen bei der partiellen Integration beachtet werden:[175]

- Optimierung und Rationalisierung internationaler Produktlinien,
- Abstimmung der jeweiligen Produktionsabläufe,
- Koordinierung von Unternehmenseinheiten wie Logistik, Produktion, Forschung und Entwicklung usw.,
- Harmonisierung der Gehälter,
- Angleichung von Maßnahmenpaketen der einzelnen Unternehmensteile,
- Harmonisierung von Produktentwicklung, Marktentwicklung und Forschungsprogrammen sowie

---

[174] Vgl. Steinöcker, Reinhard (1993), a. a. O., S. 109

[175] Vgl. Steinöcker, Reinhard (1998), a. a. O., S. 121 f.; Steinöcker, Reinhard (1993), a. a. O., S. 109 und Jansen, Stephan A. (2001), a. a. O., S. 234 f.

- Anpassung von Marketinginstrumenten, Produktstandards, Qualitätsbegriffen usw.

Um diese o. g. Problembereiche nicht zum Risiko für den Erfolg der Integration werden zu lassen, ist es sinnvoll, einen externen Berater in den Prozess mit einzubinden.

5.4.3 Absorption

Die Absorption ist die vollkommene Übernahme einer wirtschaftlichen Einheit und stellt die diffizilste und langwierigste Integrationsform dar. Die vollkommene Übernahme beruht auf der Bereitwilligkeit beider Unternehmen, eine vollkommen neuartige Organisationsstruktur für zukünftige unternehmerische Aktivitäten herzustellen. In verschiedenen Bereichen ergibt sich durch eine solche Integration zweier komplexer Organisationen in eine neue Unternehmensstruktur eine Vielzahl von Problemen. Beispielsweise müssen die bei der partiellen Integration angesprochenen Koordinations-, Standardisierungs- und Harmonisierungsleistungen hier auf sämtliche organisatorischen Strukturen abgebildet werden.[176] Verschiedene Maßnahmen müssen bei der vollkommenen Übernahme neben dem Tagesgeschäft bewältigt werden:[177]

- Potentiale zweier Firmen müssen so koordiniert werden, dass sie als eine Unternehmenseinheit fortbestehen können.

- Es muss eine neue Strategie ausgearbeitet werden.

- Eine neue Organisationsstruktur muss gebildet werden.

- Die besten Führungskräfte müssen selektiert werden.

[176] Vgl. Jansen, Stephan A. (2001), a. a. O., S. 234 f. und Steinöcker, Reinhard (1998), a. a. O., S. 121 f.; Steinöcker, Reinhard (1993), a. a. O., S. 109

[177] Vgl. Vogel, Dieter, a. a. O., S. 248 f.; Steinöcker, Reinhard (1998), a. a. O., S. 121 f.; Steinöcker, Reinhard (1993), a. a. O., S. 109 und Jansen, Stephan A. (2001), a. a. O., S. 234 f.

- Kommunikation mit Kunden und Lieferanten über neue Entwicklungen im Unternehmen ist notwendig.

- Bildung einer neuen Unternehmenskultur und Abstimmung der Managementtechniken auf die neue Kultur ist erforderlich.

Die vollständige Übernahme des akquirierten Unternehmens ist zügig, effizient und umfänglich durchzuführen.

Zusammenfassend lässt sich sagen, dass die Wahl des Grades einer Integration akquirierter Unternehmen bezogen auf die o. g. Problemebenen nur betriebsspezifisch entschieden werden kann. [178]

5.5 Zeithorizont der Integration

Bei jeder Integration wird angestrebt, die beteiligten wirtschaftlichen Einheiten gemäß dem bestimmten Integrationsgrad möglichst schnell zu vernetzen, um die gewünschten Synergien zu realisieren. Dieser temporale Aspekt kann aus zwei verschiedenen Perspektiven betrachtet werden. Einerseits sollte der Aspekt der optimalen Zeitdauer des Integrationsvorhabens, andererseits der Zeitpunkt und die chronologische Reihenfolge der Integrationsmaßnahmen separat durchleuchtet werden.[179]

Viele Praktiker aus dem M&A-Bereich bevorzugen eine schnelle Integrationsgeschwindigkeit. Schnell bedeutet in diesem Zusammenhang, dass 100 Tage nach der Unterzeichnung des Transaktionsvertrags die zentralen Veränderungen durchgeführt sind (Ad-hoc-Integrationsstrategie). Ihrer Meinung nach sinkt innerhalb der Führungsetage mit dem Verlauf der Integrationsphase die Bereitwilligkeit, harte Entscheidungen zu fällen. Idealtypisch wird oft ein Zeitraum von ca. 18 Monaten für die Durchführung der gesamten Integration genannt. Es gibt aber auch Verfechter einer langen Integrationszeit. Hier werden die Integrationsmaßnahmen schrittweise über

[178] Vgl. Vogel, Dieter, a. a. O., S. 248 f.; Steinöcker, Reinhard (1998), a. a. O., S. 121 f.; Steinöcker, Reinhard (1993), a. a. O., S. 109 und Jansen, Stephan A. (2001), a. a. O., S. 234 f.

[179] Vgl. Vogel, Dieter, a. a. O., S. 249

einen längeren Zeithorizont hinweg umgesetzt (Stufen-Integrationsstrategie). Im Folgenden werden die markantesten Vor- und Nachteile für eine kurze und eine lange Integrationszeit aufgeführt.[180]

5.5.1 Ad-hoc-Integrationsstrategie

Vorteile: [181]

Management:

- Transparente Führungsbedingungen
- Zügige Fokussierung auf die Unternehmensvision
- Ausrichtung auf die Unternehmensstrategie
- Wenig bzw. rasch zu behebende Widerstände

Mitarbeiter:

- Können auf einen Orientierungsplan zurückgreifen
- Können sich zügig wieder mit dem Tagesgeschäft beschäftigen

Unternehmenskultur:

- Dynamik, die aus der unternehmerischen Umgestaltung entsteht, kann genutzt werden

Nachteile:[182]

Management:

- Große Unsicherheit bei den Endscheidungen
- Know-how-Ressourcen werden eingebüßt

---

[180] Vgl. Fischer, Johannes; Wirtgen, Jörg, a. a. O., S. 86 f.; Gerds, Johannes, a. a. O., S. 58 ff.

[181] Vgl. Fischer, Johannes; Wirtgen, Jörg, a. a. O.; S. 86 f.; Gerds, Johannes, a. a. O., S. 58 ff., Jansen, Stephan A., a. a. O., S. 529 f.; Schewe, Gerhard; Gerds, Johannes, Erfolgsfaktoren von Post Merger Integration – Ergebnisse einer pfadanalytischen Untersuchung, in: Zeitschrift für Betriebswirtschaft, Ergänzungsheft 1, 71. Jahrgang, 2001, S. 75 und Wirtgen, Jörg, Post-Merger-Management, www.flexible-unternehmen.de/kl0908.htm, letzter Zugriff 20.12.2004

[182] Vgl. Fischer, Johannes; Wirtgen, Jörg, a. a. O.; S. 86 f.; Gerds, Johannes, a. a. O., S. 58 ff., Jansen, Stephan A., a. a. O., S. 529 f.; Schewe, Gerhard; Gerds, Johannes, Erfolgsfaktoren von Post Merger Integration – Ergebnisse einer pfadanalytischen Untersuchung, in: Zeitschrift für Betriebswirtschaft, Ergänzungsheft 1, 71. Jahrgang, 2001, S. 75 und Wirtgen, Jörg, Post-Merger-Management, www.flexible-unternehmen.de/kl0908.htm, letzter Zugriff 20.12.2004

Mitarbeiter:

- Rückständige Partizipation
- Akzeptanzprobleme
- Motivationsprobleme
- Anstieg der Fluktuationsrate
- Neuerungen werden sehr hart weitergegeben

Unternehmenskultur:

- Kulturschock
- Eventuelles Kulturvakuum

5.5.2 Stufen-Integrationsstrategie

Vorteile: [183]

Management:

- Hohe Entscheidungssicherheit
- Integration der neuen Führungskultur wird durch die Integrationsmanager gefördert
- Unterschiedliche Integrationsstrategien sind denkbar

Mitarbeiter:

- kollektive Lerneffekte
- große Akzeptanz
- hoher Motivationsgrad

Unternehmenskultur:

- Kulturelle Toleranz wird gefördert

[183] Vgl. Fischer, Johannes; Wirtgen, Jörg, a. a. O.; S. 86 f.; Gerds, Johannes, a. a. O., S. 58 ff.; Jansen, Stephan A., a. a. O., S. 529 f. und www.flexible-unternehmen.de/kl0908.htm, letzter Zugriff 20.12.2004

Nachteile:[184]

Management:

- Keine homogene Führungsstruktur
- Keine einheitliche Unternehmensorganisation

Mitarbeiter:

- bisherige Kultur wird beibehalten
- Polarisierung der Mitarbeiter

Unternehmenskultur:

- Möglichkeit des Kulturwandels muss erst geschaffen werden
- Kulturelle Altlasten werden nicht aussondiert
- Heterogene Unternehmenskultur

In empirischen Analysen lässt sich keine signifikante Korrelation zwischen der Integrationsgeschwindigkeit und dem Erfolg der Transaktion feststellen. Da für eine hohe wie auch für eine geringe Integrationsgeschwindigkeit verschiedene Punkte sprechen, lässt sich nicht pauschal sagen, welche Integrationsgeschwindigkeit die optimale ist. Dies ist von verschiedenen Faktoren, wie beispielsweise Branchenzugehörigkeit, Größe und Rechtsform der involvierten Unternehmen, abhängig.[185]

5.5.3 Kosten-Nutzen Effekte als Entscheidungskriterium

Ein weiteres Moment für die Findung einer angemessenen Integrationsgeschwindigkeit stellen die Kosten-Nutzen-Effekte der verschiedenen Geschwindigkeiten dar. Die Gesamtkosten, die sich aus einer bestimmten Integrationsgeschwindigkeit ergeben, bestehen zum einen aus den Kosten, die aus der Warte des übernehmenden Unternehmens durch eine beschränkte Nutzung sämtlicher sich bietender Synergiepotentiale zustande kommen. Solche Kosten nehmen mit der Steigerung der

[184] Vgl. Gerds, Johannes, a. a. O., S. 58 ff.; Jansen, Stephan A., a. a. O., S. 529 f.; Wirtgen, Jörg, Post-Merger-Management, www.flexible-unternehmen.de/kl0908.htm, letzter Zugriff 20.12.2004 und Fischer, Johannes; Wirtgen, Jörg, a. a. O.; S. 86 f.

[185] Vgl. Jansen, Stephan A., a. a. O., S. 529 f.; Gerds, Johannes, a. a. O., S. 58 ff.; Wirtgen, Jörg, Post-Merger-Management, www.flexible-unternehmen.de/kl0908.htm, letzter Zugriff 20.12.2004 und Fischer, Johannes; Wirtgen, Jörg, a. a. O.; S. 86 f.

Integrationsgeschwindigkeit ab. Andererseits fließen in die Gesamtkosten Personalkosten mit ein, die z. B. durch Anpassungsdruck oder Überforderung zu Motivationsverlusten bei den Mitarbeitern führen können und so die Gesamtkosten steigern.[186]

5.5.4 Suggestion situativer Einflüsse

Verschiedene situative Faktoren können Einfluss auf die Entscheidung zur Integrationsgeschwindigkeit haben.[187] Hier sollten die Akquisitionserfahrung der beteiligten Unternehmen, Ausmaß und Typus des beabsichtigten Ressourcentransfers, die ökonomische Konstellation der Fusionspartner sowie die zur Integration präsenten Ressourcen berücksichtigt werden.[188]

Akquisitionserfahrung der beteiligten Unternehmen
Man geht davon aus, dass mit wachsender M&A-Erfahrung der Akquisitionspartner eine höhere optimale Integrationsgeschwindigkeit verbunden ist. Die in vorhergehenden Transaktionen gesammelten Kenntnisse lassen auf eine bessere Überwindung von Integrationsproblemen sowohl im Bereich der Unternehmensführung als auch unter den Mitarbeitern schließen. Probleme können besser umgangen und Fehler vermieden werden. Diese Erfahrung in der Handhabung von Integrationsmaßnahmen gestattet eine merklich höhere Geschwindigkeit im Integrationsprozess.[189]

Ausmaß und Typus des Ressourcentransfers
Der angestrebte Ressourcentransfer zwischen den Akquisitionspartnern ist in sofern wichtig, als aufgrund der ansteigenden Komplexität des geplanten Ressourcentransfers die erfolgsmaximierende Integrationsgeschwindigkeit abnimmt.

---

[186] Vgl. Wirtz, Bernd W., Mergers & Acquisitions Management – Strategie und Organisation von Unternehmenszusammenschlüssen, Wiesbaden, 2003, S. 289 f.

[187] Das Assortiment und die Beschreibung der folgenden Faktoren resultieren aus Gerpott, Thorsten J.; Schreiber, K., Integrationsgestaltungsgeschwindigkeit nach Unternehmensakquisitionen – Revolutionäre Veränderung oder evolutionäre Anpassung?, in: Die Unternehmung, Heft 2, 1994, S. 107 f.; Gerpott, Thorsten J. (1993), Integrationsgestaltung und Erfolg von Unternehmensakquisitionen, Stuttgart, 1993, S.166 f. und Wirtz, Bernd W., a. a. O., S. 290 ff.

[188] Vgl. Hase, Stefan, a. a. O., S. 124 und Wirtz, Bernd W., a. a. O., S. 290

[189] Vgl. Wirtz, Bernd W., a. a. O., S. 290 f.

Eine geringe Integrationsgeschwindigkeit ist bei einem Transfer von immateriellen Ressourcen von Vorteil, da immaterielle Ressourcen einen hohen Grad an Komplexität besitzen. Insbesondere gilt dies für den Transfer von Know-how. Handelt es sich hier um implizite Spezialkenntnisse können diese nur durch eine zeitaufwendige Interaktion und Kommunikation transferiert werden.

Der Typus bzw. die Art des Ressourcentransfers ist ebenfalls in diesem Zusammenhang von Bedeutung. Eine hohe Geschwindigkeit der Integration bietet sich an, wenn vor allem materielle Ressourcen zwischen den Akquisitionspartnern transferiert werden sollen. So kann es schnell zu einer Leistungszentralisierung kommen, wodurch Verbundvorteile realisiert werden können. So lassen sich die Opportunitätskosten verringern, die sich aus einer verzögerten Integration ergeben würden.[190]

Ökonomische Konstellation der Akquisitionspartner

Die ökonomische Konstellation ist insofern für die Integrationsgeschwindigkeit von Bedeutung, als bei einer miserablen wirtschaftlichen Situation des Zieltargets dieses schnellstmöglich in das übernehmende Unternehmen eingegliedert werden sollte. Nur so kann die Ausgangssituation durch eine direkte und zügige Einflussnahme verbessert werden.[191]

Präsente Ressourcen für die Integration

Je mehr Ressourcen, wie beispielsweise Finanzmittel oder Personalkapazität, zur Verfügung stehen, desto zügiger kann die Integration durchgeführt werden. Eine ausreichende Ressourcenausstattung für die Integration bildet gleichzeitig einen so genannten Ereignispuffer. Dieser kann sich als geeigneter Rückhalt erweisen, wenn sich aufgrund einer schnellen Integration unerwartet Probleme ergeben. Darüber hinaus wird mit ansteigender finanzieller und personeller Ressourcenausstattung auch die erfolgsmaximierende Integrationsgeschwindigkeit gesteigert.[192]

---

[190] Vgl. Hase, Stefan, a. a. O., S. 124 ff. und Wirtz, Bernd W., a. a. O., S. 291
[191] Vgl. Wirtz, Bernd W., a. a. O., S. 291
[192] Vgl. Wirtz, Bernd W., a. a. O., S. 291 f.

5.6 Integrationsteam

Idealerweise ist zur Organisation, Steuerung und Inspektion des Integrationsverlaufs ein eigenständiges Integrationsteam zu bilden. Damit dieses seine Aufgaben auch optimal erfüllen kann, müssen die passenden Mitarbeiter für das Integrationsteam ausgewählt werden. Das Integrationscontrolling sollte auf dem Akquisitionsteam des übernehmenden Unternehmens basieren und durch bestimmte Mitarbeiter des zu integrierenden Unternehmens ergänzt werden.[193] Aufgrund der Komplexität einer Post Merger Integration, die innerhalb eines bestimmten Zeitabschnittes durchzuführen ist und meist in einem interdisziplinären Kontext steht, hat sich in der Vergangenheit zur Realisierung in der Praxis sowie auch in der Literatur der Projektmanagementansatz als äußerst praktikabel erwiesen.[194] Obwohl mehrere Alternativen zur Gestaltung eines Integrationsprozesses zur Verfügung stehen, wird im weiteren nur der Projektmanagementansatz näher beleuchtet.

Das Projektmanagement umfasst drei Disziplinen: die institutionale, die funktionale und die instrumentale.[195]

5.6.1 Institutionale Disziplin

Im Kontext der Post Merger Integration ist eine fundamentale Voraussetzung innerhalb der institutionellen Disziplin des Projektmanagements für den Erfolg der Integration speziell die Konstitution des Integrationsteams sowie die Bestimmung der individuellen Kompetenzen.[196] In der Literatur wird an die Konstellation des Integrationsteams verschiedene Ansprüche gestellt. Um die geplanten Maßnahmen faziler durchsetzen zu können und eine höhere Akzeptanz der getroffenen Entscheidungen zu erwirken, sollte das Integrationsteam aus Mitarbeitern beider Unternehmen zusammengesetzt werden. Weiterhin ist es wichtig, ins Team Mitarbeiter aus allen

---

[193] Vgl. Vogel, Dieter H., a. a. O., S. 251 und Wirtz, Bernd W., a. a. O. S. 292

[194] Vgl. Staehle, Wolfgang H., Management – Eine verhaltenswissenschaftliche Perspektive, 8. Auflage, München, 1999, S. 769

[195] Vgl. Lechler, Thomas, Erfolgsfaktoren des Projektmanagements, Frankfurt am Main, 1997, S. 37

[196] Vgl. Penzel, Hans-Gert, Klare Strategie und Zielausrichtung – Erfolgsfaktoren für das Post Merger Management in Banken, in: Zeitschrift für Führung und Organisation, 69. Jahrgang, Heft 1, 2000, S. 26

essentiellen Unternehmensbereichen zu integrieren.[197] Die Teammitglieder sollten über umfassendes Wissen zum Unternehmen verfügen sowie gute analytische Fähigkeiten, Belastbarkeit und soziale Kompetenz besitzen.[198] In bestimmten Fällen ist es auch sinnvoll, dem Integrationsteam externe Berater zur Seite zu stellen. Da diese externen Spezialisten in der Regel vom Integrationsteam als neutral empfunden werden, können sie bei Unstimmigkeiten schlichtend in die Diskussion eingreifen. Die Führung des Projektteams sollte einem übergeordneten Projektleiter oder einem Führungsteam übertragen werden.[199]

5.6.2 Funktionale Disziplin

Innerhalb der funktionalen Ebene des Integrationsteams werden die wesentlichen Aktivitäten und Aufgaben des Projektes festgelegt. Diese beinhalten die Planung, Durchführung, Steuerung und Kontrolle sowie die Dokumentation des Projektes.[200]

Zu Anfang müssen sowohl die inhaltlichen als auch die zeitlichen Ziele des Projektes definiert werden. In Anschluss an die Zieldefinition sollte der Integrationsablauf, insbesondere die erforderlichen Arbeitsschritte und die damit verbundene zeitliche sowie personelle Ausgestaltung, festgelegt werden. In der folgenden Durchführungsphase ist eine permanente Regelung und Kontrolle der Teilergebnissen sowie deren Vergleich mit entsprechenden Sollgrößen wichtig.[201]

Kostengrößen, zeitliche Aspekte und der Ressourceneinsatz müssen in diesem Zusammenhang fortlaufend kontrolliert werden. Kommt es zu Abweichungen der Ist-Werte von den im voraus festgelegten Soll-Werten, sollten Veränderungen der Pro-

[197] Vgl. Werner, Markus, Post-Merger-Integration – Problemfelder und Lösungsansätze, in: Zeitschrift für Führung und Organisation, 68. Jahrgang, Heft 6, 1999, S. 332-337 und Clever, Holger, Post-Merger-Management, Stuttgart, 1993, S. 135

[198] Vgl. Vogel, Dieter, a. a. O., S. 251

[199] Vgl. Thommen, Jean-Paul; Sauermann, Sabine, Organisatorische Lösungskonzepte des M&A-Managements – Neuere Entwicklung des ganzheitlichen Managements von M&A-Prozessen, in: Zeitschrift Führung und Organisation, 68. Jahrgang, Heft 6, 1999, S. 319; Ottersbach, Dieter, Kolbe, Christoph, Integrationsrisiken bei Unternehmensakquisitionen, in: Betriebswirtschaftliche Forschung und Praxis, 42. Jahrgang, Heft 2, 1990, S. 140 ff. und Gerpott, Thorsten J., a. a. O., S. 135

[200] Vgl. Lechler, Thomas, a. a. O., S. 107 und Wirtz, Bernd W., a. a. O., S. 295

[201] Vgl. Wirtz, Bernd W., a. a. O., S. 295 und Lechler, Thomas, a. a. O., S. 107

jektpläne und -Ziele, die Bereitstellung zusätzlicher Ressourcen oder die Inanspruchnahme eventueller Sicherheiten vorgenommen werden. Großteils ist das funktionale Projektmanagement auf den Einsatz geeigneter Planungs-, Kontroll- und Steuerungsinstrumente angewiesen.[202]

5.6.3 Instrumentale Disziplin

Der zur Bewältigung der Projektaufgaben nötige Instrumenteneinsatz bestimmt sich innerhalb der instrumentalen Disziplin. Speziell Planungs-, Steuerungs- und Kontrollinstrumente kommen hier zum Einsatz. Es ist von großer Wichtigkeit, ein leistungsfähiges Projektcontrolling zu installieren, damit Differenzen von Soll-Werten frühzeitig sichtbar werden und passende Gegenmaßnahmen durchgeführt werden können. Zum einen müssen die einzelnen Ergebnisse der innerhalb des Projektteams gegründeten Teilprojektteams auf ihren Erfolg hin mit den vorgegebenen Plan-Werten abgeglichen werden. Zum anderen müssen die Ergebnisse der individuellen Teilprojektteams zusammengefasst mit den Zielen des gesamten Integrationsprojekt kontrolliert werden, um gegebenenfalls frühzeitig mit entsprechenden Gegenmaßnahmen reagieren zu können.[203]

5.7 Integrationsinstrumente

In der betriebswirtschaftlichen Literatur findet man unterschiedliche Instrumente und Mechanismen zur Koordination der Unternehmensabläufe innerhalb eines Integrationsprozesses. Die bedeutendsten Integrationsinstrumente, die bei M&A-Prozessen zur Anwendung kommen, sind:[204]

- Informationsveranstaltungen und informierende Angaben
- Zentraler Ansprechpartner und Integrations-Hotline

---

[202] Vgl. Lechler, Thomas, a. a. O., S. 107 und Wirtz, Bernd W., a. a. O., S. 295

[203] Vgl. Lechler, Thomas, a. a. O. und S. 107; Koch, Thomas, a. a. O., S. 356 f.

[204] Vgl. Wirtgen, Jörg, Post-Merger-Management, www.flexible-unternehmen.de/kl0908.htm, letzter Zugriff 20.12.2004 und Fischer, Johannes; Wirtgen, Jörg, a. a. O., S. 99 ff.

- M&A-Berichte in Publikationen des Unternehmens
- Integrationsgruppen und Projektteams
- Transfer von Angestellten und Managementkräften sowie Job-Rotation
- Harmonisierung der Gehaltsstrukturen
- Angleichung der Personalsysteme
- Harmonisierung von Produktionsabläufen
- Angleichung von Aus- und Weiterbildungsmaßnahmen
- Einsatz externer M&A-Berater.

Unter dem Aspekt der Information, Kommunikation und Beteiligung stehen die ersten fünf Integrationswerkzeuge. Die weiteren Instrumente, ausgenommen den Einsatz eines externen M&A-Beraters, sind eher organisatorischer und struktureller Natur.

Der Einfluss von frühen **Informationsveranstaltungen** auf die Mitarbeiter, deren Kernpunkte über die zentralen Ziele und Motive sowie die bedeutendsten Neuerungen nicht hinausgehen sollten, wurde bereits dargestellt. Solche Informationsveranstaltungen können bei der Auswahl des optimalen Kommunikationszeitpunktes, der richtigen Kommunikationsmittel sowie -inhalte eine starke integrative Wirkung haben.[205]
Fehlende Informationen werden durch Vermutungen und Gerüchte ersetzt. Auch wenn es keine Neuigkeiten zu vermitteln gibt, sollte offen kommuniziert werden, wann welche Mitteilungen oder Entscheidungen zu erwarten sind. Die Befürchtungen und Unsicherheiten der am stärksten betroffenen Mitarbeiter über ihre zukünftige Bedeutung und Position innerhalb der neuen Unternehmensorganisation sollten in solchen Veranstaltungen beseitigt werden. Den Mitarbeitern und Führungskräften muss auch in weiteren informellen Zusammenkünften oder Informationsveranstaltungen der Eindruck vermittelt werden, dass sie in den Integrationsprozess einbezogen werden, um sich so mit dem neuen Unternehmen identifizieren zu können.

---

[205] Vgl. Wirtgen, Jörg, Post-Merger-Management, www.flexible-unternehmen.de/kl0908.htm, letzter Zugriff 20.12.2004; Pribilla, Peter, a. a. O., S. 455; und Fischer, Johannes; Wirtgen, Jörg, a. a. O., S. 99 ff.

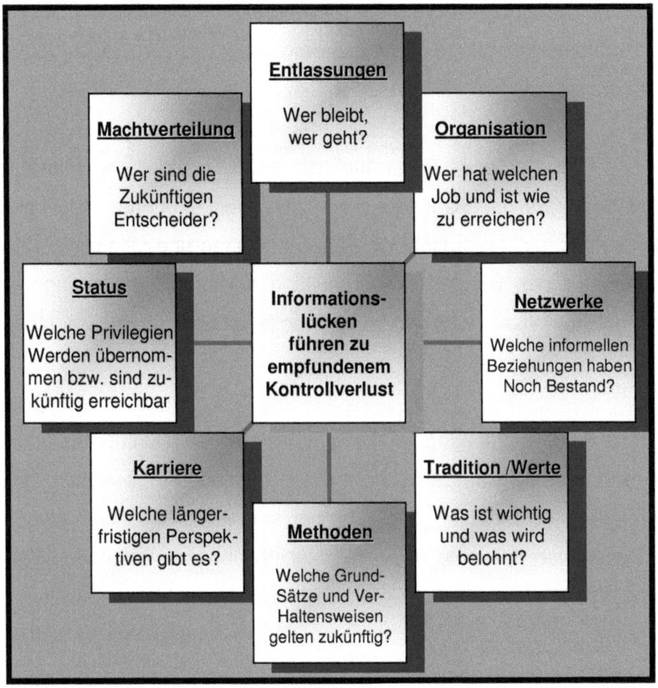

Abbildung 19: Veränderungen bei Mergers & Acqusitions

Quelle: Grube, Rüdiger; Töpfer, Armin, a. a. O., S. 174

Die Erfahrung zeigt, dass der Integrationsprozess zügiger und problemloser verlaufen kann, wenn analog zu den Aktionen in der Führungsetage Maßnahmen auf den unteren Organisationsstufen veranlasst werden.[206]

Um die Motivation weiterhin zu steigern bzw. zumindest konstant zu halten, sollten **Integrationsgruppen** gebildet werden. Unabdingbar ist, Mitarbeiter und Führungskräfte des akquirierten Unternehmens in diese **Projektteams** oder Integrationsgruppen[207] aufzunehmen. Integrationsgruppen sind in der Regel für die Integration der betriebswirtschaftlichen Funktionen wie Vertrieb, Produktion, IT-Systeme, Human

---

[206] Vgl. Pribilla, Peter, a. a. O., S. 455; Wirtgen, Jörg, Post-Merger-Management, www.flexible-unternehmen.de/kl0908.htm, letzter Zugriff 20.12.2004 und Fischer, Johannes; Wirtgen, Jörg, a. a. O., S. 99 ff.

[207] Vgl. zu Projektteam Kapitel 5.6 Integrationsteam

Ressources sowie der Kernprozesse verantwortlich. Die Projektgruppen sollten in der Lage sein, zu Problemstellungen, die sich aus dem Integrationsprozess ergeben, Lösungsansätze zu erarbeiten.[208]

In diesen Teams und Projektgruppen findet auch der erste **Transfer von Management und Mitarbeitern** statt. Insbesondere wenn personenbezogenes Know-how übertragen werden soll, ist ein Austausch von Führungskräften und Mitarbeitern unerlässlich. Besonders für den Bereich der Produktion sowie der Forschung und Entwicklung ist ein solcher Wissenstransfer von wesentlicher Bedeutung (vgl. hierzu Kapitel 5.2 7 K-Modell der Integration).[209]

Ein weiteres nicht unerhebliches Integrationsinstrument ist die Durchführung **gemeinsamer Aus- und Weiterbildungsmaßnahmen** in bestimmten Bereichen. Die kollegialen Beziehungen werden hier auf fachlicher wie auch sachlich-rationaler Ebene gefördert. Zusammen besuchte Aus- und Weiterbildungsmaßnahmen schaffen eine homogene Verständnisgrundlage und man lernt die fachliche Kompetenz der neuen Kollegen kennen. Zudem bekommen die unterschiedlichen Unternehmenskulturen hier die Chance, sich schon mal in einigen Berührungspunkten anzugleichen.[210]

In der betriebswirtschaftlichen Literatur wird häufig eine **Harmonisierung der Gehaltsstrukturen** als eines der wichtigsten Integrationsinstrumente genannt. Dazu sollten aber die strukturellen Voraussetzungen der beiden Unternehmen vergleichbar sein. Dies ist am ehesten bei horizontalen Zusammenschlüssen (vgl. hierzu Kapitel 4.1.1.1) gegeben. Bei der vertikalen oder lateralen Akquisition geht man von einer starken integrativen Wirkung aus, wenn ausschließlich die Führungsetagen des akquirierten Unternehmens einbezogen werden.[211]

---

[208] Vgl. Fischer, Johannes; Wirtgen, Jörg, a. a. O., S. 99 ff. und Pribilla, Peter, a. a. O., S. 454
[209] Vgl. Pribilla, Peter, a. a. O., S. 454
[210] Vgl. Fischer, Johannes; Wirtgen, Jörg, a. a. O., S. 99 ff.
[211] Vgl. Wirtgen, Jörg, Post-Merger-Management, www.flexible-unternehmen.de/kl0908.htm, letzter Zugriff 20.12.2004 und Fischer, Johannes; Wirtgen, Jörg, a. a. O., S. 99 ff.

5.8 Informations- und Kommunikationspolitik

Im Rahmen eines M&As sollten die Kommunikations- sowie die Informationspolitik als zentrale Erfolgsfaktoren angesehen werden, da Probleme des Kommunikationsverhaltens, der Verständigung, der Medienwahl und ihrer Wirkung sowie der Vertrauensbildung den M&A-Erfolg nachhaltig beeinträchtigen können.[212] Dies gewinnt vor allem in der Post Merger Integrationsphase an Bedeutung. Die beteiligten Unternehmen sollten von Anfang an intern und extern einen einheitlichen Kommunikationsauftritt gewährleisten. Zudem sollten durch gezielte Publikationen einerseits schnelle Entscheidungen erzwungen und andererseits komplexe Sachverhalte verständlich dargestellt werden sowie den einzelnen Interessengruppen der individuelle Nutzen der Integration vermittelt werden.[213]

5.8.1 Informationspolitik gegenüber den Share- und Stakeholdern

Bei allen Anspruchsgruppen entsteht durch die Bekanntgabe eines Unternehmenszusammenschlusses ein enormer Informationsbedarf. Zur Vorbeugung von Missverständnissen, Orientierungslosigkeit und Unsicherheiten ist es empfehlenswert, zeitnah ein stringentes, sofort umsetzbares Informationskonzept zu erstellen.[214] Ein hohes Konfliktpotential beinhaltet die zielgruppenspezifische Ausrichtung der Informationspolitik, um jedem Stakeholder seinen Mehrwert zu dokumentieren. Zum einen unterstützen z. B. Gewinnsteigerung und Synergieeffekte die Kursphantasien der Shareholder, andererseits lösen sie auf der Mitarbeiterseite aber Frustration und Demotivation aus.[215]

Daher ist eine integrierte Informationspolitik ratsam, die auf einer untereinander harmonisierten und kombinativen Verknüpfung aller zielgruppenspezifischer Maßnah-

[212] Vgl. Vogel, Dieter, M&A – Ideal und Wirklichkeit, Wiesbaden, 2002, S. 191

[213] Vgl. Penzel, Hans-Gert; Pietig, Christian (Hrsg.), MergerGuide; Handbuch für die Integration von Banken, Wiesbaden, 2000, S. 186 f.

[214] Vgl. Fischer, Heinz; Steffens-Duch, Silvia, Unternehmenskultur bei Akquisitionen und Fusionen – Das Beispiel Deutsche Bank und Bankers Trust; in: Personal, 53. Jahrgang, Heft 1, 2001, S. 53

[215] Vgl. Nölting, Andreas, M&A-Preis: Handschlag der Gewinner, in: Manager Magazin, 30. Jahrgang, Heft 8, 2001, S. 106

men und Instrumente basiert.[216] Deren vorteilhafte Bildung unterliegt folgenden Ansprüchen: Voraussetzung für einen permanenten Informationsfluss ist die Erzeugung eines Integrationsbewusstseins, so dass informatorisches Kräftemessen idealerweise unterbleibt. Formal und inhaltlich sollte der Informationsfluss konsistent sein, andernfalls könnte dieser zu Glaubwürdigkeitsverlust und Irritation bei den Share- und Stakeholdern führen. Eine Kongruenz zwischen (Unternehmens-)Verhalten und Information ist daher anzustreben. Medium und Inhalt sollten vor dem Hintergrund der Informationsüberlastung nach bestimmten Kriterien selektiert werden.[217]

Unter dem inhaltlichen Aspekt sollten die Informationen aktuell, transparent und für alle verständlich sein. Es sollte ein gemeinsames Leitbild mit einer Vision transportiert werden. Dies impliziert aber auch exakte Perspektiven in Form von Milestones, die zielgruppenspezifische Synergien transportieren.[218]

Abbildung 20 visualisiert häufig eingesetzte informatorische Medien und ihre Reaktionsziele.

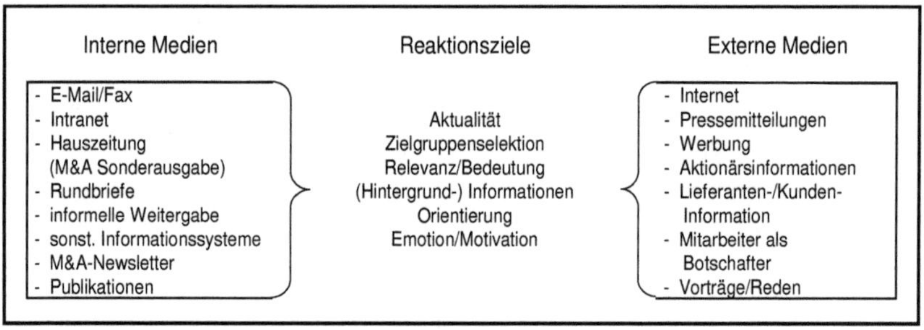

Abbildung 20: Interne und externe Medien
In Anlehnung an Dönitz, Ulrich, a. a. O., S. 104

---

[216] Aus der integrierten Kommunikation wurde die integrierte Informationspolitik abgeleitet. Zur Informationspolitik vgl. Ahrens, Rupert; Scherer, Helmut; Zerfaß, Ansgar, Integriertes Kommunikationsmanagement –Konzeptionelle Grundlagen und praktische Erfahrungen –Ein Handbuch für Öffentlichkeitsarbeit, Marketing, Personal- und Organisationsentwicklung, Frankfurt am Main, 1995, S. 83 ff. und Bruhn, Manfred, Integrierte Kommunikation als Unternehmensaufgabe und Gestaltungsprozeß, in: Bruhn, Manfred; Dahlhoff, H. Dieter, (Hrsg.), Effizientes Kommunikationsmanagement – Konzepte, Beispiele und Erfahrungen aus der integrierten Unternehmenskommunikation, Stuttgart, 1993, S. 3 ff.

[217] Vgl. Bruhn, M., a. a. O., S. 15 ff.

[218] Vgl. Gürntke, Kai; Kutzscher, Matthias, Schneller sein als Missgunst, Neid und Angst – Interne Kommunikation bei Fusionen, in: Mergers & Acquisitions, Heft 3, 1999, S. 20

Die Unternehmenskommunikation kann als zielgerichteter und koordinierter Einsatz sämtlicher Kommunikationsaktivitäten einer Unternehmung verstanden werden, mit denen das Unternehmen sich und seine Leistung gegenüber der Umwelt darstellt.[219]

Kommunikation erfüllt verschieden Funktionen, die in mikro- und makroökonomische Funktionen unterteilt werden können (vgl. Abbildung 21).

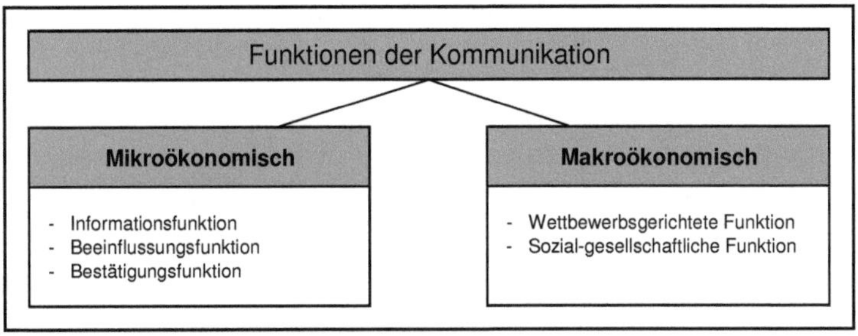

Abbildung 21: Funktionen der Kommunikation
Quelle: Wirtz, Bernd W., a. a. O., S. 350

Die makroökonomischen Funktionen umfassen die wettbewerbsgerichteten und sozial-gesellschaftlichen Funktionen, wohingegen die mikroökonomischen Funktionen die Informations-, Beeinflussungs- sowie Bestätigungsfunktion beinhalten.[220]

Speziell für die Mitarbeiter der involvierten Unternehmen bringt ein Unternehmenszusammenschluss Veränderungen und Unsicherheiten mit sich. Daher ist eine offene, glaubwürdige und zeitnahe Kommunikationspolitik notwendig, um Ungewissheit zu vermeiden bzw. zu verringern.[221] Die Schaffung transparenter Kommunikationsstrukturen und die gezielte Vorbereitung auf mögliche Krisensituationen sind dafür wesentliche Voraussetzungen.[222]

---

[219] Vgl. Derieth, Anke, Unternehmenskommunikation – Eine Analyse zur Kommunikationsqualität von Wirtschaftsorganisationen, Opladen, 1995, S. 25

[220] Vgl. Bruhn, Manfred, Kommunikationspolitik – Grundlagen der Unternehmenskommunikation, München, 1997, S. 6 ff.

[221] Vgl. Sewing, Nanette (1996), a. a. O., S. 75

[222] Vgl. Wirtz, Bernd W., a. a. O., S. 345

Vor dem Hintergrund der Notwendigkeit, die langfristig gewachsenen Kommunikationsstrukturen der involvierten Unternehmen quasi über Nacht vereinheitlichen zu müssen, wird allerdings auch verständlich, dass kaum eine Kommunikationsaufgabe für das Management so komplex und umfangreich ist wie der Zusammenschluss zweier oder mehrerer Unternehmen. So haben auch Untersuchungen in der Praxis ergeben, dass der Aspekt Kommunikation vom Management bei Fusionen nicht in dem Maße umgesetzt wird, wie dies erwünscht und notwendig wäre.[223]
Da Lücken im Kommunikationsfluss die ideale Grundlage für Gerüchte und Widerstände sind, können solche Defizite den Integrationsprozess stark gefährden.[224]

Die Basis einer erfolgversprechenden Kommunikation insbesondere im M&A-Prozess ist die Unternehmenskultur, da deren zentrale Bausteine wie gemeinsame Normen, Werte und Grundeinstellungen in der Kommunikation reflektiert werden.[225]

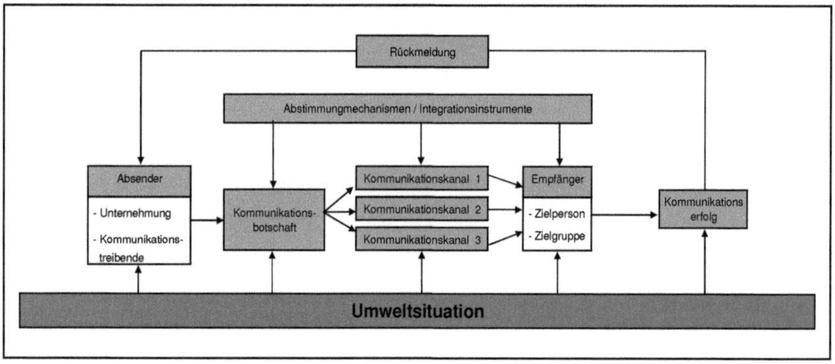

Abbildung 22: Paradigma der Kommunikation

Quelle: Wirtz, Bernd W., a. a. O., S. 347

[223] Vgl. Wirtz, Bernd W., a. a. O., S. 346
[224] Vgl. Wirtz, Bernd W., a. a. O., S. 346
[225] Vgl. Krug, Martin, Interne Unternehmenskultur und externe Unternehmenskommunikation – Das Beispiel Hewlett Packard GmbH, in: Ahrens, Rupert; Scherer, Helmut; Zerfaß, Ansgar (Hrsg.), Integriertes Kommunikationsmanagement –Konzeptionelle Grundlagen und praktische Erfahrungen –Ein Handbuch für Öffentlichkeitsarbeit, Marketing, Personal- und Organisationsentwicklung, Frankfurt am Main, 1995, S. 206 f.

Dabei ist speziell die der Kommunikation inhärente Integrationsfunktion der Mitarbeiter bei der Akkulturation von ausschlaggebender Bedeutung.[226] Die Schaffung einer zielerfüllenden und tragfähigen „Kommunikationskultur" ist vor diesem Hintergrund die Kernaufgabe eines Kommunikationskonzeptes.[227] Hierzu sollten die in Abbildung 23 dargestellten „Säulen" der dialogorientierten Kommunikation ins Kommunikationskonzept integriert werden.

Die Inhalte der Mitarbeiter-Kommunikation sind in den charakteristischen Unsicherheitsbereichen bei Unternehmenszusammenschlüssen zu harmonisieren die strategischen Gründe für die Fusion, die Charakteristika des M&A-Partners, die künftige gemeinsame Zielausrichtung sowie die Konsequenzen und Chancen für den Einzelnen.[228]

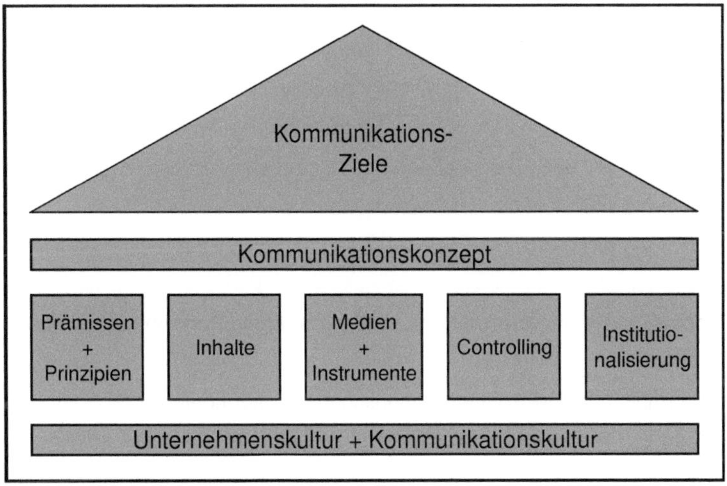

Abbildung 23: Dialog-Kommunikation

---

[226] Vgl. Salecker, Jürgen, Der Kommunikationsauftrag von Unternehmen bei Mergers & Acquisitions – Problemdimension und Gestaltungsoptionen der Kommunikation bei Unternehmensübernahmen, Bern; Stuttgart; Wien, 1995, S. 237 und Ridder, Hans-Gerd, Personalwirtschaftslehre, Stuttgart, Berlin, Köln, 1999, S. 552 f.

[227] Vgl. Noll, Nathalie, Gestaltungsperspektiven interner Kommunikation, Wiesbaden, 1996, S. 154

[228] Vgl. Müller-Stewens, Günter; Salecker, Jürgen, Kommunikation – Schlüsselkompetenz im Akquisitionsprozeß, in: Absatzwirtschaft, 34. Jahrgang, S. 108; Gerpott, Thorsten J., a. a. O., S. 143 f. und Werner, Markus, Post-Merger-Integration – Problemfelder und Lösungsansätze; in: Zeitschrift Führung + Organisation, 68. Jahrgang, Heft 6, S. 336

Um einerseits die Inhalte über das richtige Medium zum optimalen Zeitpunkt zu thematisieren sowie Kommunikationsprämissen zu berücksichtigen, wird eine Koordinationsinstanz benötigt. Die Kommunikationsaufgabe sollte durch ein Projektteam bewältigt werden, das idealerweise aus Kommunikationsfachleuten besteht.[229] Dieses Projektteam sollte für die Planung, Koordination, Steuerung und Kontrolle der Kommunikation verantwortlich sein. Parallel stellen diese Kommunikationsfachleute eine für alle zugängliche und permanente Kommunikationsplattform dar, so dass diese von allen Belegschaftsmitgliedern aktiv für ihre eigene Kommunikation genutzt werden kann.[230]

Ein Kommunikations-Controlling sollte hinsichtlich der Effektivität des Kommunikationskonzeptes durchgeführt werden, um die erhoffte Wirkung der initiierten Kommunikation auch zu erreichen.[231] Hierzu sind sowohl nachfrageorientierte Instrumente wie die Mitarbeiterbefragung als auch Feedback-Arten wie das Beschwerdemanagement sinnvoll.[232] Das eingesetzte Kommunikationskonzept kann mit seinen Medien neben der Kontrolle der generellen Stimmungslage evaluiert und gegebenenfalls modifiziert werden. Die damit einhergehenden Lerneffekte sollten nicht unterbewertet werden, denn insbesondere bei Unternehmenszusammenschlüssen können Dysfunktionalitäten in der Kommunikationspolitik vorkommen.

5.8.2 Problemfelder der Informations- und Kommunikationspolitik bei M&A

Die dem „Informations- und Kommunikationsquader“ zugrundeliegende Systematik stellt die zentralen Problemfelder einer M&A-bezogenen Informations- und Kommunikationspolitik dar.

---

[229] Vgl. Deekeling, Egbert, Das Zusammenspiel der Kommunikationsträger in Change-Prozessen, in: Deekeling, Egbert; Fiebig, Norbert, Interne Kommunikation: Erfolgsfaktor im corporate change, Frankfurt am Main; Wiesbaden, 1999, S. 22

[230] Vgl. Ahrens, Rupert; Berehnt, Michael, Integrierte Kommunikation als unternehmerischer Erfolgsfaktor – Entwurf eines Leitbildes für Manager der integrierten Unternehmenskommunikation, in: Ahrens, Rupert,; Scherer, Helmut; Zerfaß, Ansgar (Hrsg.), a. a. O., S. 97 f.

[231] Vgl. Dönitz, Ulrich, Die Fusion – Ein Härtetest – Interne Kommunikation bei der Fusion von Bayrischer Vereinsbank AG und Hypo-Bank, in: Deekeling, Egbert; Fiebig Norbert, a. a. O., S. 110

[232] Vgl. zur Mitarbeiterbefragung Gerpott, Thorsten J., a. a. O., S. 149 ff. und zum Beschwerdemanagement Stauss, Bernd, Kundenbindung durch Beschwerdemanagement, in: Bruhn, Manfred; Homburg, Christian (Hrsg.), Handbuch Kundenmanagement: Grundlagen – Konzepte – Erfahrungen, Wiesbaden, 1998, S. 216 ff.

Demzufolge werden im Folgenden die Spannungsfelder sowohl in der Dimension der Phasendifferenzierung als auch das Konfliktpotential zwischen interner und externer Zielgruppenausrichtung sowie die Defizite zwischen Information und Kommunikation dargestellt.

Phasen-spezifisch können künftige Veränderungen im Moment des Closings kaum kommuniziert werden, da diese in der Regel bis dato nicht spezifiziert sind, so dass die Erwartungen der Stakeholder kaum erfüllt werden können. Da ferner die Vorteile einer Informationspolitik bis zum Closing schwierig zu quantifizieren sind, dominieren die Vorteile der Geheimhaltung wie etwa Vermeidung von spekulativen Kursgewinnen oder von Unsicherheiten und Ängsten auf Seiten der Mitarbeiter.[233] Allerdings fördert insbesondere die Geheimhaltung das „Merger-Syndrom", welches bei der Belegschaft zu intrapersonellen Konflikten nicht nur auf emotionaler, sondern auch auf kognitiver Ebene führen kann.[234]

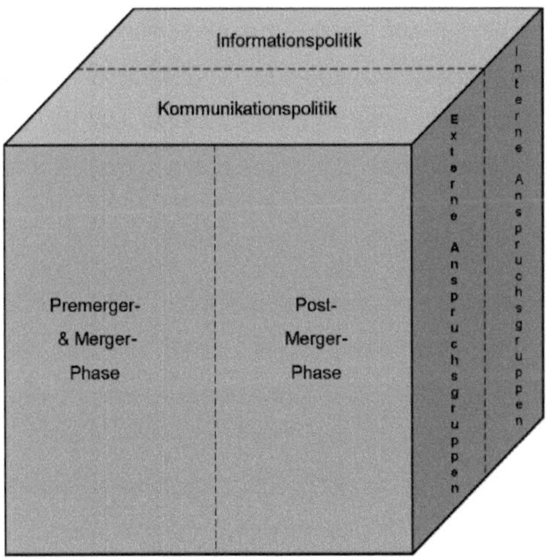

Abbildung 24: Kommunikationsquader

[233] Vgl. Gerpott, Thorsten J., a. a. O., S. 147 f.

[234] Vgl. Kapitel 4.3.2 Merger Syndrom und Gross, P., Das kommunikative Management von Fusionsrisiken, in: Siegwart, Hans; Neugebauer, G. (Hrsg.), Mega-Fusionen – Analysen, Kontroversen, Perspektiven, 2. Auflage, Bern; Stuttgart; Wien, 1999, S. 324

Das zweite zentrale Problemfeld liegt in der zielgruppenspezifischen Fokussierung der M&A-bezogenen Informations- und Kommunikationspolitik. Denn für einen erfolgreichen Unternehmenszusammenschluss müssen für jede Anspruchsgruppe die jeweiligen Synergien kommuniziert werden, woraus im Endeffekt Dyssynergien resultieren können. Im Zuge dessen ist die Rede von Informations- respektive Kommunikationsdefiziten, vorausgesetzt deren Maßnahmen sind inhaltlich, formal oder zeitlich nicht harmonisiert.[235] Insbesondere wenn keine koordinierende Instanz disponibel ist, resultieren Defizite gegenüber internen Anspruchsgruppen. Folglich argumentiert und informiert jeder Einzelne aus seiner individuellen Perspektive, so dass Orientierungslosigkeit, Irritationen und Friktionen das Fazit sind.[236] Defizite gegenüber externen Stakeholdern sind aufgrund diskrepanter Inhalte und mangelnder Corporate Identity zu konstatieren. Insbesondere bei M&A birgt dies ein hohes Risikopotential, denn so entstehen Defizite zwischen interner und externer Kommunikations- sowie Informationspolitik. Denn die Mitarbeiter sind als „Second Audience“ kritische Rezipienten der externen Kommunikation und werden häufig von externen Multiplikatoren dahingehend beeinflusst, dass die externe oftmals die interne Kommunikations- und Informationspolitik konterkariert.[237] Gerade bei M&A-Vorhaben forcieren die in diesem Zusammenhang kurz dargestellten Defizite die Dringlichkeit einer ganzheitlichen und integrativen Kommunikations- und Informationspolitik.

Das dritte Spannungsfeld existiert zwischen Kommunikation und Information und deren Ausgestaltung. Speziell bei den Mitarbeitern geht damit zumeist ein Kommunikationsdefizit und zeitgleich eine Informationsüberflutung einher.[238] Dies wird mit Hilfe der folgenden zentralen Aspekte dargelegt. Durch das hohe Quantum an neuen Informationen fehlt der Belegschaft oft die nötige Zeit, um diese aufzunehmen, zu reflektieren und zu konsolidieren.[239] Es müssten Kommunikations-

[235] Vgl. Bruhn, Manfred, a. a. O., S. 3
[236] Vgl. Bruhn, Manfred, a.a. O., S. 3
[237] Vgl. Zimmermann, Rainer, Interne und externe Kommunikation, in: Picot, Gerhard (2002), a. a. O., S. 446
[238] Vgl. Schmitt, Eberhard, Internal Relations – Reenginiering – Learning Organization – Kritische Anmerkung zum Kommunikationsmanagement der 90er Jahre, in: Deekeling, Egbert; Fiebig, Norbert, Interne Kommunikation – Erfolgsfaktor im corporate change, Frankfurt am Main/Wiesbaden, 1999, S. 52 ff.
[239] Vgl. Bloomfield, Richard; Lamb, Alyson; Quirke, Bill, Faktor Mensch – Neue Regeln für die digitale Kommunikation, in: Deekeling, Egbert; Fiebig, Norbert, a. a. O., S. 177 ff.

möglichkeiten geschaffen werden, um diesen Prozess zu forcieren. Hingegen mangelt es häufig an Feedback-Kanälen, so dass anstelle einer Dialogausrichtung der Cocooning-Effekt[240] bei der Belegschaft zu verzeichnen ist.[241] Selbst wenn der gewünschte Dialog existiert, bleibt der Verständigungsgrad aufgrund der Sprachcodes des Managements oft eher gering.[242] Generell fehlt der Belegschaft häufig das Verständnis für die Notwendigkeit eines Unternehmenszusammenschlusses.[243]

5.9 Illusionen bei der Post-Merger-Integration-Phase

Der Integrationsprozess wird meistens mit falschen Annahmen über sein Resultat gestartet. Hier die häufigsten, kaum zu realisierenden Erwartungen bezüglich des Integrationserfolges:[244]

- **Schnellstmöglich Kosteneinsparungen realisieren**: Der Fokus darf nicht zu sehr auf kurzfristige Kosteneinsparungen ausgelegt sein, sondern sollte insbesondere in der strategischen Integration im Hinblick auf Umsatzwachstum liegen.

- **Eine Fusion ersetzt organisches Wachstum**: Wachstum wird als kurzfristiger Anstieg akquiriert, aber nicht als Prozess. Die Wachstumsraten sinken oft nach der Transaktion.

- **Die optimalsten Prozessstrukturen beider Unternehmen sollen übernommen werden**: Dies impliziert ein mechanistisches Organisationsmodell als Basis für die Puzzle-Strategie. Bei interdependenten Strukturen wird eine Untersuchung der Abläufe und Arbeitstechniken erforderlich, die in eine neue Struktur für die beteiligten Unternehmen mündet.

---

240 Der Cooconing-Effekt beschreibt das „sich einigeln" und abschotten.

241 Vgl. Quirke, Bill, Communicating Corporate Change – Ratschläge für ein effizientes Vorgehen, in: Deekeling, Egbert, Fiebig, Norbert, a. a. O., S. 30

242 Vgl. Deekeling, Egbert, a. a. O., S. 26

243 Vgl. Quirke, Bill, a. a. O., S. 31 f.

244 Vgl. Davidson, Mike; Neumann, Petra, Sieben verhängnisvolle Illusionen bei der Integration nach Mergers & Acquisitions, in: M&A-Review, 7. Jahrgang, Heft 12, 1997, S. 3 ff.

- **Das größte Problem sind die kulturellen Unterschiede der beteiligten Unternehmen**: Bislang wurde vor allem die Verschmelzung der verschiedenen Unternehmenskulturen angestrebt. Neuerdings wird über die Abfrage in beiden Organisationen nach einer erfolgreichen Sollkultur an dem Aufbau einer neuen gemeinsamen Kultur gearbeitet.

- **Die Führungsetage bestimmt zuerst die Strategie und anschließend die Orientierung der Organisation**: Durch das neue Management, welches hinter der Strategie und den Aktionen steht, sollen die neue Strategie integriert und die dazu gehörigen Umsetzungsmaßnahmen, die beide Unternehmen miteinander verbinden, durchgeführt werden.

- **Unsere Kunden werden von der Transaktion nichts merken**: Kunden können misstrauisch werden und es kann zur Abwanderung kommen. Kunden und Lieferanten gegenüber muss offen kommuniziert werden.

- **Was bisher erfolgreich war, braucht nicht optimiert zu werden**: Jede Transaktion bringt Veränderungen im Umfeld einer Unternehmung mit sich. Das Unternehmen wird größer, der Marktwert sowie das interne und externe Umfeld ändern sich auch. Daher verändern sich auch die Ansprüche an das bislang gut funktionierende Management und an die organisatorischen Strukturen.

5.10 Erfolgsfaktoren für die Post-Merger-Integration

Eine Analyse erfolgreicher Integrationen hat gezeigt, dass insbesondere drei Faktoren für eine erfolgreiche Integration entscheidend zu sein scheinen (siehe Abb. 25).

Eindeutige Führung

Ein wesentlicher Erfolgsfaktor ist die eindeutige Führung. Dies soll heißen, dass die oberste Managementebene zu jeder Zeit imstande sein muss, unmissverständliche und prompte Grundsatzentscheidungen zu treffen. Diese reichen von der Bestimmung der Organisationsstruktur über die Festlegung von Verantwortungsbereichen bis hin zur Besetzung von Positionen. Da die Integrationsprojekte häufig ein bis zwei Jahre in Anspruch nehmen, sollte das Management konsequent den Integrationsprozess forcieren und sicherstellen, dass sämtliche Maßnahmen termingerecht und in vollem Umfang realisiert werden.[245]

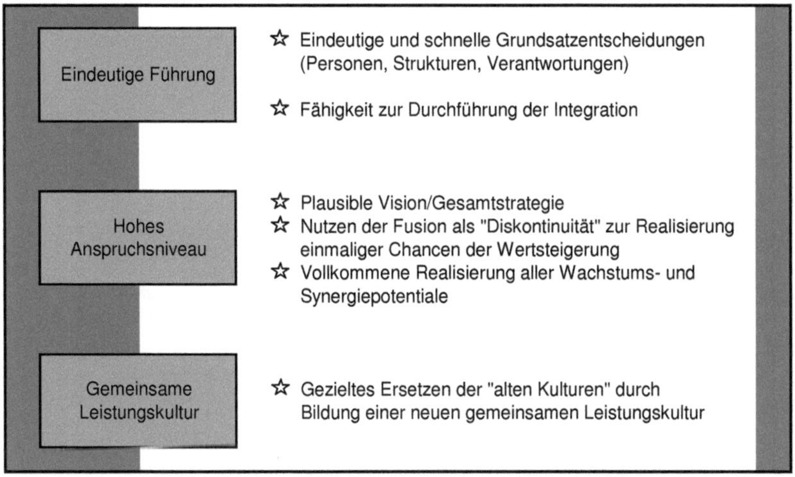

Abbildung 25: Erfolgsfaktoren bei Mergers & Acquisitions
Quelle: Koch, Thomas, a. a. O., S. 386

Hohes Anspruchsniveau

Es ist notwendig, dass das Unternehmen sämtliche denkbaren Synergiepotentiale realisiert und sich von Beginn an herausfordernde Ziele setzt, da der Integrationserfolg letzten Endes an finanziellen Kennzahlen bewertet wird.[246]

Sämtliche direkten Synergien, wie beispielsweise die Reduzierung redundanter Kosten im Verwaltungsbereich oder die Umsatzsteigerung durch einen erweiterten Kundenstamm, sollten von der Unternehmung möglichst zeitnah realisiert werden.

245 Koch, Thomas, Post-Merger-Management, in: Picot, Gerhard (2002a) (Hrsg.), Handbuch Mergers & Acquisitions – Planung, Durchführung, Integration, 2. Auflage, Stuttgart, 2002, S. 386 f.

246 Vgl. Koch, Thomas, a. a. O., S. 387

Des Weiteren sollte das Unternehmen die Integration aber auch als eine nicht alltägliche Chance zur Neuausrichtung nutzen. Diese könnte zum Beispiel in der kompletten Neuorganisation der Geschäfte, der Einführung von Incentive-Systemen sowie der Entwicklung und Kommunikation einer überzeugenden Vision und Wachstumsstrategie bestehen. Letztere ist speziell zur Motivation der ganzen Belegschaft wichtig, da die involvierten Mitarbeiter Integrationen oft als bedrohlich und negativ empfinden.[247]

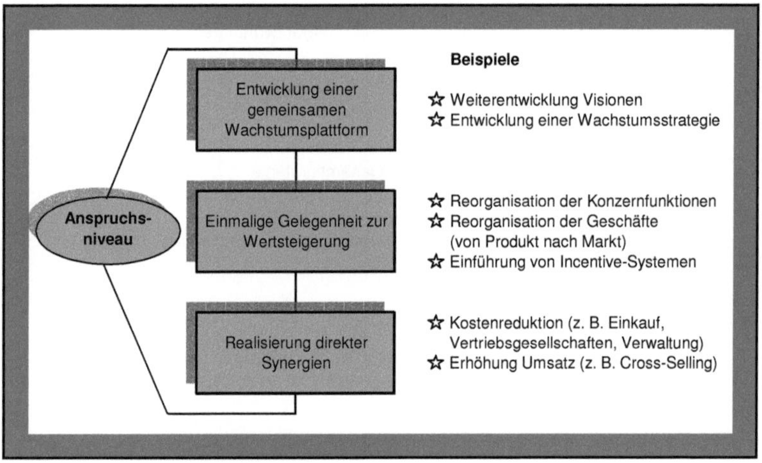

Abbildung 26: Hohes Anspruchsniveau
Quelle: Koch, Thomas, a. a. O., S. 387

Gemeinsame Leistungskultur

Die kulturelle Integration ist ein regelmäßig unterschätzter und folglich ein häufig vernachlässigter Erfolgsfaktor. Die Gründe für diese fehlende Berücksichtigung sind mannigfaltig. Die meisten Unternehmen setzen statt auf den Erfolgsfaktor Humankapital und dessen individuelles Know-how immer noch auf den Erfolgsfaktor Asset, d. h. Anlagen und Strukturen. Ein weiterer Grund für die häufige Ignorierung dieses Erfolgsfaktors ist, dass eine erfolgreich durchgeführte Integration nicht sofort messbar

[247] Vgl. Koch, Thomas, a. a. O., S. 387 f.

ist. Dieses Know-how muss weiter gefördert und ausgebaut werden. Die Integration ist aufgrund ihrer Komplexität also ein entscheidender Erfolgsfaktor.[248]

In der Hoffnung, die Integration der beiden Unternehmen ergibt sich im Laufe der Zeit von selbst, werden in klassischen Integrationsansätzen die neuen Unternehmenskulturen, Regeln und Prozesse festgelegt. Dies stellt sich vielfach als Fehleinschätzung heraus und es kann häufig noch Jahre später beobachtet werden, dass innerhalb einer Unternehmung zwei unterschiedliche Kulturen nebeneinander bestehen. Solchen traditionellen Integrationsansätzen mangelt es an der Beachtung von spezifischen Handlungsmotivationen und Perspektiven wie individuellen Zielen, Erfahrungen, Wertschätzungen und Geschäftsinteressen oder vielfach den persönlichen Denkweisen der Mitarbeiter. Die simple Vorgabe von Zielen heißt nicht im Geringsten, dass das Management und die Belegschaft an diese glauben oder sie verfolgen und damit selbst unterstützen. Diese persönlichen und in der Regel verschiedensten Perspektiven gilt es, in einem Integrationsprozess zu normieren und dadurch eine neue, kollektive Leistungskultur zu schaffen. Dies ist insbesondere im höheren Management von Bedeutung, da hier die richtungsweisenden Entscheidungen getroffen werden und das obere Management eine Vorbildfunktion gegenüber der gesamten Unternehmung darstellt.[249]

---

[248] Vgl. Koch, Thomas, a. a. O., S. 388
[249] Vgl. Koch, Thomas, a. a. O., S. 388 f.

6 Start-up-Phase der Post-Merger-Integration

Der Integrationsprozess lässt sich in mehrere Phasen unterteilen. Im Folgenden wird der Prozess exemplarisch in zwei Phasen unterteilt. Die erste Phase bildet in diesem Kontext die Start-up-Phase und die Zweite ist die Integrationsdurchführungs-Phase. Während der Start-up-Phase sollten das Anspruchsniveau erarbeitet und eine gemeinsame Leistungskultur geschaffen werden. In der zweiten Phase sollten die in der ersten Phase entwickelten Integrationspläne schnell und gewissenhaft umgesetzt werden, ohne das Tagesgeschäft zu vernachlässigen. Die erste Phase der Integration dauert, abhängig von der Komplexität und dem Umfang der Transaktion, in der Regel ein bis drei Monate. Die Integrationsdurchführungsphase kann je nach Anzahl und Umfang der umzusetzenden Projekte ein bis zwei Jahre in Anspruch nehmen.

Die letzten Jahre haben gezeigt, dass die meisten im Fusionsprozess auftretenden Schwierigkeiten in der Regel auf zwei Gründe zurückzuführen sind: einerseits eine nicht vorhandene oder wenig konkrete Zielbeschreibung, andererseits eine wenig ausreichend definierte Form der Zusammenarbeit.[250]
Die Ableitung eines herausfordernden Anspruchsniveaus bildet eine der grundlegenden Aufgaben in der Start-up-Phase. Das gesamte obere Management muss dieses Anspruchsniveau vertreten und letztendlich auch umsetzen. Es ist ausgesprochen wichtig, ein neues homogenes Führungsteam aus den beiden ursprünglichen Unternehmen zu bilden, welches in der Lage ist, die Ziele umzusetzen. Dieses Team ist idealer Weise relativ klein, flexibel und anpassungsfähig an die jeweilige Situation. Auch derjenige, der für den Erfolg der Integration verantwortlich ist, muss bestimmt und der Integrationsplan sollte ausgearbeitet werden.[251]

[250] Vgl. Koch, Thomas, a. a. O. S. 390 ff. und Grube, Rüdiger; Töpfer, Armin, a. a. O., S. 103 ff.
[251] Vgl. Steinöcker, Reinhard (1998), a. a. O., S. 130 und Koch, Thomas, a. a. O., S. 390 f.

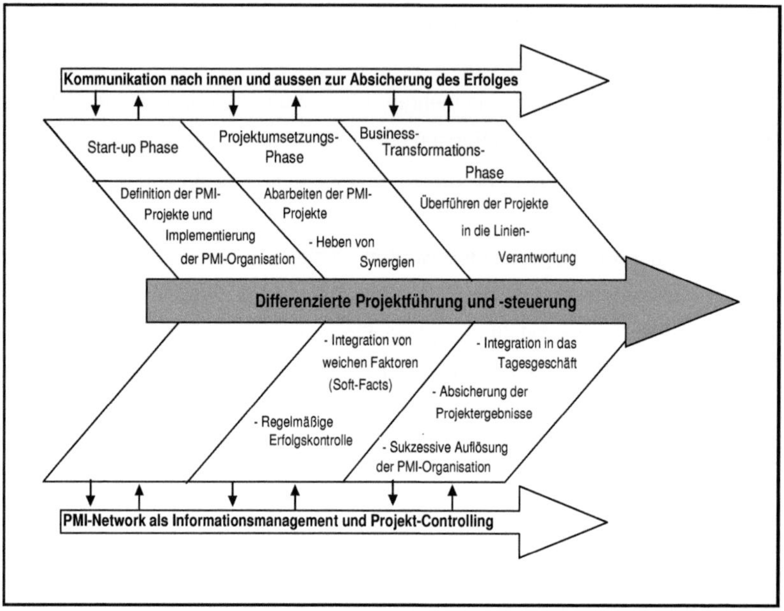

Abbildung 27: Teilphase des Post-Merger-Integration-Prozesses
Quelle: Grube, Rüdiger; Töpfer, Armin, a. a. O., S. 103

6.1 Integrationsplan

Für eine erfolgreiche Integration ist das Vorliegen eines Integrationsplanes unabdingbar. Die Planung des Integrationsprozesses sollte schon in der Pre-Merger-Phase beginnen und auch schon in der Akquisitionsstrategie Niederschlag finden. Viele Reibungsverluste und emotionale Widerstände können vermieden werden, wenn bei der Entwicklung des Integrationsplanes eine breite Mitarbeiter-Basis mit einbezogen wird.[252]

Die bedeutendsten Aspekte eines Integrationsplans sind beispielsweise:[253]

- Auswahl des Integrationsverantwortlichen

[252] Vgl. Fischer, Johannes; Wirtgen, Jörg, a. a. O., S. 88
[253] Vgl. Fischer, Johannes; Wirtgen, Jörg, a. a. O., S. 88

- Bildung eines Integrations-/Führungsteams
- Bestimmung der organisatorischen Übergangsstruktur
- Teamzusammenstellung zur Betreuung von Schlüsselbereichen
- Ausarbeitung eines Integrationszeitplanes
- Kommunikation und Informationsweitergabe im Laufe des Integrationsprozesses.

Generell sollten die jeweiligen Integrationspläne schnell umgesetzt werden, ohne das Tagesgeschäft zu vernachlässigen.

6.2 Erarbeitung eines hohen Anspruchsniveaus

Die Erarbeitung eines herausfordernden Anspruchsniveaus sollte möglichst in einem positiv geprägten Umfeld erfolgen. In diesem Zusammenhang sollte die Akquisition als einmalige Chance angesehen werden, bestimmte Geschäftsstrukturen und eingefahrene Abläufe kritisch zu überarbeiten. In dieser Phase werden die Unternehmen geprüft, revitalisiert und strategisch weiterentwickelt. Es sollten gemeinsame Ziele erarbeitet, Wachstumsstrategien entwickelt und die Handlungsfähigkeit des neuen Unternehmens sichergestellt werden.[254]

6.2.1 Erarbeitung einer eindeutigen strategischen Zielsetzung

Aus speziell zwei Gründen ist die rasche Bekanntgabe der angehenden Orientierung des neuen Unternehmens in der Integrationsphase von großer Bedeutung: Zum Teil verhindert eine klare, zukunftsorientierte Vision Unsicherheit in der Organisation und sichert die Mitarbeitermotivation von Beginn an. Durch die Motivation der Mitarbeiter kann die Bindung des Know-hows an das Unternehmen erreicht werden. Die während des gesamten Integrationsprozess geltenden Kernpunkte müssen zudem identifiziert werden. Diese Kernpunkte umfassen Maßnahmen, um den Übergang von Produkten und/oder Dienstleistungen an den Akquirierenden zu erleichtern, eine

---

[254] Vgl. Koch, Thomas, a. a. O., S. 390 ff.

neue Unternehmensstrategie, die Bewertung der Beziehung zu Regierungsstellen, Behörden, sonstigen Eigentümern und der Öffentlichkeit, also den Stakeholdern.[255] Zu diesem Zeitpunkt sollte die neue Unternehmensstrategie definiert werden. Mit Hilfe einer solchen Neuorganisation der Unternehmensstruktur soll eine optimale Ressourcenausnutzung und Strategieumsetzung ermöglicht werden.

Die zusammengehenden Unternehmen sollten im Zuge dieser Neuorientierung ihre Kernkompetenzen differenziert hinterfragen. Dies setzt die Bereitschaft der Unternehmen voraus, sich von Nicht-Kerngeschäften zu trennen.[256]

Weiterhin sollten generelle Handlungsregeln aufgestellt werden. Diese sollten eine kurze Skizze des Unternehmensportfolios sowie daran anlehnend eine Unterteilung der Geschäftseinheiten enthalten. Zudem sollte eine totale Übereinstimmung über zentrale und dezentrale Aufgabenbereiche, eine Konsolidierung der Kompetenzen bei Fragen von Kunden, Lieferanten, Kreditinstituten und wichtigen Anteilseignern und eine prinzipielle Finanz- und Budgetplanung durchgeführt werden.[257]

6.2.2 Identifizierung von operativen Synergien

Letztendlich wird das Gelingen einer Transaktion anhand der Wertgenerierung gemessen. Die Synergien können in zwei Gruppen untergliedert werden: direkt geschäftsbezogene Synergien und Wertsteigerungen, die durch neue Führungs- und Steuerungssysteme generierbar sind.[258]

Geschäftsbezogene Potentiale lassen sich folgendermaßen charakterisieren:[259]

- **Kräftigung der Einkaufskompetenz**
    - Optimierung der Lieferantenstruktur

---

[255] Vgl. Steinöcker, Reinhard (1998), a. a. O., S. 130
[256] Vgl. Steinöcker, Reinhard (1998), a. a. O., S. 130 und Koch, Thomas, a. a. O., S. 390 f.
[257] Vgl. Koch, Thomas, a. a. O., S. 390 f. und Steinöcker, Reinhard (1998), a. a. O., S. 130
[258] Vgl. Koch, Thomas, a. a. O., S. 393
[259] Vgl. Koch, Thomas, a. a. O., S. 394 ff.

  - Realisierung von Mengenrabatten durch neue Kapazitäten

  - Neustrukturierung und Optimierung der Einkaufsprozesse

- **Optimierung der Bereiche Technik und Produktion**

  - Erarbeitung einer langfristigen Standortstrategie; Identifikation des Restrukturierungspotentials auf Grund von Standortschließungen

  - Optimierung von Produktionsanlagen durch Austausch von Know-how; Übertragung von technischem Know-how

  - Realisierung von neuen Dienstleistungsstrukturen; Eingliederung und Konsolidierung aller Dienstleistungen im Rahmen des Integrationsprozesses

- **Kräftigung von Marketing und Vertrieb**
  - Vertriebs- und Kundenorganisationen weltweit konsolidieren

- **Optimierung der Verwaltungsbereiche**

  - Zentralisierung der Verwaltungsbereiche

  - Einführung einer wertorientierten Unternehmensführung.

6.2.3 Festigung der zukünftigen Funktionalität

Eine der wichtigsten Aufgaben ist die Sicherstellung der Funktionalität des neuen Unternehmens. Um dies zu gewährleisten, sollte rechtzeitig die neue Organisationsform gewählt und die Führungskräfte benannt werden.[260]

[260] Vgl. Fischer, Johannes; Wirtgen, Jörg, a. a. O., S. 93 f.

6.2.3.1 Aufbau der neuen Unternehmensorganisation

Organisationen beinhalten individuelle Formationen aus schwer erfassbaren aber kombinierten Human-Potentialen. Organisationen vereinen Tatsachen und Fakten, die aggregiert mit dem Wissen und der Erfahrung der Mitarbeiter informative Kenntnisse über die Unternehmensstruktur und ihre Kultur darlegen.[261]

Idealerweise unterteilt man den Aufbau der neuen Unternehmensorganisation in folgende Teilprojekte: Anfangs sollte die Ausgangssituation der Organisationen beteiligter Unternehmen analysiert werden. Bei der Verarbeitung aller vorhandenen Informationen kommt es weniger auf eine ganzheitliche Analyse an, denn in der Regel lassen sich die Kulturen und Strukturen nie vollständig erfassen. In diesem Zusammenhang ist es wichtiger, die erhobenen Daten und Fakten logisch und ganzheitlich miteinander zu verknüpfen. Die auf diese Weise erarbeiteten Informationen sollten aus verschiedenen Perspektiven interpretiert werden.[262]

Anschließend sollte ein einheitliches Ziel für beide Organisationsstrukturen definiert werden. Diese Ziele werden entweder vom akquirierenden Unternehmen vorgegeben oder gemeinsam von beiden Unternehmen entwickelt. Dazu muss ein individuelles Ressourcen-Portfolio der beteiligten Organisationen erstellt werden.[263]

Nun sollte eine grobe Skizze der zukünftigen Organisationsstruktur erarbeitet werden. Diese sollte sich weitestgehend an den strategischen Zielen und Kernbereichen orientieren und bestimmend für die unterschiedlichen Geschäftsfelder der beiden Unternehmen sein. Ein umsetzbarer Weg zur Segmentierung der Geschäftseinheiten ist die Ermittlung und Beurteilung der kritischen Parameter der Unternehmung (Einflussgrößen der Planung und Kontrolle). Die ausschlaggebenden Parameter sollten nach ihrer Bedeutung geordnet werden und Gradmesser für eine Organisation auf Probe sein.[264]

---

[261] Vgl. Steinöcker, Reinhard (1998), a. a. O., S. 131 f. und Koch, Thomas, a. a. O., S. 396 f.

[262] Vgl. Koch, Thomas, a. a. O., S. 396 f.; Fischer, Johannes; Wirtgen, Jörg, a. a. O., S. 93 ff. und Steinöcker, Reinhard (1998), a. a. O., S. 131 f.

[263] Vgl. Fischer, Johannes; Wirtgen, Jörg, a. a. O., S. 93 ff. und Steinöcker, Reinhard (1998), a. a. O., S. 131 f.

[264] Vgl. Fischer, Johannes; Wirtgen, Jörg, a. a. O., S. 93 ff. und Steinöcker, Reinhard (1998), a. a. O., S. 131 f.

Im nächsten Teilprojekt sollte diese grobe Skizze detailliert ausgearbeitet werden, die jeweiligen Geschäftsbereiche definiert und die Gesamtheit aller Unternehmenseinheiten in eine zielgerichtete systematische Unternehmung eingearbeitet werden. In dieser zweiten detaillierteren Phase der Integration ist es zweckmäßig, sämtliche operativen Einheiten in die neue Unternehmensorganisation einzubeziehen. In der neuen Organisation sollten sämtliche operativen Tätigkeiten vorhanden sein bzw. sich einordnen lassen. In der zweiten Stufe ist es sinnvoll, die neue Organisationsstruktur auf ihre Funktions- und Lebensfähigkeit zu überprüfen. Es hat sich des Öfteren als zweckmäßig erwiesen, weitere Variationen der Organisation zur Anwendung zu bringen, um ihre optimale Form ausfindig zu machen.[265]

Die folgende Phase der Organisationsentwicklung sollte der Planung von Budgetwerten für die einzelnen Geschäftsbereiche dienen (Plan-Umsatz, Plan-Gewinn, Plan-Cashflow usw.). Idealerweise basieren diese Planzahlen auf den strategischen Zielen der neuen Unternehmung. Der künftige Erfolg der neuen Firma ist entscheidend von der gelungenen Abstimmung der Unternehmensziele, der Unternehmensstrategie sowie der Unternehmensorganisation aufeinander abhängig. Auch die Integration der neuen Organisationsstruktur ist ein wichtiger Erfolgsfaktor für das Resultat. Die Integration einer Organisationsstruktur wird meist unter Zuhilfenahme einer unabhängigen, externen Beratung durchgeführt. Diese externen Berater sind in ihrer Kompetenz besonders gefordert, wenn es um Ablehnungen und Kontroversen geht. Um den Erfolg sicherzustellen, haben die externen Supervisoren sich genau an ihre Rollenvorgaben als Moderatoren und Steuermänner zu halten. Sie müssen sich neutral verhalten und gleichzeitig die Beteiligten positiv konnotieren.[266]

6.2.3.2 Personalentwicklung

Im Anschluss an die Definition der Organisationsform und der entsprechenden Positionen sollten die verantwortlichen Personen benannt werden. Dies erfordert die entsprechenden Humanressourcen beider Unternehmen. Die oberste Führungs-

---

[265] Vgl. Koch, Thomas, a. a. O., S. 396 f.; Fischer, Johannes; Wirtgen, Jörg, a. a. O., S. 93 ff. und Steinöcker, Reinhard (1998), a. a. O., S. 131 f.

[266] Vgl. Fischer, Johannes; Wirtgen, Jörg, a. a. O., S. 93 ff.; Steinöcker, Reinhard (1998), a. a. O., S. 131 f. und Koch, Thomas, a. a. O., S. 396 f.

ebene wird in der Regel zu Beginn der Fusion benannt. In diesem Zusammenhang ist es erstrebenswert, bei der Besetzung der Positionen schnellstmöglich eine neue „Hochleistungsorganisation“ aufzubauen, um eventuelle Unsicherheiten innerhalb der Unternehmen zu minimieren. Erfolgsentscheidend ist also die richtige und zügige Auswahl der Führungskräfte und einzelnen Mitarbeiter mit besonderem Know-how. Hierzu bietet sich u. a. ein strukturierter Personalauswahlprozess an. Idealerweise werden von jedem Unternehmen für jede Position zwei bis drei Kandidaten nominiert, die in einem einheitlichen Ablauf von dem jeweiligen Vorgesetzten und dem Personalleiter interviewt werden. Die Wahl sollte unabhängig von der bisherigen Unternehmenszugehörigkeit des einzelnen Kandidaten entschieden werden und allein von objektiven Eigenschaften abhängen.[267]

Die Einbindung eines externen unabhängigen Personalberaters hat sich in der Vergangenheit als nützlich erwiesen, da so eine gewisse Neutralität im Entscheidungsprozess gesichert ist. Die Entscheidung für den jeweiligen Kandidaten sollte frühzeitig gefällt und im Unternehmen bekannt gegeben werden. Obwohl ein solcher Personalauswahlprozess „zweite Sieger“ schafft, wird er meist von allen Involvierten als korrekt und fair empfunden. Durch diesen Prozess kommt es zudem noch zum Aufbau einer einheitlichen Datenbank zur Beurteilung der ersten 50 bis 100 Leistungsträger.[268]

---

[267] Vgl. Fischer, Johannes; Wirtgen, Jörg, a. a. O., S. 97 f.; Picot, Gerhard (2002b), a. a. O., S. 397 f. und Steinöcker, Reinhard (1998), a. a. O., S. 132 f.

[268] Vgl. Picot, Gerhard (2002b), a. a. O., S. 397 f. und Steinöcker, Reinhard (1998), a. a. O., S. 132 f. u. Fischer, Johannes; Wirtgen, Jörg, a. a. O., S. 97 f.

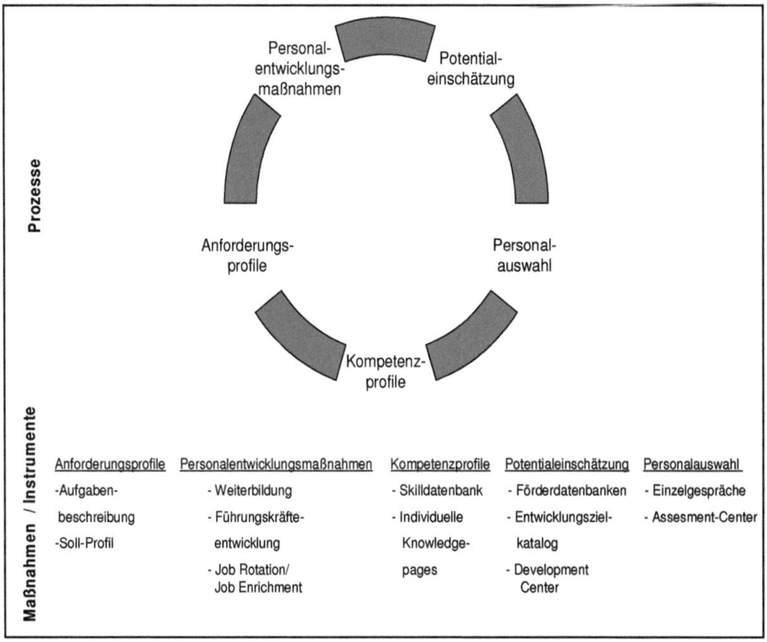

Abbildung 28: Stellenbesetzung nach M&A
Quelle: Pribilla, Peter, a. a. O., S. 456

6.3 Aufbau einer kollektiven Leistungsmaxime

Im Integrationsprozess muss neben der formalen und sachlichen Ebene auch der persönlichen Perspektive des Managements Rechnung getragen werden. Es ist wichtig, die verschiedenen persönlichen Perspektiven zusammenzufügen, um eine gemeinsame Perspektive zu entwickeln. Von gleicher Relevanz innerhalb dieses Prozesses ist es, die künftige Form der Zusammenarbeit zwischen den Involvierten zu regeln.

Der Erfolg der Konzepte hängt besonders von drei Faktoren ab: zum ersten von dem individuellen Anspruchsniveau und der damit einhergehenden Zielsetzung, zum zweiten von der Auslegung der vorhandenen Chancen und des sich daraus ergebenden Handlungsspielraumes sowie zum dritten von der Identifikation mit der

Aufgabe des Einzelnen. In der Vergangenheit hat sich zur Erfassung und Bewertung dieser individuellen Faktoren für den einzelnen eine bestimmte Interviewtechnik hervorgetan. Diese Interviewtechnik versucht, über die reine Faktenabfrage hinaus durch tiefgründiges Hinterfragen die eigentlichen sachlichen und persönlichen Motive zu ergründen.[269]

Solche Interviews sollen dazu dienen, die individuellen Perspektiven zur Zielfokussierung entlang der Dimensionen Vision, Synergiepotentiale, Funktionalität sowie zur Art der Zusammenarbeit zu ermitteln. Ausschlaggebend bei diesem Prozess ist, vor allem die tatsächlichen Beweggründe aufzudecken.

Nun muss eine gemeinsame Perspektive entwickelt werden. Die Interviewergebnisse müssen zuerst verglichen werden, um anschließend eine erste Theorie über die Chancen und Risiken innerhalb die Unternehmensstruktur aufzustellen und um in Erfahrung zu bringen, in welchen Punkten der Zielfokussierung bzw. der Zusammenarbeit das Management verschiedene Meinungen besitzt. Diese Aspekte sollten in sogenannten Konsens-Workshops ermittelt und ergebnisorientiert erörtert werden. Eine Methode, die sich diesbezüglich in der Vergangenheit bewährt hat, ist die Konsensortechnik. Hier können die Fragen anonym beantwortet werden. Das Resultat dieser Befragung wird direkt auf einem Bildschirm gezeigt, damit die Teilnehmer des Workshops gleich das Meinungsprofil der anderen Teilnehmer aufgezeigt bekommen. Abhängig von der Fragestellung wird das Resultat in Teilen oder in der gesamten Gruppe erörtert. Die Resultate des Dialogs sollten am Ende des Workshops noch einmal zur Abstimmung mit dem Konsensor gebracht und bei Übereinstimmung beschlossen oder bei einem mannigfaltigen Meinungsprofil zur Problemlösung an ein Projektteam weitergeleitet und zu einem späteren Termin neu beurteilt werden.[270]

---

[269] Vgl. Koch, Thomas, a. a. O., S. 398

[270] Vgl. Koch, Thomas, Post-Merger-Management, in: Picot, Gerhard (2002b), a. a. O., S. 398 f.

7 Integrationsumsetzungs-Phase

Es ist wichtig, die Integration möglichst schnell umzusetzen, ohne das Tagesgeschäft zu vernachlässigen. Die Resultate aus der Start-up-Phase legen sämtliche notwendigen Ziele fest und geben die Rahmenbedingungen wie beispielsweise den zeitlichen Ablauf vor. In der zweiten Phase können also alle Integrationsprojekte gestartet werden.[271]

In dieser Phase erfolgt die Ergänzung der Organisation beider Unternehmen um eine Parallelorganisation. Um zügig konkrete Ergebnisse zu erzielen, muss auf der Grundlage der vereinbarten organisatorischen Regelungen und Verhaltensweisen dieser Prozess schlank und rasch gesteuert werden. In erster Linie wird nun die strategische, die kulturelle sowie die personelle Integration durchgeführt.[272]

7.1 Strategische Integration

Die strategische Integration nimmt Einfluss auf sämtliche Formen der Integration, da die Maßnahmen der strategischen Integration funktionsübergreifend und von langfristiger Bedeutung sind. Die strategische Integration beinhaltet sämtliche Maßnahmen und Entscheidungen, die langfristige Implikationen haben.[273]

Existieren bei den beteiligten Unternehmen unterschiedliche Unternehmensphilosophien, so sind diese aufeinander abzustimmen, damit schon im Vorfeld Risiken, die den Integrationserfolg gefährden, minimiert werden. Es bietet sich an, idealerweise innerhalb der Integrationsphase ein neues Unternehmensleitbild mit allen Beteiligten zu erarbeiten.

Angelehnt an die konsolidierten Unternehmensleitlinien, muss entschieden werden, was mit den einzelnen Unternehmensbereichen geschehen soll. In einzelnen Teilstrategien muss entschieden werden, ob die jeweiligen Geschäftsbereiche verkauft, einzeln fortgeführt oder integriert werden sollen.[274]

---

[271] Vgl. Koch, Thomas, a. a. O., S. 400
[272] Vgl. Clever, Holger, a. a. O., S. 56 f.
[273] Vgl. Vogel, Dieter, a. a. O., S. 254
[274] Vgl. Vogel, Dieter, a. a. O., S. 254 f.

7.1.1 Koordination der Wettbewerbsstrategien

In der Regel existieren zum Zeitpunkt der Unternehmensakquisition zwei eigenständige Einheiten, die individuelle Markt- und Wettbewerbsstrategien verfolgen. Je nach Art der Diversifikation handelt es sich bei der Transaktion um eine Geschäftsfeldfestigung oder eine Geschäftsfelderweiterung.[275]

Eine Unternehmensakquisition verändert das Branchengefüge des entsprechenden Marktes. Die möglichen Reaktionen der anderen Marktteilnehmer auf die Ankündigung des Unternehmenszusammenschlusses gilt es abzuschätzen und hinreichend in die kurzfristige Strategieplanung der Transaktionspartner einzubeziehen. Anfangs sind also die kurz- und mittelfristigen Planungen aufeinander abzustimmen bevor eine Integration der langfristigen Unternehmensstrategien vollzogen werden kann. Sind keinerlei Berührungspunkte der jeweiligen Markt- und Wettbewerbsstrategien gegeben, ist eine solche Abstimmung nicht nötig.[276]

7.1.2 Integration der strategischen Planungsprozesse

Des Weiteren müssen die strategischen Planungsabläufe auf der Geschäftsfeldebene wie auch auf der Unternehmensebene integriert werden.

Die Strategieentwicklung auf Geschäftsfeldebene kann sich in einem idealtypischen Ansatz in folgende fünf Schritte unterteilen lassen:

1. **Analyse der strategischen Ausgangslage**

   Zur Bestimmung der strategischen Ausgangslage müssen folgende Sachverhalte geklärt werden: Wie lässt sich das Marktverhalten der Wettbewerber beschreiben? Welche Rolle nehmen die eigenen Unternehmen hier ein? Wie hat sich das Geschäftsfeld in der Vergangenheit entwickelt? Welche Wachstums- und Gewinnaussichten bietet der Markt?[277]

---

[275] Vgl. Sommer, Stefan, Integration akquirierter Unternehmen – Instrumente und Methoden zur Realisierung von leistungswirtschaftlichen Synergiepotentialen, Frankfurt am Main, 1996, S. 155 f.

[276] Vgl. Sommer, Stefan, a. a. O., S. 155 f.

[277] Vgl. Porter, Michael E. (1992), Wettbewerbsstrategie – Methoden zur Analyse von Branchen und Konkurrenten, 10. Auflage, Frankfurt am Main; New York, 1992, S. 25 ff. und Hax, Arnold C.; Matluf, Nicolas S., Strategisches Management – Ein integratives Konzept aus dem MIT, Frankfurt; New York, 1991, S. 284 f.

2. **Definition der Marktaufgabe**
   Um die Marktaufgabe definieren zu können, muss im zweiten Schritt geklärt werden, für welche Kunden welche Produkte mit welchen Ressourcen und Technologien offeriert werden sollen.[278]

3. **Bestimmung der relativen Wettbewerbsvorteile**
   Der dritte Schritt wird zur Bestimmung der Basis für die Erlangung oder Erhaltung einer überlegenden Marktposition genutzt. Es muss geklärt werden, welche Eigenschaften vom Kunden honoriert werden und welche Eigenschaften die Produkte benötigen, um sie von den Konkurrenzprodukten abzugrenzen. Dies kann auf preislicher oder qualitativer Ebene geschehen sowie im Service um das Produkt bzw. dessen Image liegen.[279]

4. **Planung des organisatorischen und zeitlichen Ablaufs**
   Die Schritte eins bis drei sollten dazu dienen, die Diskrepanz zwischen der strategischen Ausgangssituation und der geplanten strategischen Zielposition zu beurteilen. Es muss eine Ablaufplanung erstellt werden, um diese Diskrepanz zu minimieren oder optimalerweise zu beseitigen.[280]

5. **Festlegung einer strategischen Zielposition**
   Die angestrebte Position wird in Form konkreter Ziele und Ergebnisse im letzten Schritt der strategischen Geschäftsfeldplanung festgelegt. In diesem Zusammenhang müssen auch die Kriterien festgelegt werden, anhand derer die Realisierung der gesetzten Ziele kontrolliert werden kann.[281]

Die Entwicklung einer Unternehmensstrategie soll zur Sicherung einer langfristigen Erfolgsposition beitragen. Es soll die künftige Ausrichtung der Unternehmensentwicklung festgelegt werden, die bestimmen soll, in welchen Geschäftsfeldern mit welchen Geschäftsfeldstrategien das Unternehmen in Zukunft tätig werden soll und wie die einzelnen Geschäftsfelder zu führen sind. Außerdem ist festzulegen, wie die

[278] Vgl. Porter, Michael E. (1992), a. a. O., S. 62 ff. und S. 301 ff.
[279] Vgl. Porter, Michael E. (1992), a. a. O., S. 71
[280] Vgl. Sommer, Stefan, a. a. O., S. 160 und S. 163 f.
[281] Vgl. Sommer, Stefan, a. a. O., S. 160

Ressourcen zu koordinieren sind, um die angestrebte Wettbewerbsposition zu erlangen.[282]

Die wohl bedeutendste Aufgabe der Strategieentwicklung auf Unternehmensebene ist die Realisierung von Synergiepotentialen zwischen den Geschäftsfeldern und die Verteilung der Unternehmensressourcen auf die Geschäftsfelder.[283]

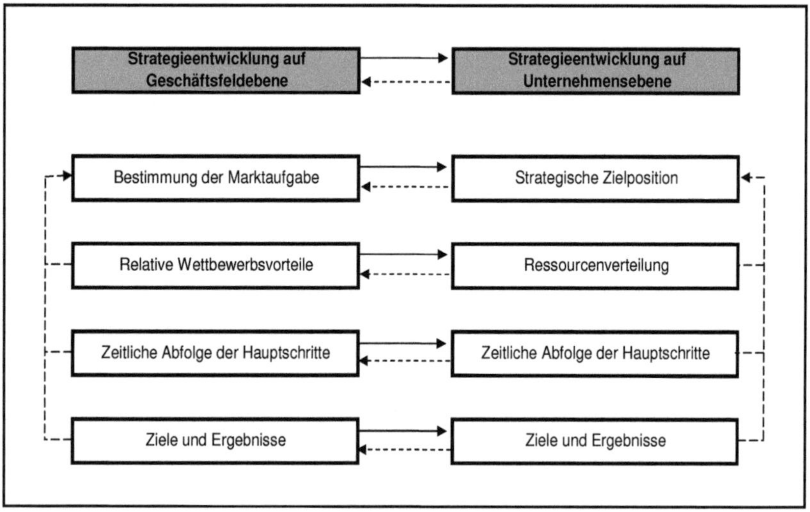

Abbildung 29: Strategieentwicklung

Quelle: Hinterhuber, Hans H., Strategische Unternehmensführung I – Strategisches Denken, Unternehmensführung I, S. 162

7.1.3 Einbindung der Führungskräfte des übernommenen Unternehmens

Aus motivationstechnischen Gründen ist es sinnvoll, die Führungskräfte, welche die strategische Integration durchsetzen sollen, aktiv und intensiv an der Formulierung der Strategien und der Maßnahmenprogramme zu beteiligen.[284]

---

[282] Vgl. Hinterhuber, Hans H., Strategische Unternehmensführung I – Strategisches Denken, Berlin; New York, 1992, S. 162

[283] Vgl. Sommer, Stefan, a. a. O., S. 167

[284] Vgl. Gerpott, Thorsten J., a. a. O., S. 493

Die Koordination der kurzfristigen Markt- und Wettbewerbsstrategien ist ohne die Einbeziehung der Führungskräfte des übernommenen Unternehmens nahezu unmöglich. Würde schon zu Beginn der Integration das Management des übernehmenden Unternehmens die strategische Koordination vorschreiben, würde so ein eindeutiges Zeichen gegen die Emanzipation der beteiligten Unternehmen gesetzt werden.[285]

Die Führungskräfte der Geschäftsfelder sollten den Prozess der Strategieentwicklung auf Geschäftsfeldebene selbst gestalten. Inwiefern die Führungskräfte des akquirierten Unternehmens darin einbezogen werden, ist u. a. von der Art der Diversifikation abhängig. Handelt es sich beispielsweise um eine horizontale Diversifikation, wird die Einbeziehung der Führungskräfte des übernommenen Unternehmens sehr gering sein.

Es lässt sich sagen, dass die Beteiligung der Führungskräfte des akquirierten Unternehmens an der Ausarbeitung der Geschäftsfeldstrategie vom Akquisitionstyp, vom geplanten Integrationsdesign, vom Führungsstil des akquirierenden Unternehmens sowie von der Eindeutigkeit der Zielsetzung abhängig ist.[286]

7.2 Strukturelle Integration

Bevor die Unternehmenskultur eingegliedert wird, sollten strukturelle Entscheidungen wie beispielsweise zur Aufbauorganisation getroffen werden, da Strukturen sich leichter integrieren lassen als Kulturen. Strukturen geben den Mitarbeitern Halt sowie Orientierung und tragen dazu bei, Unsicherheiten zu reduzieren. Zudem schaffen Strukturen Tatsachen.[287]

Die Organisationsstruktur ist die Gesamtheit aller Regelungen, die die zielgerichtete Handlungsweise der Mitarbeiter und Führungskräfte im Hinblick auf ein übergeord-

---

[285] Vgl. Sommer, Stefan, a. a. O., S. 170
[286] Vgl. Sommer, Stefan, a. a. O., S. 170 ff.
[287] Vgl. www.pmi-post-merger-integration.de/integrationskonzept.php?layout=druck, letzter Zugriff 18. November 2004

netes Gesamtziel ausrichten.[288] Das Ziel der strukturellen Integration ist es, die differenten Organisationsstrukturen der beteiligten Unternehmen zu konsolidieren. Da die Integration der Strukturen in unmittelbarer Beziehung zu der individuellen künftigen Arbeitssituation vieler Führungskräfte steht, wird diese neben der strategischen und der kulturellen Integration nach einer Transaktion besonders vorangetrieben. Im Folgenden sollen einige Aussagen zur Integration der Organisationsstrukturen getroffen werden. Die weiteren Überlegungen orientieren sich dabei primär an den Wertschöpfungsprozessen und sekundär an vorhandenen Abteilungen oder Bereichen.[289]

7.2.1 Entwicklung

Alle planvollen und systematischen Aktivitäten, die mit Hilfe wissenschaftlicher Methoden den Erwerb neuer Kenntnisse über Natur- und Kulturphänomene bzw. die erstmalige oder neuartige Anwendung derartiger Kenntnisse anstreben, bezeichnet man als Forschung und Entwicklung.[290] Da der Fokus dieser Arbeit auf der IT-Branche liegt, wird im Folgenden nur auf diese Entwicklung eingegangen.

Einen relativ hohen Abstimmungsbedarf erfordern Entwicklungsaktivitäten, die der erstmaligen oder neuartigen Anwendung von Know-how dienen. Dies gilt unter dem Aspekt einer kundenorientierten und fertigungsgerechten Entwicklung insbesondere für die Anpassung von Interdependenzen mit Vertriebs- und Produktionsaktivitäten. Die organisatorische Gestaltung von Entwicklungsaktivitäten wird in relativ großem Maß von den Markt- und Wettbewerbsstrategien der einzelnen Geschäftsbereiche beeinflusst. Im Zusammenhang mit einer kundenorientierten und fertigungsgerechten Produktentwicklung erfordern die Entwicklungsaktivitäten einen starken Koordinationsbedarf mit anderen Unternehmensaktivitäten. Folglich ist die Integration der Entwicklungsaktivitäten von der Integration der Produktions- und Absatzaktivitäten

[288] Vgl. Hill, Wilhelm; Fehlbaum, Raymond; Ulrich, Peter, Organisationslehre, Band 1 und 2, Bern, Stuttgart, 1992, S. 17

[289] Vgl. Sommer, Stefan, a. a. O., S. 173 ff.

[290] Vgl. Möller, Wolf P., Der Erfolg von Unternehmenszusammenschlüssen – Eine empirische Untersuchung, München, 1983, S. 269

sowie der jeweils verfolgten Markt- und Wettbewerbsstrategie determiniert oder zumindest stark beeinflusst.[291]

Der Entwicklung kommt bei einer kundenorientierten auftragsbezogenen Programmierung, wie beispielsweise im Softwarebereich, die Funktion des Bindeglieds zwischen dem Absatz (Generierung von Kundenwünschen) und der Programmierung (Realisierung der kundenspezifischen Software) zu. Dieses Thema erfordert von den in der Entwicklung tätigen Mitarbeitern nicht nur einen hohen Grad an Flexibilität, sondern auch kommunikative Fähigkeiten, z. B. bei der Involvierung von Anwendern in die Entwicklungsaktivitäten. Da es sich bei diesen Anforderungen um personengebundenes Know-how handelt, kommt dem Mitarbeiteraustausch im Zusammenhang mit diesem Wissens-Transfer eine große Bedeutung zu.[292]

7.2.2 Beschaffung

Man findet in der Literatur für den Begriff Beschaffung keine einheitliche Definition. Eine mögliche Umschreibung kann sein: Alle Aktivitäten, die darauf gerichtet sind, den Bedarfsträgern in der Unternehmung die von diesen benötigten, nicht von der Unternehmung selbst produzierten Verbrauchsgüter[293], Gebrauchsgüter[294] sowie Dienstleistungen aus den Beschaffungsmärkten verfügbar zu machen.[295]

Die Unternehmensgröße, die Kennzeichen der Beschaffungsmärkte sowie die unternehmensspezifischen Produktionscharakteristika haben Einfluss auf die organisatorische Gestaltung der Beschaffungsaufgaben. Für eine Zentralisierung der Einkaufstätigkeit sprechen folgende Faktoren:[296]

---

[291] Vgl. Backhaus, Klaus; de Zoeten, Robert, Organisation der Produktentwicklung, in: Frese, Erich (Hrsg.), Handwörterbuch der Organisation, Stuttgart, 1992, Sp. 2030 und Sp. 2034

[292] Vgl. Sommer, Stefan, a. a. O., S. 179 ff.

[293] Roh-, Hilfs- und Betriebsstoffe, Kaufteile sowie Energie

[294] Anlagen

[295] Vgl. Fieten, Robert, Organisation der Beschaffung, in: Frese, Erich (Hrsg.), Handwörterbuch der Organisation, Stuttgart, 1992, Sp. 340 ff.

[296] Vgl. Arnolds, Hans; Heege, Franz; Tussing, Werner, Materialwirtschaft und Einkauf, Wiesbaden, 10. Auflage, 2001, S. 223; S. 267 f. und Sommer, Stefan, a. a. O., S. 181 f.

- bessere Verhandlungsposition durch die Beschaffung größerer Mengen,
- Materialstandardisierung im Unternehmen,
- Rationalisierungseffekte durch zentrale Lagerhaltung und entfallende Mehrfach-Sicherheitsbestände sowie
- bessere Analyse der Beschaffungsmärkte.

Im Zusammenhang mit der Integration von Beschaffungsaktivitäten kommt dem gezielten Einsatz von Kommunikationsmaßnahmen eine besondere Bedeutung zu, da sie die Nachfragemacht über den Lieferanten stärkt. Die Integration von Beschaffungsaufgaben sollte auf der einen Seite durch die Konzentration der Nachfragemacht günstige Lieferkonditionen realisieren und auf der anderen Seite in Bezug auf mögliche Interdependenzen mit Entwicklung, Produktion bzw. Programmierung, Qualitätssicherung und Absatz eine zügige und flexible Interdependenzabstimmung weiterhin realisieren können. Müssen spezielle mitarbeitergebundene Kenntnisse, wie beispielsweise in der IT-Branche über Soft- und Hardware, übertragen werden, bietet sich auch für den Beschaffungsbereich ein Mitarbeiteraustausch an.[297]

7.2.3 Produktion und Programmierung

Nach allgemeinem Verständnis kann Produktion als der Einsatz sowie die Kombination von materiellen und immateriellen Gütern zur Herstellung und Verwertung anderer Güter definiert werden. Einer Aufgabenzentralisierung sind in der Produktion bereits technologisch bedingt enge Grenzen gesetzt. Produktionseinheiten sind meist relativ komplexe Mensch-Maschine-Systeme, in denen häufig ein großer Anteil des gesamten Kapitals gebunden ist. Eine Aufgabenzentralisierung ist primär in einer unilateralen Form möglich und zwar indem entweder Produktionsaktivitäten bei einem der Akquisitionspartner komplett eingestellt werden oder indem jeweils

[297] Vgl. Sommer, Stefan, a. a. O., S. 181 f. und Arnolds, Hans; Heege, Franz; Tussing, Werner, a. a. O., S. 267 f.

Hauptfelder der Produktion zu einem der Akquisitionspartner verlagert werden.[298] Um die Aufgabenverteilung zwischen getrennt voneinander operierenden Einheiten koordinieren zu können, müssen Kommunikationsmaßnahmen eingesetzt werden. Als geeignete Regelung erscheint hier die Unterstellung der einzelnen Bereiche unter eine gemeinsame Führung. Dies ermöglicht die Koordination der Arbeitsteilung wie auch die homogene Ausrichtung der individuellen Bereiche und es räumt den Bereichen genügend Flexibilität ein. Um den Know-how-Transfer in Produktionsbereichen und insbesondere im Bereich der Programmierung zu gewährleisten, gewinnt neben Kommunikationspraktiken vor allem der Mitarbeiteraustausch an Bedeutung.[299]

7.2.4 Absatz

Die Literatur definiert die Aufgabe des Absatzes im Allgemeinen als Vorbereitung, Einleitung und Gestaltung der Beziehung zwischen dem Unternehmen und potentiellen oder effektiven Nachfragern nach Unternehmensleistungen.[300] Die Aufgaben des Absatzes lassen sich exemplarisch in vier Teilbereiche untergliedern: Marketing, Vertrieb, Logistik und Absatzkontrolle.

[298] Vgl. Sommer, Stefan, a. a. O., S. 187

[299] Vgl. Eversheim, Walter, Flexible Produktionssysteme, in: Frese, E. (Hrsg.), Handwörterbuch der Organisation, Stuttgart, 1992, Sp. 2059 und Sommer, Stefan, a. a. O., S. 188 f.

[300] Vgl. Köhler, Richard, Absatzorganisation, in: Frese, Erich (Hrsg.), Handwörterbuch der Organisation, Stuttgart, 1992, Sp. 35

Marketing	Vertrieb	Logistik	Absatzkontrolle
Marktforschung	Vertriebsaussen-dienst	Lager	Umsatzkontrolle
Absatzplanung	Vertriebsinnen-dienst	Distribution	Kostenkontrolle
Produktl-, Preis-, Distributions- und Kommunikations-Politik		Kundendienst	
Werbung			
Verkaufsförderung			

Abbildung 30: Differenzierung einzelner Absatzaufgaben

Quelle: Modifiziert nach Sundhoff, Edmund, Absatzorganisation, 1958, S. 87

7.2.4.1 Marketing

Das Marketing hat in der Regel keinen direkten Kundenkontakt, es sind jedoch Kenntnisse über[301]

- vorhandene Produkte
- aktuelle und potentielle Absatzmärkte
- gegenwärtige und mögliche Mitwettbewerber und
- den Einsatz folgender Marketinginstrumente:
    - Produktpolitik
    - Preispolitik
    - Distributionspolitik sowie
    - Kommunikationspolitik

erforderlich.

[301] Vgl. Engelhardt, Werner H., Absatz, Verkauf, Vertrieb, Marketing, in Wittmann, Waldemar et al. (Hrsg.), Handwörterbuch der Betriebswirtschaft, Stuttgart, 1993, Sp. 15 ff.

Da die Konzentration des vorhandenen Know-hows sowie eine eventuelle Auslastung vorhandener Marktforschungs- und Werbekapazitäten die bedeutendsten Erfolgsfaktoren beim Marketing sind, steht bei der Integration der Absatzvorbereitung die Bündelung dieser im Vordergrund. Die Konzentration des Know-hows durch Aufgabenzentralisierung ist zum einen abhängig von der Homogenität der Leistungsprogramme der Akquisitionspartner und zum anderen in geringerem Maß von der regionalen Lage der Absatzmärkte. Die Möglichkeiten einer Aufgabenzentralisierung werden zudem von der Komplexität und Ungewissheit der Absatzaktivitäten beeinflusst. Je größer der Einfluss der Kunden auf die Produktspezifikation im Einzelfall ist, desto geringer ist die Chance, eine Konzentration des Know-hows durch Aufgabenzentralisierung zu verwirklichen.[302]

Der Transfer von Marketing-Know-how durch institutionalisierte Kommunikationsmaßnahmen oder Mitarbeiteraustausch ist ratsam, wenn die Unternehmen relativ unterschiedliche Leistungsprogramme haben oder landesspezifische Besonderheiten des Wettbewerbs bei internationalen Transaktionen berücksichtigt werden müssen. Zudem sind zur Koordination der Produktpolitik und zur Abstimmung der Leistungsprogramme Kommunikationsmaßnahmen von großer Bedeutung.[303]

7.2.4.2 Vertrieb

Eine störungsfreie und kostenoptimale Ausführung der Aufträge zu gewährleisten, zählt zu den Hauptaufgaben des Vertriebsinnendienstes. Die vorrangigste Aufgabe des Vertriebsaußendienstes ist dagegen, mit optimalen Kosten eine geplante Menge von Produkten am Markt abzusetzen (Mengenkomponente) und dabei die angestrebten Preise am Markt durchzusetzen (Preiskomponente). Die Möglichkeiten der Aufgabenzentralisierung sind hier begrenzt. Die Fähigkeit und Motivation, Produkte gegen Konkurrenzprodukte am Markt durchzusetzen, erfordert eine starke Identifikation der Vertriebsmitarbeiter mit den von ihnen zu vertreibenden Produkten. Soll ein bestehendes Vertriebsnetz durch die Aufgabenzentralisierung optimaler genutzt werden, indem Artikel des Akquisitionspartners mit vertrieben werden, ergibt sich das Risiko, über ein vorhandenes Vertriebsnetz bei gleichbleibendem Gesamtumsatz

[302] Vgl. Sommer, Stefan, a. a. O., S. 190 ff.
[303] Vgl. Sommer, Stefan, a. a. O., S. 192

eine vergrößerte Menge von Produkten zu vermarkten, allerdings zu einem geringeren Preis pro Artikel. Da im Vertriebsinnendienst die Motivation der Mitarbeiter nicht so sehr von der individuellen Identifikation mit den Artikeln abhängt, ist hier die Integration durch Aufgabenzentralisation ein wenig leichter zu vollziehen.
Daher sollte die Verwirklichung leistungswirtschaftlicher Synergiepotentiale im Vertrieb größtenteils durch Kommunikation und Mitarbeiteraustausch umgesetzt werden.[304]

7.2.4.3 Logistik

Die Integration von operativen Logistikaufgaben sollte primär im Hinblick auf eine Kostenoptimierung betrachtet werden. Dabei sollten die Charakteristika der jeweiligen Distributionskanäle wie auch die Bedeutung der Logistik als Wettbewerbsfaktor berücksichtigt werden. Ein geeignetes Mittel zur Reduzierung der Kosten und zur Auslastung bestehender Kapazitäten stellt die Aufgabenzentralisierung der operativen Logistikaufgaben dar.[305]

7.2.5 Administration

Aus Gründen der Vereinfachung wird im Folgenden nur auf die Verwaltungsbereiche Finanzwirtschaft und Rechnungswesen eingegangen. Der Bereich Finanzwirtschaft konzentriert sich in erster Linie auf die Liquiditätssicherung. Zu den originären finanzwirtschaftlichen Aufgaben zählen insbesondere:[306]

- Organisation und Durchführung des Zahlungsverkehrs und Dispositionen der liquiden Mittel,

[304] Vgl. Sommer, Stefan, a. a. O., S. 193 f.
[305] Vgl. Pfohl, Hans-Christian, (1992), Organisation der Logistik, in: Frese, Erich (Hrsg.), Handwörterbuch der Organisation, Stuttgart, 1992, Sp.1256 ff.; Pfohl, Hans-Christian (1993), Logistiksysteme, in: Wittmann, Walter et al. (Hrsg.), HWB, Stuttgart, 1993, Sp. 2615-2631 und Sommer, Stefan, a. a. O., S. 194 f.
[306] Vgl. Schierenbeck, Henner, Grundzüge der Betriebswirtschaft, 15. Auflage, München; Wien, 2000, S. 313 ff.

- Zahlungsverkehr im Zusammenhang mit der externen Finanzierung (Zins-/Tilgungszahlungen; Aufnahme von Fremd- und Eigenkapital; Gewinnausschüttungen usw.) sowie

- Bildung, Verwaltung und Liquidierung von Finanzinvestitionen.

Zu den koordinativen Aufgaben zählt die Koordination sämtlicher, in allen Unternehmensbereichen getroffenen Dispositionen im Hinblick auf die Erhaltung der Liquidität.[307]

Das Rechnungswesen lässt sich untergliedern in externes und internes Rechnungswesen. Die Aufgaben des Rechnungswesens sind die Rechenschaftslegung, Vorbereitung von Entscheidungen, Kontrolle und Lenkung des Unternehmens.[308]

Für den Prozess der Integration spielen Kommunikationsmaßnahmen und der Mitarbeiteraustausch eine untergeordnete Rolle. Folgende Spezifika des Finanz- und Rechnungswesen unterstützen die Integration durch Aufgabenzentralisierung:[309]

- Die Liquiditätssicherung muss für das gesamte Unternehmen gewährleistet werden.

- Die Liquiditätsreserve kann insgesamt geringer sein als bei einer von beiden Akquisitionspartnern unabhängig voneinander erfolgenden Liquiditätsplanung.

- Das zur Kapitalbeschaffung und Kapitalumstrukturierung notwendige Know-how kann bei Aufgabenzentralisierung effizienter aufgebaut und genutzt werden.

---

[307] Vgl. Schierenbeck, Henner, a. a. O., S. 314 f.
[308] Vgl. Sommer, Stefan, a. a. O., S. 195 ff.
[309] Vgl. Sommer, Stefan, a. a. O., S. 195 ff. und Schierenbeck, Henner, a. a. O., S. 482 ff. und S. 508 ff.

- Die einheitliche Informationsverarbeitung unter Anwendung homogener Rechnungslegungsvorschriften ist für das externe Rechnungswesen unumgänglich.

Das Finanz- und Rechnungswesen bieten beachtliche Zentralisierungspotentiale, die zu einer kostenoptimaleren Aufgabenerfüllung beitragen und die Qualität der Aufgabenerfüllung deutlich steigern können.

7.3 Kulturelle Integration

Jedes Unternehmen hat teils bewusst, teils unbewusst eine individuelle Kultur des menschlichen Miteinanders. Die Unternehmenskultur lässt sich definieren als eine Struktur von Wertvorstellungen, Einstellungen und Interaktionen aller Menschen im Betrieb. Sie stellt also den Charakter bzw. die Persönlichkeit eines Unternehmens dar. Unternehmenskulturen wirken in den Organisationen verhaltens- und leistungssteuernd und sind zunehmend zu einem wichtigen Wettbewerbsfaktor geworden. Bessere Leistungen bei weniger Kosten werden durch eine konstruktiv funktionierende Unternehmenskultur gefördert. Sollen Unternehmen mit unterschiedlichen Unternehmenskulturen zusammengeführt werden, verdeutlicht sich ihre Bedeutung. In jeder Unternehmenskultur bestehen „ungeschriebene Gesetze“ des Zusammenlebens, die in langen Zeiträumen gewachsen sind, also die weichen Faktoren einer Organisation, welche einen systematischen Aufbau einer Unternehmenskultur blockieren können.[310]

[310] Vgl. Ulrich, Peter, Unternehmenskultur, in: Wittmann, Waldemar (Hrsg.), Handwörterbuch der Betriebswirtschaft, Stuttgart, 1993, Sp. 4352; Heinrich, Michael, Kann die moderne Unternehmenskultur zielorientiert gestaltet werden?, www.unternehmenskultur.org/uk/leseprobe-%20Band1.html, letzter Zugriff 12. 10. 2004 und www.chancenfueralle.de/Service-Termine/Lexikon/U/Unternehmenskultur.html, letzter Zugriff 04. 08. 2004

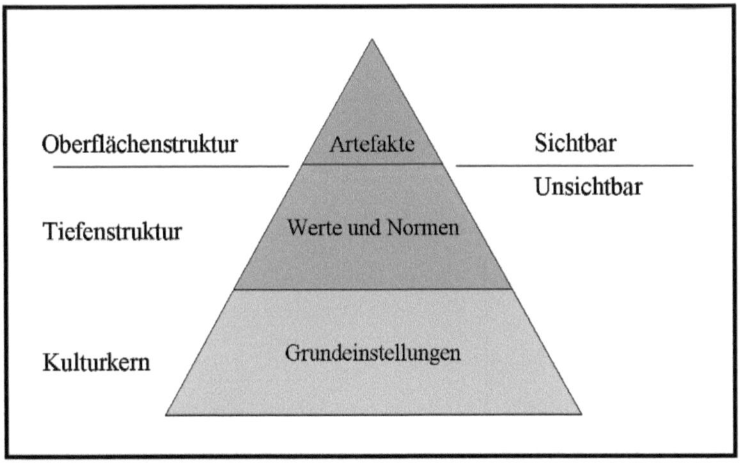

Abbildung 31: Aufbau Unternehmenskultur
In Anlehnung an Wirtz, Bernd W., a. a. O., S. 313

7.3.1 Elemente der Unternehmenskultur

Jede Transaktion führt aber dazu, dass zwei bislang autarke Unternehmenskulturen aufeinander treffen. Eine Unternehmenskultur besteht aus beobachtbaren und verdeckten Elementen. Sichtbare Elemente der Unternehmenskultur sind beispielsweise:[311]

- Rituale (z. B. „Mahlzeit" sagen, wenn man sich zur Mittagszeit auf dem Flur begegnet),

- kollektive Symbole (Büroeinrichtung),

- eine gemeinsame Arbeitssprache und Sprachregelungen (In vielen Unternehmen bildet sich mit der Zeit eine individuelle Umgangssprache heraus.),

---

[311] Vgl. Pribilla, Peter, a. a. O., S. 431 ff. und Stüdlein, Yvonne, Management von Kulturunterschieden – Phasenkonzept für internationale strategische Allianzen, Wiesbaden, 1997, S.39

- von allen akzeptierte Regeln und Tabus (Kein anderer parkt auf dem Parkplatz des Chefs.),
- Umgangsformen,
- Kleidung,
- Architektur, Gebäude, Räumlichkeiten,
- Konferenzen und Sitzungen,
- Feiern und Zeremonien sowie
- Mythen und Anekdoten.

Nicht sichtbare Elemente einer Unternehmenskultur sind Werte, Normen und Einstellungen.
Werte können in diesem Zusammenhang sein:[312]

- ethische Werte unternehmerischen Handelns,
- Ideologien,
- Leistung,
- Qualität,
- Kooperation,
- Rationalität,
- Toleranz,
- Hierarchie,
- Kontrolle und z. B.
- Verfahrenstreue etc.

[312] Vgl. Stüdlein, Yvonne, a. a. O., S. 39

Normen innerhalb der Unternehmenskultur können sein:[313]

- Handlungsmaximen,
- Verhaltensrichtlinien sowie
- Führungsgrundsätze etc.

Wertorientierte Einstellungen der Mitarbeiter:[314]

- zur Aufgabe,
- zum Produkt,
- zu den Kollegen,
- zum Management,
- zum Unternehmen,
- zur Konkurrenz sowie
- zu Kunden etc.

Soziologisch gesehen, festigen sich bestimmte Verhaltensweisen umso stärker, je erfolgreicher das Unternehmen in der Vergangenheit war. So empfinden die Mitarbeiter des größeren Unternehmens bei einer Akquisition ihre Unternehmenskultur als überlegen. Daher sind Unternehmenskulturen nur schwer zu verändern. Allerdings sollten Unternehmenskulturen die Fähigkeit zum Wandel besitzen, sonst wird eine Anpassung an neue Gegebenheiten behindert und neue Orientierungsmuster unterbleiben. Der Erfolg der Unternehmen ist daher stark davon abhängig, wie schnell und flexibel sie auf ökonomische, politische und sonstige umweltbedingte Veränderungen mit der Kultur reagieren können. Die Unternehmenskulturen stehen heutzutage aber nicht nur unter dem Druck des strukturellen Wandels in verschiedenen Branchen so wie dem Druck der Globalisierung, sondern auch unter dem Druck des Wertewandels innerhalb der Gesellschaft und bei den Mitarbeitern.[315]

---

[313] Vgl. Stüdlein, Yvonne, a. a. O., S. 39 und Heinen, Edmund, Unternehmenskultur als Gegenstand der Betriebswirtschaftslehre, in: Heinen, Edmund; Fank, Mathias (Hrsg.), Unternehmenskultur – Perspektiven für Wissenschaft und Praxis, 2. Auflage, München u. a., 1997, S. 23 ff.

[314] Vgl. Heinen, Edmund, a. a. O., S. 23 ff. und Stüdlein, Yvonne, a. a. O., S. 39

7.3.2 Funktionen der Unternehmenskulturen

Aus folgenden Gründen besitzen die Unternehmenskulturen eine große Bedeutung:

- Sie haben eine bestimmte Koordinierungsfunktion und geben Orientierung.
- Sie haben großen Einfluss auf das kollegiale Verhalten der Mitarbeiter und Führungskräfte untereinander, auf die Form der Zusammenarbeit, den Führungsstil und das wechselseitige Vertrauen.
- Kollektive Werte und Symbole sind eine wichtige Grundlage für die Identifikation der Mitarbeiter mit dem Unternehmen.

Das o. g. gegenseitige Vertrauen in die Arbeiten und Intentionen des Gegenübers macht Anordnungen weitgehend unnötig und Kontrollen häufig nicht erforderlich. Vertrauen senkt also Kosten, erzeugt Flexibilität und schafft somit die Basis für innovative Resultate. Damit Vertrauen sich festigen kann, muss sich eine mitarbeiterorientierte Unternehmensführung gefestigt haben sowie auf eine lange Tradition stützen können und nicht erst in Krisenzeiten praktiziert werden.

Faktoren, die den Erfolg einer Transaktion belegen können, sind etwa: eine gute Zusammenarbeit, Transfer von Know-how sowie u. a. kollektive Ressourcennutzung. Auf alle diese Faktoren hat die Unternehmenskultur einen erheblichen Einfluss. Besitzen die zusammengehenden Unternehmen eine ähnliche Unternehmenskultur, ist die Integration weniger kompliziert. Sind aber große Unterschiede in den Kulturen vorhanden, wird die Zusammenarbeit häufig blockiert. Die Auswirkungen werden in der Regel erst nach längeren Zeiträumen sichtbar.[316]

---

[315] Vgl. Pribilla, Peter, a. a. O., S. 431 ff. und www.chancenfueralle.de/Service Termine /Lexikon/U/Unternehmenskultur.html, letzter Zugriff 04. 08. 2004

[316] Vgl. Pribilla, Peter, a. a. O., S. 431 ff.; www.chancenfueralle.de/Service Termine/Lexikon/U/Unternehmenskultur.html, letzter Zugriff 04. 08. 2004

7.3.3 Erfolgsfaktoren und Risiken der kulturellen Integration

Der angestrebte Integrationsgrad gibt vor, wie intensiv die Kulturen zusammengeführt werden müssen und welche Konzepte konkret verwirklicht werden müssen. Bei der kulturellen Integration sind meist die Unterschiede an sich nicht das Problem, eher die Tatsache, dass diese nicht ausreichend beachtet und hinreichend gehandhabt wurden. Aufgrund der zahlreichen Facetten einer Unternehmenskultur ist diese nur schwer zu ändern beziehungsweise in eine andere zu integrieren. Es bietet sich daher ein „kulturbewusstes Management“ an. Dieses setzt eine Kulturanalyse voraus, um kulturelle Differenzen der beiden Unternehmen zu identifizieren.

Automatisch entsteht oftmals ein Anpassungsprozess der Kulturen, obwohl die Mitarbeiter den Einfluss der jeweils anderen Kultur anfangs i. d. R. als störend empfinden. Durch die tägliche Zusammenarbeit werden die Mitarbeiter gezwungen, sich mit der anderen Kultur auseinanderzusetzen. Dies hat meist zur Folge, dass man die eigene Unternehmenskultur kritisch hinterfragt, speziell in den Aspekten, in denen die andere Kultur als angenehmer empfunden wird. So kann im Laufe der Zeit eine neue Unternehmenskultur entstehen, die zum Teil Elemente der ursprünglichen Kulturen und gegebenenfalls neue Elemente enthält. Eine kulturelle Integration ist einfacher durchzuführen, wenn die Beziehung zwischen dem akquirierenden und dem akquirierten Unternehmen gut ist oder das akquirierte Unternehmen sich unterordnet.[317]

Die Integration einer Unternehmenskultur kann als erfolgreich bezeichnet werden, wenn die verbleibenden Unterschiede zwischen den Kulturen ohne größere Konflikte bestehen bleiben können.[318]
Abhängig ist der Erfolg und die Geschwindigkeit der kulturellen Integration vom:

- Überlegenheitsverhalten des akquirierenden Unternehmens,

- Denken der Mitarbeiter und des Managements über die Transaktion,

---

[317] Vgl. Pribilla, Peter, a. a. O., S. 459 f.
[318] Vgl. Sewing, Nanette (2003), Akquisitionserfolg durch Integration der Mitarbeiter, Wiesbaden, 2003, S. 166

- gewünschten Ausmaß an Harmonie sowie

- kulturellen Freiheitsgrad, der der Transaktion konzediert wird.

Die kulturelle Integration wird erschwert, wenn das akquirierende Unternehmen ein starkes Dominanzverhalten gegenüber dem übernommenen Unternehmen zeigt. Vor allem wenn im übernehmenden Unternehmen einflussreiche Netzwerke vorhanden sind, die diese Integrationsphase nutzen, um ihren Mitgliedern gute Stellungen zu verschaffen. In jedem Unternehmen existieren viele verschiedene solcher sozialen Netzwerke mit zum Teil engen und teilweise schwachen Verflechtungen. Aufgrund ihrer wechselseitigen Verpflichtungen sind sie von großer Bedeutung für den Akquisitionserfolg. Um die Akquisition erfolgversprechend durchzuführen, ist es wichtig, zunächst den jeweiligen Rädelsführer in den bedeutendsten Netzwerken zu identifizieren, da sich wiederkehrend an ihm orientiert wird. Der Einfluss, der von diesen Meinungsführern ausgeht, darf nicht unterschätzt werden, um den Integrationsprozess nicht zu gefährden.

7.3.4 Resultate der kulturellen Integration

Verschiedene Aspekte haben einen entscheidenden Einfluss auf den Erfolg einer Akquisition. Das Verhältnis zwischen dem akquirierenden Unternehmen und der übernommenen Gesellschaft wie auch die verschiedenen Einstellungen der Mitarbeiter und des Managements grundsätzlich zur Akquisition sollten beim Integrationsprozess berücksichtigt werden. Generell können vier Resultate einer kulturellen Integration genannt werden:

- **harmonisches Verhältnis**
  Ein relativ harmonisches Verhältnis zwischen den Unternehmen kommt meist dann zu Stande, wenn die Menschen beider Unternehmen die Transaktion akzeptieren. Hier kann eine neue Kultur mit den vorteilhaftesten Elementen aus den beiden ursprünglichen

Unternehmenskulturen entstehen. Ein solches Ergebnis wird meist bei einem „Merger of Equals“ erreicht.

- **Assimilation**

  Bei der Assimilation haben die beiden Unternehmen auch ein gutes Verhältnis zueinander, nur das akquirierte Unternehmen wird nicht so sehr bestrebt sein, eigene Kulturelemente zu bewahren. Das Target integriert sich meist relativ problemlos in die übernehmende Gesellschaft und ordnet sich den vorherrschenden Wertvorstellungen sowie den kulturellen Gegebenheiten unter. Die Beziehung zwischen den Mitarbeitern beider Unternehmen ist gut.

- **Kulturelle Übernahme**

  Im Falle der kulturellen Übernahme wird die Kultur des übernommenen Unternehmens durch die Kultur des akquirierenden Unternehmens ersetzt.

- **Dekulturation**

  Ergeben sich Probleme, weil es sich etwa um eine feindliche Übernahme handelt, wird die kulturelle Integration erschwert, da die Beziehung der beiden Mitarbeiterstämme untereinander hier oftmals sehr gespannt ist. Von einer Dekulturation ist die Rede, wenn die Mitarbeiter des übernommenen Unternehmens sich desinteressiert in die neue Lage ergeben.

- **Segregation**

  Sind Differenzen zwischen den beiden Unternehmen entstanden, weil beispielsweise im Akquisitionsprozess falsch oder zuwenig kommuniziert wurde, kann es zur Segregation kommen. Von einer Segregation spricht man, wenn die Belegschaft des akquirierten Unternehmens krampfhaft versucht, ihre eigene Kultur zu erhalten.

Im Falle der Segregation und der Dekulturation ist besondere Akribie bei der Planung der Kulturintegration gefragt, da das Risiko des Scheiterns unter o. g. Umständen sehr groß ist.[319]

Wurde eine Kulturintegration erfolgreich durchgeführt, ergibt sich eine ganze Reihe von Vorteilen. Zum einen wurde anhand von mehreren Studien nachgewiesen, dass der Steuerungs-, Anweisungs- und Regelungsbedarf höher ist in Unternehmen, in denen keine strukturierte Kultur besteht. Zum anderen wissen die Mitarbeiter in einem Unternehmen mit einer gefestigten Kultur von der obersten bis hin zur untersten Ebene in den meisten Situationen, wie sie zu reagieren haben, da die Wertvorstellungen fast identisch sind.[320]

7.3.5 Stufen der kulturellen Integration

In der Praxis haben sich folgende Schritte speziell zur Kulturintegration bewährt:[321]

- **Entwicklung von Vertrauen und mentale Vernetzung**
  Durch die Bildung von Integrationsteams aus Mitarbeitern beider Unternehmen und die Einbindung möglichst vieler Mitarbeiter in den Integrationsprozess generell können Zweifel abgebaut werden. Durch solche Maßnahmen bekommen die Mitarbeiter beider Unternehmen die Chance, sich kennenzulernen, Intoleranzen abzubauen und Rücksicht aufzubauen. Weiterhin entwickeln sich so Gemeinsamkeiten und es steigt die Bereitschaft, Informationen schnell und freiwillig weiterzugeben. Diese Entwicklung bildet die Basis für eine mentale Vernetzung. Die mentale Vernetzung ist dann erreicht, wenn so gut wie alle Mitarbeiter dieselben Ziele verfolgen und ähnliche Wertvorstellungen besitzen und damit die langfristige Unternehmensplanung erreicht wird.

---

[319] Vgl. Pribilla, Peter, a. a. O., S. 459 ff. und Fischer, Johannes; Wirtgen, Jörg, a. a. O., S. 119 f.
[320] Vgl. Hofstede, Geert, Lokales Denken, Globales Handeln – Interkulturelle Zusammenarbeit und globales Management, München,1997, S. 248 und Pribilla, Peter, a. a. O., S. 459 ff.
[321] Vgl. Pribilla, Peter, a. a. O., S. 463 f.

- **Gemeinschaftliche Ideale/Leitbilder verfassen**

  Wer die gleichen Ziele verfolgt und Wertvorstellungen teilt, handelt in der Regel auch nach zumindest ähnlichen Entscheidungsmustern. Daher ist die Beziehung zwischen den Mitarbeitern besser, Reibungsverluste und der Koordinationsaufwand können so minimiert werden. Gemeinschaftliche Ideale geben ein Maß an Beständigkeit sowie Stetigkeit und fördern daher die Bindung an das Unternehmen.

  Das Leitbild eines Unternehmens hat Einfluss auf sämtliche Ziele, Strategien, Prozesse wie auch auf die Führungsinstrumente. Diese Rahmenbedingungen formen wiederum das Verhalten und die Motivation der Mitarbeiter.

- **Unternehmensziele durchsetzen**

  Das akquirierende Unternehmen verfolgt bei einer Transaktion bestimmte Ziele. Kristallisieren sich bei der täglichen Arbeit Denk- und Verhaltensweisen raus, die den Zielen und Wertvorstellungen des übernehmenden Unternehmens widersprechen, sollten Gegenmaßnahmen ergriffen werden. Oft werden Integrationsworkshops durchgeführt, an denen die Mitarbeiter und das Führungspersonal beider Unternehmen teilnehmen sollten. In diesen Workshops werden idealerweise konkrete Maßnahmenpläne erarbeitet, welche bestimmen, zu welchem Zeitpunkt was erreicht werden soll und wer für welchen Part verantwortlich ist. Dies kann die erste Stufe einer erfolgreichen Zusammenarbeit sein.

- **Kollektives Führungskonzept erarbeiten**

  Um gegebenenfalls auch länderübergreifend Synergie- und Optimierungspotentiale nutzen zu können, ist es wichtig, eine globale, einheitliche Führungsstruktur aufzubauen. Diese bildet trotz Gewährung lokaler Freiheiten ein gemeinsames Fundament, um beispielsweise Leistungen global einheitlich bewerten zu können.

7.4 Personelle Integration

Die Motive für Mergers & Acquisitions sind in der Regel Marktanteile oder Marktzugang, Produktstrategie und finanzwirtschaftliche Aspekte. Zudem sind aber Personalstrategie und Personalpolitik von strategischer Bedeutung für eine erfolgreiche Transaktion. Werden die betroffenen Führungskräfte und Mitarbeiter nicht in den Transaktionsprozess einbezogen, kann nicht das volle Wertsteigerungspotential realisiert werden. Einer der zentralen Erfolgsfaktoren in einem solchen Prozess ist eine motivierte Belegschaft.[322] Die Mitarbeiter müssen die Entscheidung zum Unternehmenszusammenschluss akzeptieren und bereit sein, mit den neuen Kollegen zusammenzuarbeiten. Mit zunehmender Ausweitung des Dienstleistungssektors nimmt die Zahl derjenigen Firmen zu, deren gesamter Marktwert auf dem Know-how der Mitarbeiter beruht. Gerade in der IT-Branche bestimmt sich der Marktwert einer Unternehmung weniger durch z. B. Finanzvermögen, sondern hier machen die Human-Ressources und deren Know-how einen nicht unerheblichen Teil des Marktwertes aus. Qualifizierte Mitarbeiter sind insbesondere hier nicht leicht verfügbar, schwer ersetzbar und stellen in letzter Konsequenz den entscheidenden, langfristigen Wettbewerbsfaktor dar. Bedeutung erlangt das Human-Capital durch seine Individualität. Es setzt sich aus einem Netzwerk der täglichen Interaktion zwischen sämtlichen Individuen einer Unternehmung untereinander zusammen. Spätestens in der Integrationsphase stehen sich innerhalb einer Transaktion nun zwei solcher Netzwerke gegenüber. Jedes dieser Netzwerke funktioniert nach individuellen Regeln und Verhaltensweisen, die sich in der Vergangenheit als erfolgreich bewiesen und eingespielt haben. Diese Regeln sind nirgends manifestiert worden, trotzdem wissen die Mitarbeiter, wie sie sich in bestimmten Situationen verhalten müssen, um ihr individuelles Ziel zu erreichen.[323]

---

[322] Vgl. Steinöcker, Reinhard (1993), a. a. O., S. 127 und Vogel, Dieter, a. a. O., S. 255

[323] Vgl. Pribilla, Peter, a. a. O., S. 429 ff. und Uder, Helmuth L.; Kramarsch, Michael H., Buying is Fun, Merging is Hell – Mergers & Acquisitions Managen durch erfolgreiche Integration der Human Ressources, in: Jansen, Stephan A.; Picot, Gerhard; Schierek, Dirk (Hrsg.), Internationales Fusionsmanagement – Erfolgsfaktoren grenzüberschreitender Unternehmenszusammenschlüsse, Stuttgart, 2001, S. 123 f.

7.4.1 Personalmanagement

Während der Post Merger Integrationsphase hat das Personalmanagement neben dem Tagesgeschäft die personelle Integration durchzuführen. In der Regel sind hierzu zusätzliche personelle Kapazitäten nötig, da es praktisch undenkbar ist, die Integration ohne zusätzliches Personal neben der täglichen Arbeit zu vollziehen.[324]

Es wird oft dazu geraten, eine Projektgruppe zu bilden, die sich ausschließlich der Integration widmet. Der Projektgruppe sollten insbesondere bei einer Transaktion mittelständischer Unternehmen Führungskräfte, idealerweise Spezialisten aus dem Bereich Personal, beider Unternehmen vorangestellt werden, um ein gleichberechtigtes Verhältnis beider Seiten zu suggerieren. Diese haben meist durch ihre Vorbildfunktion einen erheblichen Einfluss auf den erfolgreichen Verlauf der Integration. Das Projektteam an sich sollte aus Mitarbeitern beider Unternehmen zusammengesetzt werden. Nicht nur personelle Kapazitäten sollten dem Projektteam in ausreichendem Maße zur Verfügung stehen, ein angemessenes Budget und eine entsprechende Entscheidungsfreiheit bezogen auf personalpolitische Integrationsvorhaben dürfen ebenfalls nicht zu knapp bemessen sein. Um den Erfolg solcher komplexen Maßnahmen zumindest quantitativ messbar zu machen, sollten qualitative Plan-Ziele gesetzt werden.[325]

7.4.2 Entwicklung einer Personalstrategie

Das nun zusammengestellte Projektteam sollte sich Anfangs einen fundierten Überblick über das personelle Potential beider Firmen machen, um so eine Strategie für die erforderlichen Veränderungen zu entwickeln. In der Regel ist es Transaktionen gemeinsam, dass bestimmte Unternehmensteile zusammengelegt oder gestrichen werden, um Kompetenzen und Kapazitäten zu optimieren. Es sollten Mitarbeiter und Führungskräfte in diesen Prozess einbezogen werden, die die Bedürfnisse, Einstellungen und Verhaltensweisen der betroffenen Personen einschätzen können.

---

[324] Vgl. Thom, Norbert; De Souza, David, Ansätze zur Personalintegration bei Fusionen und Akquisitionen mittelständischer Unternehmen, in: io Management, 70. Jahrgang, Heft 3, 2001, S. 40-44

[325] Vgl. Thom, Norbert; De Souza, David, a. a. O., S. 42 f. und Pribilla, Peter, a. a. O., S. 434

Kompetenzmanagement und Kulturmanagement[326] sind zwei Faktoren, die bei der Entwicklung einer Personalstrategie für die Integration von großer Bedeutung sind, da sie die Basis dafür bilden, dass Optimierungspotentiale realisiert und die personellen Ressourcen konsequent und effizient zur Erreichung der Unternehmensziele genutzt werden. Das vorrangige Ziel des Kompetenzmanagements ist die quantitativ und qualitativ bestmögliche Stellenbesetzung. Hierzu sollten die Mitarbeiterpotentiale systematisch erfasst und weiterentwickelt werden.

Der Aufgabenbereich des Kulturmanagements ist dagegen etwas diffiziler. Die erforderlichen Voraussetzungen zur Abstimmung der Potentiale des Unternehmens mit den Potentialen der Mitarbeiter müssen im Zuge des Kulturmanagements geschaffen werden.[327]

7.4.3 Bereiche der personellen Integration

7.4.3.1 Personalbedarfsplanung und -bestandsanalyse

Im Zuge der Personalbedarfsplanung und -bestandsanalyse sind zu Beginn die Einstellungen der einzelnen Mitarbeiter gegenüber der Integration zu eruieren. Es ist ratsam, Mitarbeiter, die der Transaktion positiv gegenüberstehen und sich auch vorteilhaft in die personelle Integration einbringen können, direkt in diesen Prozess mit einzubeziehen. Die Integration von Mitarbeitern, die aufgrund ihres Know-hows wichtig für das Unternehmen sind, der Transaktion aber negativ gegenüberstehen, sollte speziell vorangetrieben werden. Es müssen die optimalen Mitarbeiter identifiziert werden, um freigewordene oder neugeschaffene Stellen bestmöglich und zügig zu besetzen. Eine Verzögerung der Neubesetzung schafft unnötige Unsicherheit unter den Mitarbeitern bezüglich ihrer eigenen Stellung und ihrer berufsbezogenen Zukunftsaussichten.[328]

---

[326] Vgl. hierzu ausführlich Kapitel 7.3 Kulturelle Integration
[327] Vgl. Pribilla, Peter, a. a. O., S. 434 ff.
[328] Vgl. Uder, Helmuth L.; Kramarsch, Michael H., a. a. O., S. 331 und Kay, Ira T.; Shelton, Mike, The people problem in mergers, in: The McKinsey Quarterly, Heft 4, 2000, S. 29

7.4.3.2 Personalentwicklung

Ist es nach einer Transaktion nicht möglich, alle frei gewordenen Positionen zu besetzen, kommen Personalbeschaffungs- und Personalentwicklungssysteme zur Anwendung. Nach einer Fusion ergibt sich aber in diesem Zusammenhang oftmals das Problem, dass die beiden Unternehmen unterschiedliche Personalbeurteilungs-, Personalbeschaffungs- und Personalentwicklungssysteme haben. Diese müssen erst sinnvoll zusammengeführt werden, damit ein transparentes Entwicklungs- und Beurteilungssystem aufgebaut werden kann, in dem homogene Leistungskriterien und Potentialansprüche definiert sind.[329]

Im Zuge der internen Personalbeschaffung bzw. Personalentwicklung sind in Abstimmung mit der zukünftigen Organisationsstruktur geeignete Mitarbeiter zu identifizieren und entsprechend ihrer geplanten Position zu schulen. Weiterbildende Maßnahmen haben zudem noch einen positiven Einfluss auf die personelle Integration. Bei solchen Veranstaltungen haben die Mitarbeiter beider Unternehmen die Möglichkeit sich auf zwischenmenschlicher und fachlicher Ebene besser kennenzulernen. Um insbesondere bei Führungskräften der Perspektivlosigkeit innerhalb eines Mergers entgegenzuwirken, sollte mit ihnen frühzeitig eine individuelle Karriereplanung durchgeführt werden. Unter Umständen bietet sich hier eine Potentialanalyse an, die die persönlichen und fachlichen Qualifikationen identifizieren soll sowie die Flexibilität des Einzelnen wie auch seine Identifikation mit den neuen Unternehmenszielen. Dieses Potential sollte mit steigender Stellung in der Hierarchie umso genauer analysiert werden, denn durch Fehlbesetzungen können, wenn auch temporär versetzt, erhebliche Folgekosten entstehen. Basierend auf einer solchen Potentialanalyse, sollten dann die für bestimmte Stellen am besten geeigneten Mitarbeiter ausgesucht und gegebenenfalls entsprechend weitergebildet werden, um den geforderten Anforderungen zu entsprechen.[330] (Vgl. hierzu Abb. 28)

[329] Vgl. Wächter, Hartmut, Personalwirtschaftliche Voraussetzungen und Folgen von Unternehmenszusammenschlüssen, in: Betriebswirtschaftliche Forschung und Praxis, 42. Jahrgang, Heft 2, 1990, S. 121

[330] Vgl. Vogel, Dieter, a. a. O., S. 256 und Thom, Norbert; De Souza, David, a. a. O., S. 43 f.

7.4.3.3 Anreizsysteme

Als eine Konsequenz aus Unternehmenszusammenschlüssen werden oft neue Erwartungen an das Verhalten der Mitarbeiter gestellt. Daher müssen auch die Anreizsysteme dementsprechend angepasst werden. Im Laufe der Integration von Unternehmensbestandteilen sind Anreizsysteme zum einen selbst Teil der Vernetzung und zum anderen Katalysator der Integration.[331] Zusätzliche Anreize können temporärer Natur sein und nur auf den Zeitraum der Integration beschränkt sein oder permanent eingeführt werden und von materieller oder immaterieller Art sein. Zum einen können dem Mitarbeiter monetäre Anreize geboten werden, um ihn zur aktiven Unterstützung der personellen Integration zu motivieren, indem prozessbegleitend Lohn- und Gehaltsbezüge erhöht werden. Eine andere Möglichkeit wäre, dem Mitarbeiter abhängig von seinem individuellen Beitrag zur erfolgreichen Integration bei Abschluss der Integrationsphase eine Erfolgsbeteiligung zu zahlen.[332]

7.4.3.4 Personalführung

Die Aufgabe der Führungskräfte im Rahmen eines Mergers ist sehr komplex. Sie müssen über das erforderliche Know-how und die entsprechende Sensibilität verfügen, um die Mitarbeiter zu motivieren, neue Organisationsstrukturen aufzubauen, Positionen bestmöglich zu besetzen und Kundenbeziehungen zu pflegen. Die verantwortlichen Führungskräfte dürfen nicht den Fehler machen und nach dem Closing das Interesse an der Akquisition verlieren. Speziell die Aktivitäten der Führungskräfte nach dem Vertragsabschluss entscheiden über den Erfolg der Transaktion. Zudem sollte den Führungskräften beider Unternehmen verdeutlicht werden, dass sie in diesem Prozess eine Art Vorbildfunktion übernehmen und so die Integration durch aktives Vorleben von entsprechenden Verhaltensweisen vorantreiben. Dass diese Aufgabe sehr komplex und diffizil ist, lässt sich ableiten aus den besonderen personalpolitischen Konflikten, die mit einem Merger verbunden sind. Darüber hinaus müssen neben dieser Aufgabe zusätzlich noch die alltäglichen Arbeiten erledigt werden.

---

[331] Vgl. Uder, Helmuth L.; Kramarsch, Michael H., a. a. O., S. 330 und Clever, Holger, a. a. O., S. 129
[332] Vgl. Kay, Ira T.; Shelton, Mike, a. a. O., S. 35 f.

Innerhalb eines Mergers wird der Führungsstil als verhaltenbeeinflussendes Instrument des Managements insofern relevant, wenn die Mitarbeiter mit differierenden Führungsstilen konfrontiert werden. In diesem Zusammenhang zeichnet sich ein Führungsstil ab, der eine besonders positive Wirkung auf die personelle Integration haben könnte. Bei einem stark kooperativen Führungsstil besteht die Gefahr, dass durch zu langwierig verlaufende Entscheidungsfindungsprozesse der Leistungserstellungsprozess temporär blockiert wird. Bei einem extrem autoritären Führungsstil ist das Risiko gegeben, dass die Mitarbeiter zu demotiviert sind, um selbst zum Erfolg der Integration beizutragen. Somit können nur pauschale Empfehlungen für das Verhalten der Führungskraft gegeben werden. Personelle Integrationsprobleme müssen identifiziert und offen zwischen der Führungskraft und den Mitarbeitern kommuniziert werden.[333]

---

[333] Vgl. Vogel, Dieter, a. a. O., S. 256; Wirtz, Bernd W., a. a. O., S. 334 und Clever, Holger, a. a. O., S. 128

8. Integrationscontrolling als erster Teil der dritten Integrationsphase

8.1 Begriff des Integrationscontrollings

Der Ausdruck Controlling ist in der aktuellen Betriebswirtschaftslehre oft genannt, ist begrifflich aber nur schwer präzise zu fassen. Die englischsprachige Literatur subsumiert unter dem Begriff „to control" die Steuerung, Regelung sowie die Beherrschung von Prozessen. Diese inhaltliche Differenzierung zeigt, dass Controlling im Vergleich zur ausschließlich vergangenheitsorientierten Kontrolle zudem auf die Gegenwart und Zukunft ausgerichtet ist.[334]

In Abhängigkeit vom allgemeinen Controlling-Begriff ist unter dem Ausdruck Integrationscontrolling im Resultat ein:

- Individuelles Führungssubsystem zur Unterstützung des Integrationsmanagements durch die synergienorientierte Abstimmung von Integrationsplanung, -kontrolle und Informationsversorgung zu verstehen,

- welches so die Sicherung und Bewahrung der Angleichungs-, Reaktions- und Koordinationsfähigkeit des Integrationsmanagements beabsichtigt,

- und dessen Aktivitäten infolgedessen in einer funktionalen Interpretation alle notwendigen Aufgaben unter dem Aspekt der Zielerreichung bestehen.[335]

Das Integrationscontrolling nimmt als synergieorientiertes Controlling durch seine ausdrückliche Gegenwarts- und Zukunftsausrichtung sowie durch die damit unbedingt notwendige Beachtung sämtlicher (sowohl internen als auch externen Einflussfaktoren) transaktionsinduzierten Synergieeinflussfaktoren eine Stellung zwischen strategischen und operativen Controlling ein.

---

[334] Vgl. Schierenbeck, Henner, a. a. O., S. 143 und Preißler, Peter R., Controlling, 12. Auflage, München; Wien, 2000, S. 11

[335] Vgl. Metz, Matthias, Controlling des Integrationsprozesses bei Mergers & Acquisitions, Wiesbaden, 2002, S. 55

Da jede Integrationsabsicht einen projektartigen Charakter und eine damit per Definition gegebene Existenzlimitierung auf den Zeitraum der Integration aufweist, besitzt es daher generell den Charakter eines Projektcontrollings. Der Begriff Projektcontrolling umfasst die Planung, Steuerung und Kontrolle sowie Informationsversorgung einmaliger Vorhaben.[336]

Im Endeffekt sollte das Integrationscontrolling einerseits sämtliche Planungen und Kontrollen zwischen den synergiepotentialbehafteten Komplexen koordinieren, die Operationalisierung der Synergiepotentiale garantieren und andererseits dem Integrationsmanagement durch die Bereitstellung der notwendigen Informationen bei der Entscheidungsfindung zur Generierung der Synergiepotentiale behilflich sein.[337]

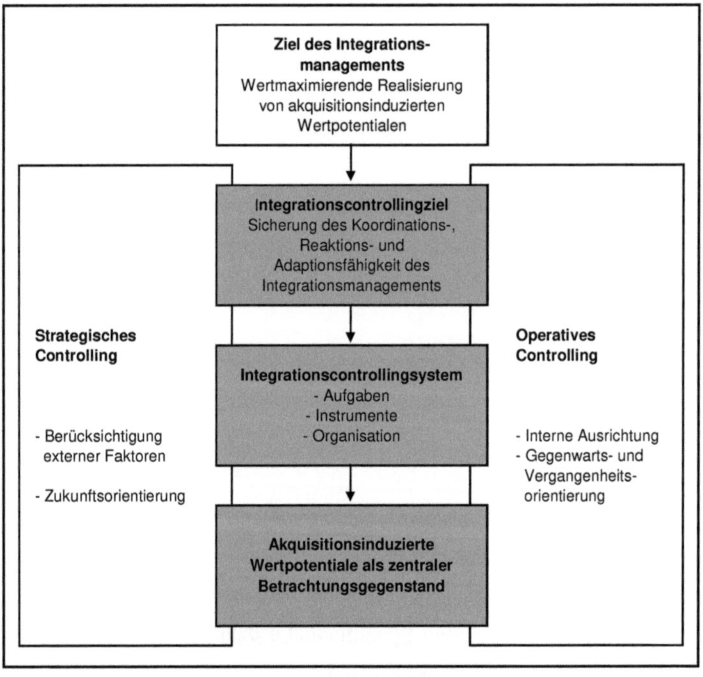

Abbildung 32: Konzeption des Integrationscontrollings

Quelle: Metz, Matthias, a. a. O., S. 58

---

336 Vgl. Teichmann, Stephan, Projektcontrolling, Studienbrief 2 – 030 – 1402, Berlin, 1999, S. 5 und Metz, Matthias, a. a. O., S. 57

337 Vgl. Ossadnik, Wolfgang, Controlling, 3. Auflage, München; Wien, 2002, S. 238 f.

8.2 Aufgaben des Integrationscontrollings

Das Integrationscontrolling sollte über verschiedene Funktionalitäten verfügen. Zu Anfang muss eine detaillierte Planung erfolgen. Diese sollte Ziele, Maßnahmen sowie Mittel und Wege zur zukünftigen Zielerreichung definieren. Es ist sinnvoll, danach die Voraussetzung für eine prozessnahe Prüfung der bislang umgesetzten Integrationsaktivitäten zu schaffen. In diesem Zusammenhang geht es speziell um die Realisierungs- bzw. Fortschrittsüberprüfung und dadurch die Kontrolle, ob der Integrationsprozess die aus der Integrationskonzeption festgelegten Milestones und Zielsetzungen erreicht und welche Ressourcen dafür eingesetzt wurden. Hierzu wird der Ablauf der Integrationskonzeption in einzelne Projektetappen aufgeteilt, womit die Überprüfung der temporalen Einhaltung von Teilzielen bewirkt wird.[338]

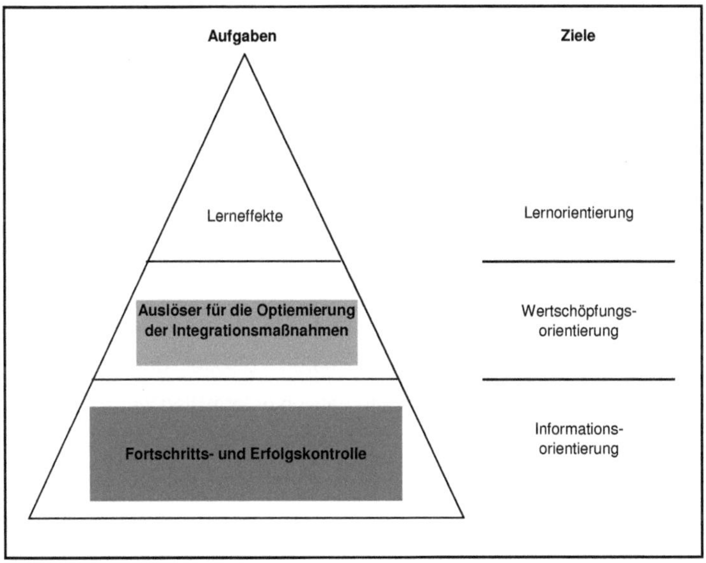

Abbildung 33: Aufgaben und Ziele des Integrationscontrolling

Quelle: Wirtz, Bernd W., a. a. O., S. 391

[338] Vgl. Refäuter, Dirk, Strategisches Controlling auf der Basis des Cash Flow, Wiesbaden, 1990, S. 186 und Wirtz, Bernd W., a. a. O., S. 390

Eine solche Überprüfung ist speziell deshalb wichtig, da die einzelnen Aktivitäten oft interdependent sind und Verzögerungen bei der einen Maßnahme somit Verzögerungen bei nachfolgenden Aktionen auslösen, so dass es öfter zu terminlichen Verzögerungen kommen kann.[339] Das Integrationscontrolling dient schließlich auch einer kritischen Reflexion der Erfolgswirksamkeit bislang durchgeführter Integrationsmaßnahmen, um Kompetenz bzw. Know-how im Unternehmen aufzubauen.

8.2.1 Planung innerhalb des Integrationscontrollings

Ausgangspunkt der Planung ist in einem systembildenden Rahmen die Ausarbeitung und Struktur sowie ihre Umsetzung (Metaplanung). Generell kann der tatsächliche operationale Planungsverlauf als Abfolge verschiedener Sequenzen gesehen werden:[340]

- Zuerst sind die Ziele der Planung zu determinieren.
- Daraufhin sind die der Beeinflussung der Unternehmung entzogenen exogenen Ausgangsinformation (Datenparameter) zu bestimmen.
- Anschließend sollten Aktionsparameter bzw. Planalternativen entwickelt werden.
- Abschließend müssen die denkbaren Effekte der festgelegten Reaktionsparameter bzw. Planalternativen determiniert werden.

Ein Plan sollte festlegen, wer was warum bis wann und unter welchen Hypothesen erzielen soll.[341] Dies besagt, dass die Objekte der Planung (Ziele, Prämissen, Problemstellung, Maßnahmen, Ressourcen, Termine, Träger der Planerfüllung, Ergebnisse) konkret determiniert und in fokussierter Form dargestellt werden.

---

[339] Vgl. Wirtz, Bernd W., a. a. O., S. 390
[340] Vgl. Horvath, Peter, Controlling, 9. Auflage, München, 2003, S. 513 f.
[341] Vgl. Kreikebaum, Hartmut, Strategische Unternehmensplanung, Stuttgart et al., 1997, S. 16

Für die Organisation des Integrationsprozesses sind somit die dargestellten Planungsobjekte mit den entsprechenden integrationsspezifischen Inhalten zu erarbeiten. Es darf hierbei nicht vorausgesetzt werden, dass der Planungsprozess auf eine formalisierte Entscheidungslogik begrenzt werden kann. Die dargestellte, allgemeine Formalisierung beinhaltet zwar eine Strukturierungsvorlage und schafft damit die Basis für die Rationalität der Planung. Dadurch kann aber nicht die für die Planung notwendige unternehmerische Kreativität ersetzt werden. Dem Integrationscontrolling kommt dementsprechend die Aufgabe zu, die temporale, formelle sowie inhaltliche Koordination der Planung sowie die dazu nötige Informationsversorgung zu gewährleisten.[342]

8.2.2 Kontrollfunktion des Integrationscontrollings

Die Integrationsplanung benötigt die inhaltliche und prozessuale Ergänzung durch Kontrolle, um die Mehrdeutigkeit bezüglich mehrerer Dimensionen zu minimieren:[343]

- Die grundlegenden Voraussetzungen, auf denen die Integrationsplanung basiert, können sich verändert haben und nicht einkalkulierte Begebenheiten können eingetreten sein (z. B. höhere Geschäftsrisiken und damit ein höherer Wertberichtigungsbedarf als vor der Übernahme angenommen oder eine unerwartet hohe Fluktuation der Mitarbeiter).

- Die geplanten Integrationsaktionen können eine abweichendere Zielwirkung als ursprünglich anvisiert haben.

- Der effektive Einsatz und die Verfügbarkeit der Ressourcen zur Umsetzung des Integrationsplans können von den anfänglich eingeplanten Größen abweichen (unerwartet hohe Restrukturierungserfordernisse).

[342] Vgl. Horvath, Peter, a. a. O., S. 165 und S. 167
[343] Vgl. Horvath, Peter, a. a. O., S. 167

- Die in die Integration involvierten Mitarbeiter können sich anders als geplant verhalten (z. B. Betrugsversuch zur Verschleierung früheren Fehlverhaltens).

Kontrolle lässt sich allgemein als informationsverarbeitender, wissensgenerierender Prozess beschreiben, der Abweichungsanalysen zwischen im Vorfeld festgelegten und voraussichtlichen/eingetretenen Vergleichsgrößen zum Gegenstand hat.[344] Im Integrationskontext kann zwischen verfahrens- und ergebnisorientierten Kontrollen unterschieden werden. Verfahrensorientierte Kontrollen vergleichen zwischen den angewandten und innerhalb der Metaplanung beabsichtigten Planungsprozessen und haben damit ein eventuelles Fehlverhalten der involvierten Personen im Fokus. Ergebniskontrollen können sich weitestgehend auf zwei unterschiedliche Teilgebiete beziehen:[345]

- **Prämissenkontrolle**
  Im Zuge dieser sog. Feedforward-Kontrolle wird die Richtigkeit der Annahmen bzgl. externer (z. B. rechtlicher Restriktionen, steuerlicher Voraussetzungen, Branchenentwicklung) sowie interner (z. B. produktionstechnischer Anwendungsfähigkeit der Technologien des Akquisitionsobjektes) Rahmenbedingungen überprüft. Im Resultat wird so die Umsetzungsfähigkeit der Planung durch die erforderliche Initialisierung von Anpassungsmaßnahmen sichergestellt.

- **Planfortschrittskontrolle**
  Solche Feedback-Kontrollen legen die maximalen Karenzwerte des betrieblichen Handelns bezüglich der Realisierung von Milestones fest. Die letztendliche Kongruenz zwischen Planung und realisiertem Ergebnis wird durch Realisationskontrollen überprüft.

---

[344] Vgl. Horvath, Peter, a. a. O., S. 167 ff.
[345] Vgl. Küpper, Hans-Ulrich, Controlling – Konzeption, Aufgaben und Instrumente, 3. Auflage, Stuttgart, 2001, S. 169 f.

Die permanente Kontrolle der Zielerreichung und die entsprechende Ableitung von Wirkungen im Integrationsprozess sichern die Übereinstimmung zwischen Aspiration der Wertorientierung und möglicher Wertsteigerung.

Daher gehört es zu den Aufgaben eines Integrationsplanes, die temporale und inhaltliche Kontrolle des Integrationsfortganges im Sinne der Realisierung der Wertpotentiale zu ermöglichen. Speziell die Prämissenkontrollen sind für das Integrationscontrolling von großer Bedeutung, da zu Anfang der Integrationsvorbereitung die Planung nur auf ungenügende Informationen bauen kann. Mit dem Fortschreiten der Integration sind die Annahmen für die Planung daher ständig zu hinterfragen und die Planung entsprechend zu modifizieren.[346]

Der im Folgenden abgebildete kybernetische Regelkreis schafft die konzeptionelle Basis für die Verknüpfung von Planung und Kontrolle.

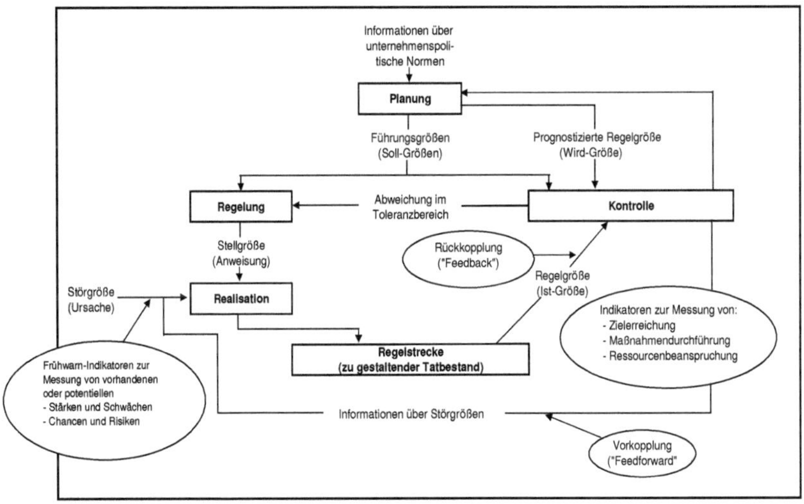

Abbildung 34: Kybernetischer Regelkreis
Quelle: Metz, Matthias, a. a. O., S. 123

346 Vgl. Metz, Matthias, a. a. O., S. 122

8.2.3 Spezifische strategische Aufgabenfelder

8.2.3.1 Status-quo-Analyse nach Abschluss der Übernahme

Ist die Transaktion abgeschlossen, sollte als Basis aller weiteren Planungen eine strategische Umwelt- und Unternehmensanalyse zur Verifizierung der Informationen aus der Transaktionsphase und Validierung der strategischen Hypothesen und Quintessenzen für die Integration stattfinden.[347]

Anfangs können in diesem Zusammenhang die durch die Due Diligence ermittelten Daten und Analyseergebnisse verwendet werden. Zudem sollten im Laufe der Zeit die einzelnen Analysen aufgrund neuer Erkenntnisse spezifiziert und die erarbeiteten Aussagen parallel modifiziert werden.

Ziele der strategischen Status-quo-Analyse sind daher:[348]

- die derzeitige strategische Positionierung der akquirierenden Unternehmung und des Akquisitionsobjektes zu bestimmen,
- die anhaltende Strategiekonformität der Akquisition und des akquirierten Unternehmens zu kontrollieren,
- die bereits ermittelten Fundamente für Synergiepotentiale zu validieren und zu spezifizieren sowie
- speziell auch die denkbaren Reaktionen der Wettbewerber im Absatz- und Beschaffungsbereich zu analysieren.

Somit besteht die Status-quo-Analyse vom Grunde her einerseits aus der Evaluierung der Unternehmensumwelt zur Bestimmung der denkbaren Chancen und Risiken sowie andererseits aus eingehenden Unternehmensanalysen vom Akquirierenden und von der akquirierten Unternehmung zur Bestimmung von Stärken und Schwächen. Die zu analysierenden Unternehmenskriterien müssen dabei unternehmensspezifisch festgelegt werden. Den Abschluss einer Status-quo-Analyse bildet in der Regel eine Überprüfung des Deckungsgrades zwischen den ermittelten Chancen und Risiken sowie den Stärken und Schwächen.[349]

---

[347] Vgl. Clever, Holger, a. a. O., S. 58
[348] Vgl. Clever, Holger, a. a. O., S. 58 f.

8.2.3.2 Strategische Kontrolle des Integrationsvorhabens

Die strategische Kontrolle basiert auf der fortlaufenden Aktualisierung der Status-quo-Analyse. Die wesentliche Aufgabe der strategischen Kontrolle ist es, die Validität der verfolgten Unternehmensstrategie zu kontrollieren und die dazu benötigten Informationen zu generieren. Die strategische Kontrolle ist somit ein zwingend erforderlicher Korrekturmechanismus der strategischen Planung und geht deutlich über einen Soll-Ist-Vergleich hinaus.[350]

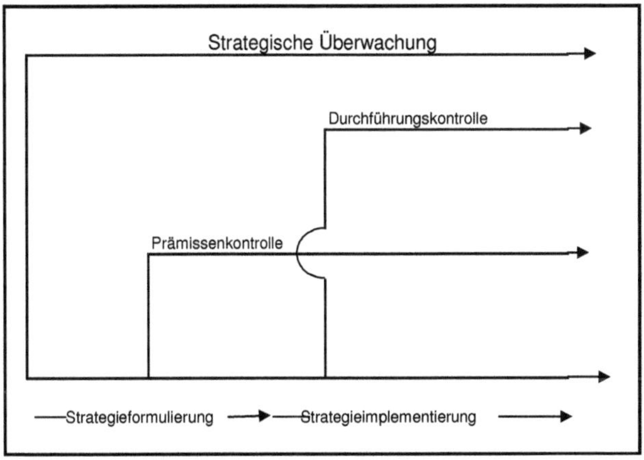

Abbildung 35: Konzeption der strategischen Kontrolle

Quelle: Metz, Matthias, a. a. O., S. 127

Die strategische Kontrolle basiert konzeptionell auf drei Säulen. Hier zeigt sich, dass das Integrationscontrolling aus funktionaler Sicht temporär betrachtet nur einen Sektor der strategischen Kontrolle entsprechend der mit der Akquisition beabsichtigten Strategie rechtfertigen kann, da die Strategieimplementierung schon mit dem Transaktionsprozess anfängt.[351]

[349] Vgl. Eggers, Bernd; Eickhoff, Martin, Instrumente des strategischen Controlling, Wiesbaden, 1996, S. 27 ff.

[350] Vgl. Hasselberg, Frank, Strategische Kontrolle im Rahmen strategischer Unternehmensführung, Frankfurt am Main, 1989, S. 56 ff.

[351] Vgl. Metz, Matthias, a. a. O., S. 125 f.

8.2.3.2.1 Prämissenkontrolle

Die zentrale Voraussetzung für die Konzeption und Auswahl einer Strategie stellt die Definition von impliziten und/oder expliziten Prämissen bezüglich der internen und externen Umwelt dar, da hinsichtlich der zukünftigen Entwicklung Ungewissheit herrscht.[352] Da diese Annahmen an dieser Ambiguität nichts ändern, sollte eine kontinuierliche, begleitende Überprüfung derselben gewährleistet sein. Besondere Berücksichtigung erfordern in diesem Zusammenhang die diffizil prognostizierbaren, nicht oder wenig beeinflussbaren und obgleich erfolgskritischen Prämissen.[353] In der Praxis werden vielfach strategische Stärken und Schwächen im Zusammenhang mit der Prämissenkontrolle angeführt. Im Laufe des Integrationsprozesses kann sich zum Beispiel die Prämisse bezüglich der strategischen Wichtigkeit eines gewissen Know-hows durch den zwischenzeitlichen technischen Fortschritt bedingt als überholt erweisen. Hier sollte aufgrund der Prämissenfalsifizierung die bisherige Integrationsstrategie angeglichen werden.[354]

8.2.3.2.2 Durchführungskontrolle

Objekt der Durchführungskontrolle sind die Reaktionen und nicht beabsichtigten Konsequenzen der in Folge der Strategierealisierung durchgeführten Aktionen. Die Durchführungskontrolle ist abhängig von Informationen, die sich erst aus der Umsetzung von Integrationsmaßnahmen ergeben. Die Differenz zur operativen Kontrolle zeigt sich in der Festlegung von Kontrollgrößen, denen im Zusammenhang mit der Erreichung des strategischen Ziels eine Anzeigefunktion als Milestone zukommt. Obwohl die Durchführungskontrolle vom Wesen her eine Feedback-Kontrolle ist, liefert sie Informationen für die Feedforward-Steuerung und soll so zeigen, ob die bislang verfolgte Taktik beibehalten werden soll.[355]

---

[352] Vgl. ausführlich Hasselberg, Frank, a. a. O., S. 128 ff.
[353] Vgl. Hasselberg, Frank, a. a. O., S. 128
[354] Vgl. Weismüller, Arnold, Controlling von Synergieeffekten, in: Picot, Arnold; Nordmeyer, Andreas; Pribillla, Peter, Management von Akquisitionen, Akquisitionsplanung und Integrationsmanagement; Kongress-Dokumentation 53 Deutscher Betriebswirtschafter-Tag 1999, Stuttgart, 2000, S. 202 f.
[355] Vgl. Hasselberg, Frank, a. a. O., S. 162 ff.

Um Rückschlüsse auf die Wertzielerreichung der Integrationsmaßnahmen unter temporalen und inhaltlichen Aspekten ziehen zu können, sollte ein sogenanntes Milestone-Controlling installiert werden. Die Differenz dieser Milestonewerte zu den Istwerten sollte zeigen, ob die eingeschlagene Strategie beibehalten werden soll. Speziell der Prozess der kulturellen Annäherung zwischen Akquisitionsobjekt und dem akquirierenden Unternehmen sollte im Laufe der Durchführungskontrolle kontrolliert werden.[356]

8.2.3.2.3 Strategische Überwachung

Zwangsläufig birgt der selektive Kontrollcharakter von Prämissen- und Durchführungskontrolle das Risiko des unabsichtlichen Übersehens entscheidender strategischer Informationen. Daher ist es Aufgabe der strategischen Überwachung, als eine Art Kompensator im Sinne einer dauernden ungerichteten Untersuchung der internen und externen Umwelt auf bislang missachtete oder unvorhergesehene Begebenheiten diese Problematik des gerichteten Ignorierens auszugleichen.[357] Die strategische Kontrolle sollte sich bewusst auf die durch die Prämissen- und Durchführungskontrolle nicht berücksichtigten Disziplinen konzentrieren, deren Beziehung zur Strategie im Laufe der Selektionsleistung zum Aufbau derselben deutlich gemacht wird. Die Leistung der strategischen Überwachung ist umso besser, je eher sich Hinweise für eine Krise als solche identifizieren lassen.[358] Für die operationale Durchführung der strategischen Überwachung sollten eine Reihe von Mitarbeitern der verschiedensten Funktionsbereiche sowie externe Stakeholder dezentral eingesetzt werden, um so eine Streuung der Krisenerkennung auf denkbar viele verschiedene Erfahrungs-, Know-how- und Wahrnehmungsträger sicherzustellen.[359]

---

[356] Vgl. Metz, Matthias, a. a. O., S. 129
[357] Vgl. Hasselberg, Frank, a. a. O., S. 97 ff.
[358] Vgl. Serfling, Klaus, Controlling, 2. Auflage, Stuttgart, S. 1992, S. 345
[359] Vgl. Metz, Matthias, a. a. O., S. 129

8.2.4 Spezifische operative Aufgabenfelder

8.2.4.1 Veränderungs- und Wertmodellierungsaspekte

Die betroffenen Unternehmen unterliegen zwangsläufig durch den Integrationsprozess und durch die Realisierung von Synergiepotentialen Veränderungen, deren Ausmaß im Resultat individuell, kontinuierlich von sehr stark bis sehr schwach differieren kann. Veränderung heißt nicht unbedingt eine Dezimierung der Differenzen zwischen dem akquirierenden Unternehmen und dem Akquisitionsobjekt. Die Integrationsmaßnahmen können unter Umständen zu einer Vergrößerung der Unterschiede führen, obwohl die Intention der Maßnahmen die Annäherung der involvierten Unternehmen sein sollte.[360]

Es sollte beachtet werden, dass keine zwingende Korrelation zwischen Ausmaß der Veränderungen und Realisierung der akquisitionsinduzierten Wertpotentiale bestehen muss. Eine stärkere Integration bedeutet daher nicht unweigerlich bessere Umsetzungschancen oder größere Synergieeffekte.[361] Vor diesem Hintergrund lassen sich die durch Kausalitätserklärungen begründeten Plausibilitätsannahmen hinsichtlich einer vorteilhaften Korrelation von Integrationsausmaß als Grad der Verschmelzung zwischen Akquisiteur und akquirierten Unternehmen sowie Affinität der von ihren bearbeiteten Produkt-Markt-Feldern verhältnismäßig einfach widerlegen.[362]

Die Frage nach dem allgemeingültigen optimalen Integrationsgrad lässt sich also nicht beantworten. Die folgende Abbildung verdeutlicht beispielhaft abstrahierend diese Überlegungen anhand angenommener Funktionsverläufe.

Will das Integrationscontrolling also dem Anspruch als managementunterstützendes, wertorientiertes Verfahren im Zusammenhang mit der Integration gerecht werden, dann sollte es mit Unterstützung eines Integrationswertmodells die sich durch die Akquisition ergebenen Synergie- und Dyssynergiemöglichkeiten schnellstmöglich konsistent aufnehmen sowie voraussagend bewerten. Daraufhin sollte damit dem Integrationsmanagement Hilfe bei der Zielbestimmung der Integration, der Festlegung von Zielsynergiebudgets, der Definition des optimalen Integrationsgrades und beim Treffen der notwendigen Trade-off-Entscheidungen gewährt werden.

---

[360] Vgl. Metz, Matthias, a. a. O., S. 130

[361] Vgl. Gerpott, Thorsten J., a. a. O., S. 119

[362] Vgl. Dabui, Mani, Postmerger-Management – Zielgerichtete Integration bei Akquisitionen und Fusionen, Wiesbaden, 1998, S. 164 f.

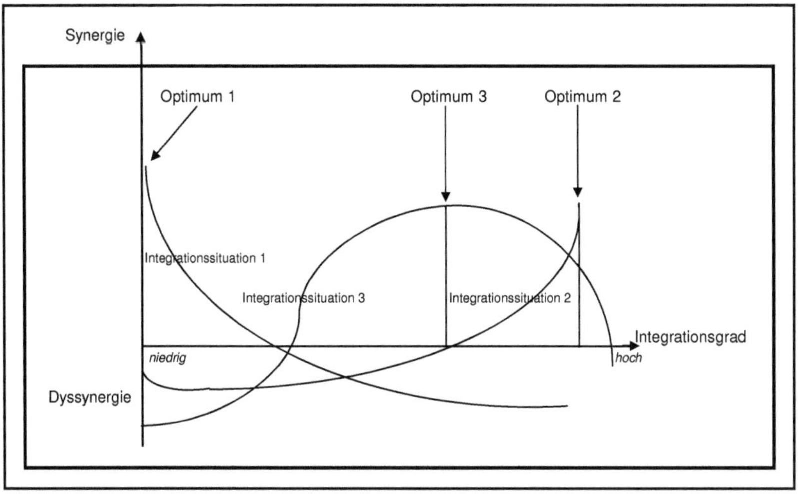

Abbildung 36: Optimaler Integrationsgrad
Quelle: Metz, Matthias, a. a. O., S. 132

Ferner sollten zur systematischen Steuerung des Integrationsablaufs die möglichen und faktischen Wertresultate der Integrationsmaßnahmen unter gesonderter Darstellung der damit einhergehenden Integrationskosten dargestellt werden.[363] Außerdem ist zu beachten, dass die aufgeführten rechtlichen Akquisitionskonstellationen einer nicht sehr starken wechselseitigen Abhängigkeit zur Reichweite der Änderungen unterliegen. Ein rechtlich nur partiell eingegliedertes Akquisitionsobjekt kann bei bestimmten Maßnahmen einem sehr starken Veränderungsausmaß unterworfen sein, während ein rechtlich vollständig eingegliedertes Akquisitionsobjekt bei entsprechender Fortführung als Profit-Center c. p. nur sehr geringen Veränderungen ausgesetzt sein wird.[364]

[363] Vgl. Metz, Matthias, a. a. O., S. 132 f.
[364] Vgl. Metz, Matthias, a. a. O., S. 132 f.

8.2.4.2 Aspekte des Integrationszeitpunktes

Eine Priorisierung der Integrationsfelder ist unabhängig von den immediat nach Beendigung der Akquisition notwendigen Maßnahmen durch das Integrationscontrolling generell nötig, da

- die für die Integration eingeplanten Ressourcen begrenzt sind,
- die im Verlauf der Integration in den einzelnen Integrationssegmenten zu realisierenden Synergiepotentiale nicht von identischer Größe sind,
- die für die Realisierung der Synergiepotentiale notwendigen Integrationsmaßnahmen nicht alle parallel durchgeführt werden können und
- sich verschiedene Komplikationen und Probleme in den jeweiligen Themenbereichen bei der Realisierung der Synergiepotentiale ergeben.[365]

In der Vergangenheit hat sich abgezeichnet, dass in der Praxis häufig in den Arbeitsbereichen Controlling/Finanzen/Rechnungswesen mit dem Integrationsprozess begonnen wird. Dies kann einerseits daran liegen, dass externe Rechnungslegungsvorschriften und Berichtsnotwendigkeiten ein zeitiges und promptes Handeln notwendig machen sowie andererseits dass mit der Integration dieser Bereiche probiert wird, die Identifikation und Realisierung der akquisitionsinduzierten Synergiepotentiale und die Ergebnismessung der Realisierung zu vereinfachen.[366] Beispielsweise börsennotierte Unternehmen müssen der Quartalsberichtserstattung gerecht werden.[367] Zudem lässt sich in Bereichen, in denen in der Regel speziell durch eine Kombination von materiellen Ressourcen/Geschäftsprozessen Wertpotentiale zu realisieren sind, wie z. B. in Beschaffung, Produktion und Absatz, ein eher frühzeitiger Integrationsbeginn verzeichnen. Bereiche, die insbesondere von der Ver-

---

[365] Vgl. Feldmann, Mark; Spratt, Michael F., Speedmanagement für Fusionen; Schnell entscheiden, handeln, integrieren – Über Frösche, Hasenfüße und Hasardeure (Originaltitel: Five Frogs on a Log), Wiesbaden, 2000, S. 70 f.
[366] Vgl. Gerpott, Thorsten J., a. a. O., S. 385
[367] Vgl. Penzel, Hans-Gert; Pietig, Christian (Hrsg.), MergerGuide – Handbuch für die Integration von Banken, Wiesbaden, 2000, S. 157

knüpfung immaterieller Ressourcen profitieren, wie beispielsweise Fertigung und Entwicklung oder Personalwesen, werden dagegen erst später integriert, da Ausmaß, Umsetzbarkeit sowie nötige Realisierungsdauer von dem beauftragtem Management komplizierter zu prognostizieren sind.[368]

Mit Hilfe empirischer Analysen ist man zu der Erkenntnis gekommen, dass sich ein gemächlicher Anfang der Durchführung von Integrationsmaßnahmen frühestens ein halbes Jahr nach der offiziellen Bekanntgabe der Transaktion gegenüber einem rascheren Umsetzungsbeginn innerhalb der ersten sechs Monate häufig negativ auf das Resultat einer Akquisition auswirkt. Um den Integrationserfolg zu maximieren, könnte es sinnvoll sein, mit der Umsetzung von Integrationsmaßnahmen erst zwei bis fünf Monate nach der Publikmachung der Transaktion und nicht unmittelbar danach damit zu beginnen.[369] Die explizite Forderung nach einer Stabilitätsphase nach Beendigung der Transaktion unterstützt diese Erkenntnis.[370]

8.2.4.3 Aspekte der Integrationsgeschwindigkeit

Die Erfolgsaussichten einer Transaktion im Sinne der Verwirklichung der akquisitionsinduzierten Synergiepotentiale werden essentiell durch das Tempo, mit dem die Integrationsmaßnahmen ausgeführt werden, bestimmt.[371]

Es ist in diesem Zusammenhang eine Unterscheidung zwischen Zeitdauer- und Zeitpunktaspekten zu machen. Der Zeitpunktaspekt zielt auf die Bestimmung des richtigen Momentes für die Durchführung von Integrationsmaßnahmen ab. Zeitdaueraspekte beschreiben die miteinander korrelierenden Aspekte der Integrationsdauer und der Integrationsgeschwindigkeit.[372]

Während die Zeitpunktaspekte bereits behandelt wurden, ist hinsichtlich der Differenzierung der Zeitdaueraspekte zunächst festzustellen, dass eine Unterscheidung

---

[368] Vgl. Gerpott, Thorsten J., a. a. O., S. 386
[369] Vgl. Gerpott, Thorsten J., a. a. O., S. 455
[370] Vgl. Koch, Thomas, a. a. O., S. 348 ff.
[371] Vgl. hierzu ausführlich Kapitel 5.5 Zeithorizont der Integration
[372] Vgl. Gerpott, Thorsten J.; Schreiber, Kerstin, a. a. O., S. 101

der dargestellten Art insofern sinnvoll ist, als dass Untersuchungen ausschließlich der temporalen Integrationsdauer das Ausmaß der im betrachteten Zeitabschnitt jeweilig umgesetzten Veränderungen bzw. Maßnahmen ignorieren.[373] Diese Darstellung macht dagegen nicht deutlich, dass die Dauer der Integration als Zeitraum zwischen Beginn und Ende derselben bei gleichen Voraussetzungen endogen festgelegt wird durch das Tempo, mit dem die im Rahmen der Integration durchzuführenden, auf Wertmaximierung fokussierten Maßnahmen umgesetzt werden. Die Integrationsdauer ist bei Ausblendung der Eventualität der Zeitpunktveränderung somit ausschließliches Resultat der Integrationsgeschwindigkeit. Dies erklärt, dass den in der Theorie zu findenden präskriptiven Äußerungen zur Integrationsdauer keine deterministische Aussagekraft bezüglich der Gestaltung des Integrationsprozesses zuzuordnen ist. Sie geben allenfalls Anhaltspunkte, welcher Zeitraum speziell bei der Integrationsplanung als realistisch unterstellt werden kann. Daneben muss berücksichtigt werden, dass die Integrationsdauer in den jeweiligen Unternehmensteilbereichen angesichts der Priorisierung der Integrationsfelder und des damit nicht identischen Anfangszeitpunktes variieren kann; demzufolge kann generell nicht ein allgemein gültiger Integrationszeitpunkt unterstellt werden.[374]

8.2.4.4 Aspekte der Integrationsplanung und -kontrolle

Ein Integrationsplan legt die Objekte der Planung, wie beispielsweise Ziele, Prämissen, Problemstellung, Maßnahmen, Ressourcen, Termine, Träger der Planerfüllung und Ergebnisse, fest und stellt sie in fokussierter Form dar. Das aus strategischen Gründen Beabsichtigte kann durch eine kurzfristige Maßnahmenplanung operationalisiert werden.[375] Der Integrationsplan bildet somit die Grundlage für eine systematische Realisierung der Wertpotentiale.[376]

Aus diesem Grund hat das Integrationscontrolling als Projektcontrolling Systeme zur Unterteilung der Integrationsmaßnahmen und zur Zeit- und Aufgabenplanung fest-

[373] Vgl. Gerpott, Thorsten J., a. a. O., S. 161 f.
[374] Vgl. Gerpott, Thorsten J., a. a. O., S. 384
[375] Vgl. Ossadnik, Wolfgang, a. a. O., S. 1823
[376] Vgl. Hoffmann, Werner H.; Friedinger, Alfred, Integrationsmanagement im Zuge von Akquisitionen – Ziele, Strategien und Controllingaufgaben, in: Controlling, 10. Jahrgang, Heft 11, 1998, S. 26

zulegen und vorzubereiten. Im Zuge der Erstellung des Integrationsplan werden demnach die integrationsresultatbezogenen Fazite unter Beachtung einer integrationswertbezogenen Wertbildung entsprechend dem künftigen Planzustand sowie temporalen Gesichtspunkten der Umsetzung im Sinne der Priorisierung von Integrationsbereichen und Bestimmung der Integrationszeit konsolidiert und mit direkten Integrationsmaßnahmen zur Verwirklichung der geplanten Gesamtsynergiepotentiale gestützt. In diesem Zusammenhang muss auch die Abstimmung sämtlicher Integrationsmaßnahmen gewährleistet werden. Hierzu sind die denkbaren wechselseitigen Abhängigkeiten unter den geplanten Integrationsmaßnahmen zu untersuchen und speziell bei der temporalen Abstimmung zu beachten.[377]

Zudem sind die unterschiedlichen Unternehmenskulturen der zusammengehenden Gesellschaften bei der Planung und den dafür notwendigen Hypothesen und Prognosen zu beachten.[378] Aufgrund der sich durch eventuell schwer vorhersagbare Aspekte ergebenden Prognoseproblematik sind bestimmte Puffer sowohl in inhaltlicher als auch in temporaler Beziehung bei der Organisation des Integrationsablaufs zu beachten. Außerdem sollte sich innerhalb des Integrationsprozesses flexibel an veränderte Gegebenheiten angepasst und sich als überholt erweisende Integrationsmaßnahmen überarbeitet werden.[379]

Bezüglich denkbarer Durchführungsprobleme übt als Veränderungsgröße der Integrationsgrad bei der Organisation des Integrationsablaufs eine Indikatorfunktion aus. Je größer die zur Umsetzung der Wertpotentiale notwendigen Veränderungen beim akquirierenden Unternehmen und/oder beim Akquisitionsobjekt sind, desto stärker ist c. p. der zu erwartende Gegendruck. Mit Hilfe einer Analyse der integrationsbedingten Veränderungen für die Belegschaft der einzelnen Bereiche im voraus lassen sich Konfliktpotentiale vorhersagen und bestimmte Gegenmaßnahmen frühzeitig planen.[380]

---

377 Vgl. Penzel, Hans-Gert; Pietig, Christian (Hrsg.), a. a. O., S. 40 f.

378 Vgl. hierzu ausführlich Kapitel 7.3 Kulturelle Integration

379 Vgl. Haspelagh, Philippe C., Grundmuster der Integration – Ziel ist die Symbiose, in: Focus Integrationsmanagement, Egon Zehnder International GmbH (Hrsg.), 18. Jahrgang, Heft 1, 1999, S. 7

380 Vgl. Metz, Matthias, a. a. O., S. 138

Zur Gewährleistung der Wertausrichtung müssen im Integrationsplan – sofern möglich – wertorientierte Zielsynergiebudgets bezüglich der angestrebten bzw. maximal akzeptablen Kosten- und/oder Erlösabweichungen für die jeweilig verantwortlichen Einheiten (Bereiche, Abteilungen usw.) unter gesonderter Festlegung der Integrationskosten definiert werden.[381] Ein Zielsynergiebudget lässt sich somit als ein wertmäßiger (Teil-)Ausdruck des Integrationsplanes auslegen.[382] Für diese Sollvorgaben werden Normen (Plan-Werte) für die Überprüfung der Zielerreichung bestimmt.[383] In diesem Zusammenhang muss sichergestellt werden, dass die IT- und MIS-Systeme entweder die dafür benötigten Daten bereitstellen können oder dass dementsprechend Angleichungen an den Systemen möglich und unter Beachtung der damit entstehenden Kosten ökonomisch sinnvoll sind. Dieses Verfahren sollte in der Regel mit quantitativen Zielgrößen durchgeführt werden. Qualitative Zielgrößen gestatten zwar auch eine zumindest qualitative Wirkungsprognose bezüglich des Werteinflusses der darauf folgenden Maßnahmen, parallel existiert aber das Risiko, dass ihre Erreichung „unter allen Umständen" und unter mangelnder Beachtung anderer Faktoren verfolgt wird und im Resultat eine konterkarierende Gesamtwirkung festzustellen ist.[384] Ferner sollte eine stringente Datenkonsistenz zwischen Wertmodell und Integrationsplan gewährleistet sein. Dieser Anspruch erfordert, dass Modifikationen im Integrationsplan konstant, gemäß ihrem Einfluss auf das Wertmodell zu prüfen sind und eventuell hinreichende Modifikationen durchgeführt werden und umgekehrt.[385]

Im Zuge der Integrationskontrolle sind stets über bestimmte Feedback- und Feedforward-Differenzbetrachtungen die Gründe herauszufinden, die für die Erreichung oder Nicht-Erreichung der festgesetzten Ziele verantwortlich sind oder (prognostisch) verantwortlich sein könnten. Hier sind zum einen die temporale und inhaltliche Realisierung der Einzelmaßnahmen als auch zum anderen die Zielerreichung bezüglich der angestrebten Synergien zu analysieren.[386] Im Allgemeinen ist eine

---

[381] Vgl. Ossadnik, Wolfgang, a. a. O., S. 1826

[382] Vgl. Horvath, Peter, a. a. O., S. 228-233

[383] Vgl. Ossadnik, Wolfgang, a. a. O., S. 1833

[384] Vgl. Herter, Ronald N., Unternehmenswertorientiertes Management (UwM) – Strategische Erfolgsbeurteilung von dezentralen Organisationseinheiten auf Basis der Wertsteigerungsanalyse, München, 1994, S. 180 ff.

[385] Vgl. Metz, Matthias, a. a. O., S. 139

[386] Vgl. Middelmann, Ulrich, Organisation von Akquisitionsprojekten, in: Picot, Arnold; Nordmeyer, Andreas; Pribillla, Peter, Management von Akquisitionen, Akquisitionsplanung und Integrationsmanagement; Kongress-Dokumentation 53. Deutscher Betriebswirtschafter-Tag 1999, Stuttgart, 2000, S. 113

Näherungsrechnung stets vorteilhafter als der generelle Verzicht auf eine Kontrolle. Jedoch muss zwischen der theoretisch erstrebenswerten und praktisch akzeptablen Methode der Kontrollrechnung ein Kompromiss gefunden werden, damit in diffizileren Konstellationen die Kontrollrechnung dem übergeordneten Anspruch der Wirtschaftlichkeit der Rechnungslegung untergeordnet bleibt.[387]
Auf Grundlage der Resultate von Planfortschritts- und Erfolgskontrolle i. e. S. wird es unter dem Gesichtspunkt der Umsetzbarkeit durch Prämissenkontrollen zum Beispiel denkbar, ein synergierealisierungsorientiertes Anreiz- und Vergütungssystem für die mit der Realisierung der Wertpotentiale betrauten Führungskräfte auszuarbeiten.[388]
Abgesehen von der Planung und Kontrolle der geradewegs auf die Umsetzung der Wertpotentiale durch die Kombination materieller und immaterieller Ressourcen ausgerichteten Handlungen und der Definition der entsprechenden Verantwortlichkeiten und Aktionsfristen, ist eines der essentiellsten Themen im Zuge der Integrationsplanung, einen Kommunikationsplan zur temporalen und inhaltlichen Planung der Kommunikationsmaßnahmen wie auch der damit einhergehenden Ziele und Aufgaben zu erstellen.[389] Die Wertsteigerungszielsetzung des Integrationsprozesses verlangt, dass mit sämtlichen von der Integration betroffenen Share- und Stakeholdern (z. B. Kunden, Lieferanten, Kapitalgebern, Mitarbeitern, mit der Öffentlichkeit), die durch ihre Maßnahmen Einfluss auf die Erreichung dieser gesetzten Ziele haben, entsprechend kommuniziert wird. Übergeordnetes Anliegen ist es folglich, ein (entsprechend dem Shareholder-Value-Ansatz) wertmaximierendes Handeln dieser Gruppe von Integrationsbetroffenen hervorzurufen. Dies erscheint dahingehend vernünftig, kann doch beispielshalber im Zuge der Integration verunsichertes Personal sehr hohe Fluktuationskosten erzeugen oder über die zukünftige Ersatzteilversorgung nicht aufgeklärte Kunden zu Konkurrenten wechseln. Trotzdem wird diesen Kommunikationsnotwendigkeiten in der Praxis oftmals unvollständig, flüchtig und/oder verzögert nachgekommen.[390] In der Analyse des Zielerreichungsgrades dieser Kommunikationsmaßnahmen kommt dem Integrationscontrolling folglich auch die Bedeutung eines Kommunikationscontrollings zu.

---

[387] Vgl. Metz, Matthias, a. a. O., S. 139 f.
[388] Vgl. Rockholtz, Carsten (2002), Due Diligence-Konzeption zum synergieorientierten Akquisitionsmanagement, 3. Auflage, in: v. Berens, Wolfgang; Brauner, Hans U.; Strauch, Joachim (Hrsg.), Due Diligence bei Unternehmensakquisitionen, 3. Auflage, Stuttgart, 2002, S. 203
[389] Vgl. Mündemann, Tobias, Kommunikation in M&A-Prozessen, in: M&A Review, o. Jahrgang, Heft 10, 1998, S. 409 ff.
[390] Vgl. Feldman, Mark L.; Spratt, Michael F., a. a. O., S. 81 ff.

9. Erfolgskontrolle als zweiter Teil der dritten Integrationsphase

9.1 Methoden zur Bestimmung des M&A-Erfolgs

In Anschluss an die Integrationsmaßnahmen sollten zur Erfolgskontrolle wirtschaftliche und strategische Zielerreichungsgrade analysiert werden.

Dazu sollten die Wertsteigerungs- und Wertvernichtungsentwicklungen, Auswirkungen auf das Konzern- bzw. Gruppenergebnis und die Liquidität, maximale Risikopositionen, Goodwill-Amortisationsrechnungen und Kapitalrücklaufzeiten erfasst und die Akquisitionsstrategie und die Planzahlen hinsichtlich des Realisierungsgrades evaluiert werden. In der Vergangenheit haben sich dazu verschiedene Kennzahlen- und Analyseverfahren entwickelt.[391]
Generell sollten in diesem Zusammenhang zum einen der Erfolg von Mergers & Acquisitions und zum anderen der Integrationserfolg unterschieden werden, wobei der M&A-Erfolg als ein Ergebnis der durchgeführten Integration definiert werden kann.[392]

Ob ein Zusammenschluss in der Konsequenz als erfolgreich bezeichnet werden kann, lässt sich mit Hilfe verschiedener Ansätze und Methoden ermitteln. Die folgende Abbildung visualisiert diese verschiedenen Ansätze und Methoden.
Es lässt sich zwischen Erfolgskonzepten, Erfolgsdimensionen, Zeitpunkt und -raum sowie weiteren Maßstäben unterscheiden. Die Erfolgskonzepte lassen sich in quantitativ-objektive sowie in qualitativ-subjektive Konzepte einteilen. Die qualitativ-subjektiven Konzepte beruhen meist auf persönlichen oder schriftlichen Befragungen von Personengruppen mit einem hohen Informationsgrad bezüglich der Transaktion.[393]
Da die Zahl empirischer Untersuchungen in Bezug auf Mergers & Akquisitions in unterschiedlichen Ländern deutlich mit der M&A-Tätigkeit in diesem Land korreliert, beziehen sich die meisten empirischen Untersuchungen zum Erfolg einer Transaktion auf die USA. In den USA werden als Untersuchungsmethode aufgrund der

[391] Vgl. Jansen, Stephan A. (2001), a. a. O., S. 237 und Hase, Stephan, a. a. O., S. 185 f.
[392] Vgl. Wirtz, Bernd W., a. a. O., S. 389
[393] Vgl. Sewing, Nanette (2003), a. a. O., S. 84 ff.

extern verfügbaren umfassenden Unternehmensdaten sowie des breiten Kapitalmarkts insbesondere kapitalmarktorientierte Messverfahren präferiert.

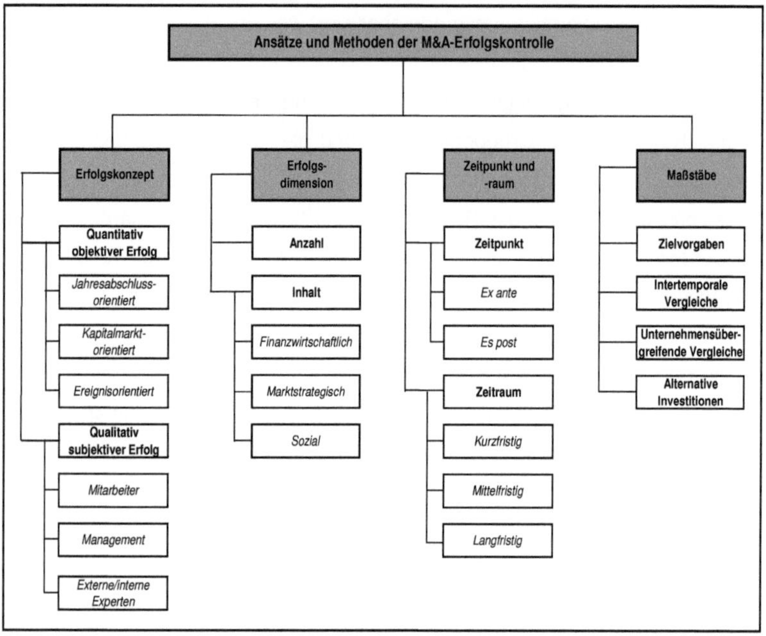

Abbildung 37: Erfolgskontrolle von Mergers & Acquisitions
Quelle: Wirtz, Bernd W., a. a. O., S. 395

Da die meisten mittelständischen Unternehmen in Deutschland, welche M&A betreiben, nicht börsennotiert sind, werden hier jahresabschlussorientierte Verfahren bevorzugt. Die Beurteilung des Transaktionserfolgs mit Hilfe von qualitativen Merkmalen und Desinvestitionsraten wird meist ergänzend zu den üblicheren Methoden genutzt oder ist auf die Beantwortung bestimmter Forschungsfragen begrenzt.[394]

---

[394] Vgl. Vogel, Dieter, a. a. O., S. 276 f.

Zur Erfolgskontrolle wird häufig ein Soll-Ist-Vergleich durchgeführt. Zum Zeitpunkt der Transaktion werden Plan-Zahlen festgelegt und diese später mit den Ist-Zahlen auf ihren Zielerreichungsgrad überprüft. Die Kennzahlen müssen relativ zur Entwicklung der betreffenden Branche oder Kontrollgruppe in Beziehung gesetzt werden, um branchenspezifische und gesamtwirtschaftliche Faktoren zu berücksichtigen. Oft wird auch ein Vergleich mit einer fiktiven Entwicklung unternommen, die eventuell stattgefunden hätte, wenn keine Transaktion durchgeführt worden wäre.[395]

9.2 Jahresabschlussorientierte Erfolgskontrolle

Da der Jahresabschluss eines Unternehmens wegen seiner Doppelfunktion sowohl Daten über die Ertragslage als auch über die Vermögens- und Finanzsituation widerspiegelt, ermöglicht er eine finanzwirtschaftliche sowie erfolgswirtschaftliche Bewertung des Erfolgs einer Transaktion.[396] Die Basis der Analyse bilden in der Regel die Bilanz- und G&V-Positionen der handelsrechtlichen Abschlüsse.

Basis der **finanzwirtschaftlichen Analyse** bilden meist die Vermögens- und Kapitalstruktur sowie die Liquiditätslage einer Unternehmung. Ein temporaler Vergleich finanzwirtschaftlicher Kennzahlen vor Beginn der Transaktion mit den entsprechenden Daten nach Abschluss des M&A-Projektes zeigt Veränderungen in der finanziellen Stabilität des Unternehmens auf.[397]

Oft verwendete Kennzahlen zur Analyse der Vermögensstruktur sind Anlagevermögensintensität, Umschlagskoeffizienten sowie der Investitionsquotient. Die Anlagevermögensintensität stellt den Anteil des Anlagevermögens am Gesamtvermögen dar. Je höher die Anlagevermögensintensität desto höher sind die fixen Gesamtkosten und je geringer ist die Liquidität bezogen auf das Gesamtvermögen. Sämtliche Umschlagskoeffizienten geben an, wie häufig bestimmte Vermögensgegenstände liquidiert wurden. Somit bestimmen Umschlagskoeffizienten den Finanzbedarf und zeigen finanzielle Risiken auf. Der Investitionsquotient verdeutlicht

---

[395] Vgl. Vogel, Dieter, a. a. O., S. 277
[396] Vgl. Albrecht, Stefan, a. a. O., S. 57
[397] Vgl. Coenenberg, Adolf G.; Alvarez, Manuel; Biberacher, Johannes, Jahresabschluss und Jahresabschlussanalyse, 19. Auflage, Stuttgart, 2003, S. 910 und Vogel, Dieter, a. a. O., S. 277

die Investitionspolitik einer Unternehmung. Er zeigt, ob die Substanz der Unternehmung nur erhalten wird oder ob Neuinvestitionen stattfinden und die Substanz so erweitert wird.[398]

Zur Beurteilung der Kapitalstruktur bedient man sich in der Regel Kapitalquoten, wie beispielsweise der Eigenkapitalquote, des Selbstfinanzierungs- und des Verschuldungsgrades. Die Eigenkapitalquote bestimmt den Anteil des Eigenkapitals am Gesamtkapital. Der Selbstfinanzierungsgrad stellt dar, in welchem Umfang die Gewinnrücklagen zur Bildung des Gesamtkapitals beigetragen haben. Der Verschuldungsgrad drückt das Verhältnis von Fremdkapital zum Eigenkapital aus.[399]

Zur Analyse der Liquiditätslage eines Unternehmens eignen sich der Anlagendeckungsgrad I und II sowie die Liquidität 1., 2. und 3. Grades. Der Anlagendeckungsgrad I wird dazu verwendet, die Deckung des Anlagevermögens durch Eigenkapital zu ermitteln. Die Anlagendeckung II stellt die Deckung des Anlagevermögens durch Eigenkapital zuzüglich des langfristigen Fremdkapitals dar. Generell gilt: Je höher die Liquidität eines Unternehmens ist, desto stabiler ist es. Die Liquiditätskennzahlen geben Auskunft über das Verhältnis der Geldwerte (Liquidität 1. Grades), des Finanzumlaufvermögens (Liquidität 2. Grades) sowie des Umlaufvermögens (Liquidität 3. Grades) zu den kurzfristigen Verbindlichkeiten.[400]

Zur **Erfolgsbeurteilung** von Mergers & Acquisitions konzentrieren sich aber die meisten Analysten auf die Untersuchung der Ertragsentwicklung der beteiligten Unternehmen.[401] In diesem Zusammenhang finden als Erfolgsgrößen u. a. das ordentliche Betriebsergebnis, das Vorsteuerergebnis, der Cashflow sowie der Jahresüberschuss Verwendung.[402]

---

398 Vgl. Perridon, Louis; Steiner, Manfred, Finanzwirtschaft der Unternehmung, München, 11. Auflage, 2003, S. 526 ff. und Coenenberg, Adolf G. u. a., a. a. O., S. 910 ff.

399 Vgl. Coenenberg, Adolf G. u. a., a. a. O., S. 910 ff. und Kresse, Werner, Leutz, Norbert, Die neue Schule des Bilanzbuchhalters – Grundlagen, Ordnungsmäßigkeit, Organisation der Buchführung, Abschlüsse nach Handelsrecht und Steuerrecht, 10. Auflage, Stuttgart, 2001 S. 134

400 Vgl. Baetge, Jörg, Bilanzanalyse, Düsseldorf, 1998, S. 161 ff. und Perridon, Louis; Steiner, Manfred, a. a. O., S. 526 ff.

401 Vgl. Albrecht, Stefan, Erfolgreiche Zusammenschlussstrategien –Eine empirische Untersuchung deutscher Unternehmen, Wiesbaden, 1994 und Vogel, Dieter, a. a. O., S. 277

402 Vgl. Baetge, Jörg, a. a. O., S. 350 ff. und S. 417 ff.

Aus verschiedenen Gründen scheint zur Erfolgskontrolle von Mergers & Akquisitions der Jahresüberschuss besonders sinnvoll zu sein: Da eventuell relevante Erträge aus Beteiligungen beim ordentlichen Ergebnis nicht berücksichtigt werden, ist dieses als Erfolgsmaßstab nur begrenzt einsetzbar. Waren die Motive der Transaktion u. a. steuerlicher Natur ist, auch das Vorsteuerergebnis nicht aussagekräftig, da eventuelle Steuervorteile nicht abgebildet werden. Daher erscheint die Verwendung des Jahresüberschusses zur Erfolgskontrolle am besten geeignet.[403] Der Jahresüberschuss ist eine absolute Größe und berücksichtigt daher keine ergebnisverursachenden Faktoren (Faktor- bzw. Mitteleinsatz). Daher muss der Jahresüberschuss zu diesen Faktoren in Form von Rentabilitätskennziffern in Beziehung gesetzt werden. In diesem Zusammenhang wird dem Eigenkapital sowie dem Gesamtkapital aufgrund ihres Einflusses eine besondere Bedeutung zugesprochen.[404] Danach ergeben sich als M&A-relevante jahresabschlussorientierte Erfolgsgrößen insbesondere die Eigenkapital-, die Gesamtkapital- und die Umsatzrentabilität.

Diese Rentabilitäten geben das Verhältnis des Gewinnes zum eingesetzten Kapital bzw. zum Umsatz an. Die Eigenkapitalrentabilität, die den Zinssatz angibt, mit dem das eingesetzte Kapital in der Periode verzinst wurde, und die zeigt, wie rentabel die Geldanlage im Unternehmen ist, ist vor allem für den oder die Eigentümer eine wichtige Zielgröße.[405] Der Jahresüberschuss vor Fremdkapitalzinsen wird mit Hilfe der Gesamtkapitalrentabilität in Beziehung zum Gesamtkapital gesetzt. So lässt sich eine von der Finanzierungsstruktur unabhängige Erfolgsgröße, die die Verzinsung des Eigen- und Fremdkapitals abbildet und somit für sämtliche Kapitalgeber von Bedeutung ist, darstellen.[406] Die umsatzbezogene Rentabilitätskennzahl gibt Hinweise auf die Ertragslage der Unternehmung in Verbindung mit der Kapitalumschlagshäufigkeit. In der Regel gilt, dass eine niedrige Gewinnspanne eine hohe Kapitalumschlagshäufigkeit erfordert, damit ein bestimmter Return on Investment erwirtschaftet wird.[407]

---

[403] Vgl. Albrecht, Stefan, a. a. O., S. 58.
[404] Vgl. Coenenberg, Adolf G. u. a., a. a. O., S. 1009 ff.
[405] Vgl. Kresse, Werner, a. a. O., S. 145 und Baetge, Jörg, a. a. O., S. 432
[406] Vgl. Wöhe, Günter; Döring, Ulrich, Einführung in der Allgemeine Betriebswirtschaftslehre, 21. Auflage, München, 2002, S.1088
[407] Vgl. Bestmann, Uwe, Finanz- und Börsenlexikon, München, 2000, S. 387

Diese Rentabilitätskennziffern sollten zur Erfolgskontrolle einer M&A-Transaktion vor Beginn des Projektes den entsprechenden Kennziffern nach Abschluss der Transaktion gegenübergestellt werden. Diese Kennzahlen sollten zur exakten Abschätzung des M&A-Erfolgs um bestimmte externe Faktoren bereinigt werden, wie beispielsweise gesamtwirtschaftliche und branchenbezogene Einflüsse.[408]

Die Beurteilung des Erfolgs von Mergers & Acquisitions mit Hilfe jahresabschlussorientierter Kriterien wird durch verschiedene Probleme erschwert: Insbesondere verhindert der hohe Aggregationsgrad der verwendeten Kennziffern eine eindeutige, kausale Zuordnung von M&A-Maßnahmen zu den entsprechenden Erfolgswirkungen. Mit zunehmender Dauer des Betrachtungszeitraums gewinnt dieses Defizit an Bedeutung, da andere Erfolgsfaktoren, wie beispielsweise Veränderungen im Wettbewerbsumfeld, das Resultat zunehmend verfälschen.[409]

Weitere Probleme ergeben sich aus dem Wesen der Rechnungslegung speziell durch die Möglichkeit einer Manipulation des Erfolgsausweises. In diesem Zusammenhang ist vor allem die zielgerichtete Ausübung von Ansatz- und Bewertungswahlrechten zu nennen. Zudem beeinflusst die Festlegung von Verrechnungspreisen zwischen den beteiligten Unternehmen den im Jahresabschluss ausgewiesenen Erfolg. Werden der Analyse konsolidierte Jahresabschlüsse zugrunde gelegt, wird die Vergleichbarkeit der gebildeten Kennziffern durch ihre fehlende intertemporale Vergleichbarkeit in Bezug auf einen Vorher-Nachher-Vergleich behindert. Allerdings werden die Ergebnisse bei der Verwendung von unkonsolidierten Jahresabschlüssen auch stark verzerrt.[410]

Zu diesen im Bereich der Rechnungslegung liegenden Problemen ergibt sich noch ein generelles Problem von Erfolgsbeurteilungen aufgrund von intertemporalen Vergleichen: In diesem Zusammenhang entsteht das erste Problem mit der Festlegung der Dauer des Betrachtungszeitraums. Wird der Betrachtungszeitraum zu kurz gewählt, können angestrebte Synergieeffekte, welche in der Regel mittel- bis längerfristig realisiert werden, nur unzureichend erfasst werden, so dass sich auch hieraus kein zuverlässiges Resümee bezüglich des M&A-Erfolgs ziehen lässt. Wird der Betrachtungszeitraum zu weit ausgedehnt, erhöht sich die Gefahr einer Überlagerung der Erfolgswirkungen der Transaktion durch andere Effekte, wie beispiels-

[408] Vgl. Albrecht, Stefan, a. a. O., S. 61
[409] Vgl. Wirtz, Bernd W., a. a. O., S. 398
[410] Vgl. Wirtz, Bernd W., a. a. O., S. 399

weise eine Veränderung der Wettbewerbsbedingungen. Somit wird eine aussagekräftige Beurteilung des M&A-Erfolgs mit Hilfe eines Vorher-/Nachher-Vergleichs bei einem langen Betrachtungszeitraum erschwert.[411]

9.2.1 Varianten der jahresabschlussorientierten M&A-Erfolgsanalyse

In der Praxis haben sich verschiedene Varianten der jahresabschlussorientierten M&A-Erfolgsanalyse herausgebildet. Im Zusammenhang mit dieser Arbeit werden im Folgenden der einfache Wertevergleich, Total Shareholder Return sowie der Plan-Ist-Vergleich vorgestellt.

9.2.1.1 Einfacher Wertevergleich

Beim einfachen Wertevergleich werden durch eine einfache Überschlagsmessung die Veränderungen des Unternehmenswerts in den der Transaktion folgenden Jahren festgestellt. Die Veränderung des eingesetzten Kapitals zur Summe der Werte der beteiligten Unternehmen zum Zeitpunkt der Transaktion wird in diesem Zusammenhang als Erfolgsindikator analysiert. Liegt der Unternehmenswert eine bestimmte Zeit nach der Transaktion oberhalb des Unternehmenswertes der beteiligten Unternehmen zum Zeitpunkt der Transaktion, zeigt dies eine Wertsteigerung und deutet auf den Erfolg der Transaktion hin. Ein Unternehmenswert unterhalb dieses Ausgangswertes kann dagegen auf einen Misserfolg des Unternehmenszusammenschlusses hinweisen.

Der Unternehmenswert, welcher sich auf das jeweilige Jahr bezieht, wird nach dem Gesamtbewertungsverfahren[412] ermittelt. Treten beispielsweise durch Kapitalerhöhungen Veränderungen des Eigenkapitals auf, müssen diese eliminiert werden.[413]

---

[411] Vgl. hierzu Neumann, Andreas, Fusionen und fusionsähnliche Unternehmenszusammenschlüsse unter besonderer Berücksichtigung finanzieller Aspekte, Bern, 1994, S. 242 f.
[412] Vgl. hierzu ausführlich Kapitel 3.3.2 Gesamtbewertungsverfahren
[413] Vgl. Vogel, Dieter, a. a. O., S. 277 f.

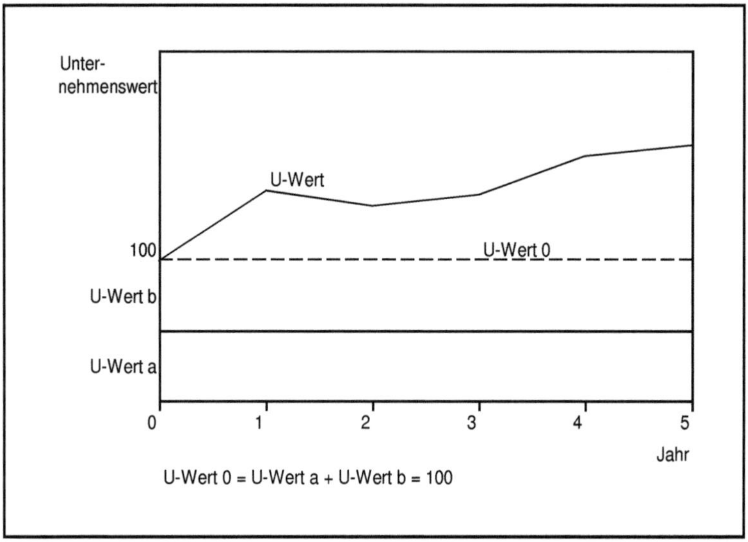

Abbildung 38: Einfacher Unternehmensvergleich

Beim einfachen Wertevergleich wird davon ausgegangen, dass eine Wertsteigerung gegenüber dem Ausgangswert vor allem durch Transaktionseffekte, speziell durch Synergieeffekte, generiert wird. Ob diese Schlussfolgerung richtig oder falsch ist, sei dahingestellt. Zumindest erfährt jedes Unternehmen mit oder ohne Transaktion im Laufe der Zeit eine Wertveränderung.[414]

9.2.1.2 Total Shareholder Return

Die Methode des Total Shareholder Return ist zum einen auf der Basis der Jahresabschlusszahlen und zum anderen auf der Basis der Börsenkapitalisierung anwendbar. Der Total Shareholder Return (TSR) gibt die Unternehmenswertveränderung innerhalb einer bestimmten Periode unter Berücksichtigung eventueller Ausschüttungen an.[415] Es wird der faktische Rückfluss der Investitionen über die

[414] Vgl. Vogel, Dieter, a. a. O., S. 278 und Picot, Gerhard; Jansen, Stephan, a. a. O.
[415] Vgl. www.instock.de/tools/popupPrint.html?section=MoneyPenny&id=10134710, letzter Zugriff 30. September 2004 und Vogel, Dieter, a. a. O., S. 278

Dividendenausschüttung zuzüglich des potentiellen (bei Veräußerung realen) Rückflusses aus der Steigerung des Marktwertes des Eigenkapitals ermittelt. Es ist nicht auszuschließen, dass Anteilseigner des Unternehmens A und Anteilseigner der Unternehmens B verschiedene Resultate aus der Transaktion erzielen. Um einer Verfälschung des Ergebnisses durch Aktiensplits, Umtauschverhältnisse oder ähnliches entgegenzuwirken, werden absolute Werte für den einzelnen Aktionär ermittelt. Daher ist die fiktive Darstellung in Abbildung 39 nicht automatisch für jeden einzelnen Anteilseigner der Unternehmen A und B relevant.[416]

9.2.1.3 Plan-Ist-Vergleich

Wurden vor der Transaktion Plan-Daten aufgestellt, liefert ein Plan-Ist-Vergleich die wohl objektivste Erfolgskontrolle. Solche Plan-Zahlen werden in der Regel schon zu Anfang der Transaktionsplanungen ermittelt, um auch zur Entscheidungsfindung für das jeweilige Zieltarget beizutragen. Findet eine Transaktion zwischen börsennotierten Unternehmen statt, werden solche Plan-Zahlen im Verschmelzungsbericht veröffentlicht und so den Shareholdern und den Stakeholdern zugänglich gemacht. So sollen diese Kennzahlen den Aktionären helfen, in den relevanten Hauptversammlungen eine Entscheidung für oder gegen eine Transaktion zu fällen.[417]

Viele der aufgeführten Nachteile der o. g. ersten beiden Messverfahren werden bei einem Plan-Ist-Vergleich vermieden. Das Argument, die Dynamik der Ausgangsunternehmen würde vernachlässigt werden, wird dadurch entkräftet, dass die der Planung zugrunde liegenden Daten auf der Stand-alone-Planung der beteiligten Unternehmen basieren. So zeigt dieses System, ob sich das „neue" Unternehmen optimaler entwickelt als die fiktive Addition der beiden Einzelunternehmen. Die erwarteten Synergien werden den Plan-Werten hinzuaddiert. In der Regel kommt es direkt nach dem Zusammenschluss zu negativen Synergieeffekten, die aber nach der Planung der Verantwortlichen nach einer bestimmten Zeit ins Positive umschlagen sollen.[418]

---

[416] Vgl. Vogel, Dieter, a. a. O., S. 278 f.
[417] Vgl. Vogel, Dieter, a. a. O., S. 279 f.
[418] Vgl. Vogel, Dieter, a. a. O., S. 279 f.

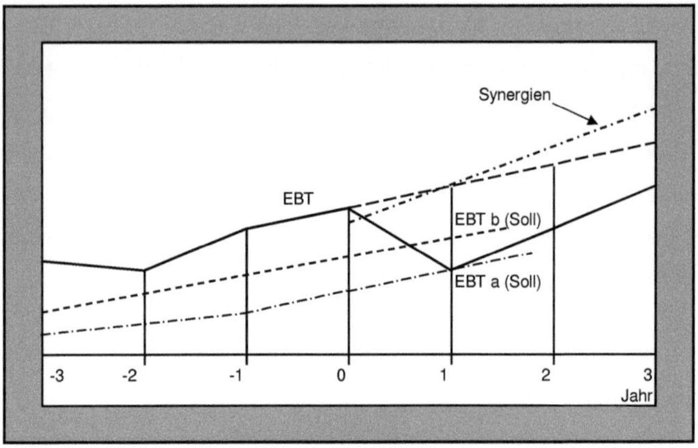

Abbildung 39: Soll-Ist-Vergleich bei Mergers & Acquisitions
Quelle: Vogel, Dieter, a. a. O., S. 280

Die Shareholder ziehen erst einen Nutzen aus der Transaktion, wenn die Ist-Werte oberhalb der addierten Soll-Werte liegen. Das M&A-Projekt wird als erfolgreich eingestuft, wenn die Ist-Werte die Management-Prognosen zuzüglich der erwarteten Synergien erreichen. Es sollten mit Plan-Werten unterlegte Ertrags- und Cashflow-Größen, welche um außerordentliche Aspekte bereinigt wurden, zu Vergleichszwecken herangezogen werden. In Abbildung 39 wurde exemplarisch vom Gewinn vor Steuern (EBT) ausgegangen.[419]

9.2.2 Kritische Betrachtung der jahresabschlussorientierten Erfolgskontrolle

In der Literatur werden der jahresabschlussorientierten Erfolgsanalyse verschiedene Defizite vorgeworfen. Explizit wird auf die limitierte Aussagefähigkeit der Jahresabschlüsse aufmerksam gemacht.

[419] Vgl. Vogel, Dieter, a. a. O., S. 280

- Ansatz- und Bewertungswahlrechte:[420]
  Dazu zählen insbesondere unterschiedliche Abschreibungsmethoden[421] und Aktivierungswahlrechte (z. B. Disagio oder gewillkürte Betriebsvermögen) sowie die Art der Verbuchung und Abschreibung des bezahlten Goodwills[422]. Verschieden können zudem Erträge aus Beteiligungen behandelt werden (außerordentlicher Ertrag bzw. Ergebnis der gewöhnlichen Geschäftstätigkeit).

- Bilanzkontinuität:[423]
  Um intertemporale Vergleiche durchzuführen, müssen die Jahresabschlüsse der Bilanzkontinuität entsprechen bzw. Abweichungen müssen genau nachvollziehbar sein. Häufig kommt es zu gesetzlichen Änderungen, die eine Angleichung des externen Rechnungswesen verlangen oder auch zu einem bewussten Wechsel der Bilanzierungsart führen (z. B. von HGB zu IAS).[424]

- Risikoaspekte:
  Veränderungen von Risikofaktoren (Verschlechterung der Eigenkapitalquote) werden nicht bewertet.

- Isolation des M&A-Effektes:[425]
  Je mehr Zeit seit der Transaktion vergangen ist, umso schwieriger gestaltet sich die Isolation einzelner aus der Transaktion resultierender Effekte aus den jeweiligen Bilanz- und G&V-Positionen.

Trotz dieser Einschränkungen stellen Jahresabschlüsse eine nicht unbedeutende Informationsquelle zur externen Beurteilung von Mergers & Acquisitions dar. Empirische Untersuchungen haben gezeigt, dass Bewertungen mit Hilfe von Jahresab-

---

[420] Vgl. Schierenbeck, Henner, a. a. O., S. 556 und Meyer, Claus, Bilanzierung nach Handels- und Steuerrecht unter Einschluss der Konzernrechnungslegung und der internationalen Rechnungslegung, 13. Auflage, Herne/Berlin, 2001, S. 79

[421] Das HGB erlaubt die Anwendung aller Abschreibungsmethoden, sofern sie den GoB (Grundsätzen ordnungsgemäßer Buchführung und Bilanzierung) entsprechen. Das Steuerrecht grenzt die Methoden ein und führt im Gesetz die zugelassenen Methoden explizit auf (vgl. besonders §§ 7, 7a EStG, R 44 EStR).

[422] Derivativer Firmenwert

[423] Bilanzkontinuität umfasst den Grundsatz der Bilanzidentität, verlangt die Beibehaltung der gewählten Bilanzgliederung sowie die angewandten Bewertungsgrundsätze (§§ 252 und 253 HGB)

[424] Vgl. Meyer, Claus, a. a. O., S. 46

[425] Vgl. Vogel, Dieter, a. a. O., S. 280 f.

schlüssen und anhand von Werten des geregelten Kapitalmarktes tatsächlich korrelieren.[426] Durch die Möglichkeit zur Eliminierung von Sondereffekten sind jahresabschlussorientierte Messverfahren für die interne Kontrolle des M&A-Erfolgs dennoch optimaler.[427]

Früher kam eine jahresabschlussorientierte Erfolgskontrolle häufiger zum Einsatz, aufgrund bereits aufgeführter Schwächen und der besseren Verfügbarkeit von Kapitalmarktdaten wird zunehmend stärker auf kapitalmarktorientierte Konzepte zurückgegriffen.[428]

9.3 Kapitalmarktorientierte Erfolgskontrolle

9.3.1 Methoden der kapitalmarktorientierten Erfolgskontrolle

Kapitalmarktorientierte Methoden kommen nur bei börsennotierten Unternehmen in Frage, da diese Ansätze die Reaktion von Aktienkursen auf die Transaktion bewerten.[429] Insbesondere in den USA und Großbritannien gewinnt die kapitalmarktorientierte Erfolgsmessung seit den 70er Jahren an Bedeutung.[430] Die Beurteilung erfolgt ausschließlich aus der Perspektive der Shareholder. Dies hat der Methode den Vorwurf eingebracht, sie würde zu Lasten des Stakeholders hauptsächlich den Interessen der Aktionäre dienen.[431]

Die Basis der kapitalmarktorientierten Erfolgskontrolle ist ein informationseffizienter Markt, wonach der Marktwert eines Unternehmens am Kapitalmarkt die momentane und künftige ökonomische Situation des Unternehmens ausreichend darstellt.[432]

---

[426] Vgl. Perin, Sinan, Synergien bei Unternehmensakquisitionen – Empirische Untersuchung von Finanz-, Markt- und Leistungssynergien, Wiesbaden, 1996, S. 54

[427] Vgl. Vogel, Dieter, a. a. O., S. 281

[428] Vgl. Wirtz, Bernd, a. a. O., S. 399

[429] Vgl. Jakoby, Stephan, Erfolgsfaktoren von Management Buyouts in Deutschland, Lohmar; Köln, 2000, S. 54

[430] Vgl. Kerler, Patrick, Mergers & Acquisitions und Shareholder Value, Bern, 2000, S. 85

[431] Vgl. Perin, Sinan, a. a. O., S. 47 f.

[432] Vgl. Vogel, Dieter, a. a. O., S. 282

9.3.1.1 Ermittlung der abnormalen Rendite

In der Praxis setzt die M&A-Erfolgsmessung gewöhnlich an dem Zeitpunkt direkt vor der ersten offiziellen Transaktionsankündigung an. Analysiert werden hier insbesondere zwei Kennzahlen, die abnormale Rendite und die Übernahmeprämie. Die Übernahmeprämie errechnet sich aus der Differenz zwischen dem Kurs vor Ankündigung der Übernahme sowie dem gebotenen Kaufpreis. Motive für einen höheren Kaufpreis und die damit verknüpfte Ertragswertsteigerung werden bei Akquisitionen in den denkbaren Wertsteigerungspotentialen speziell in Form von Economies of Scale[433] and Scope[434] gesehen.[435]

Die Methode der Überrenditen bzw. die abnormalen Renditen (AR) messen ab dem Zeitpunkt der ersten Ankündigung der Übernahme die Rendite, die ober- oder unterhalb der auf Grundlage einer durchschnittlichen Marktrendite berechneten „normalen" Rendite erwirtschaftet wurde.[436] Dabei wird also die Rendite des betrachteten Unternehmens mit der Rendite verglichen, die das Unternehmen bei Nichtdurchführung der Transaktion erwirtschaftet hätte. AR ist dementsprechend die Differenz zwischen den beiden Renditen, die vereinfacht dargestellt exklusiv in der M&A-Transaktion begründet liegt:

$$AR_{it} = R_{it} - E(R_{it})$$

AR_{it}	=	Abnormale Rendite der Aktie i im Zeitraum t
R_{it}	=	Ist-Rendite der Aktie i im Zeitraum t
$E(R_{it})$	=	Erwartete Rendite der Aktie i im Zeitraum t

---

[433] Economies of Scale sind Kostenersparnisse, die aufgrund von Größenvorteilen entstehen. Durch eine hohe Produktions- und Verkaufsmenge können ein hoher Marktanteil und die Kostenführerschaft erreicht werden.

[434] Economies of Scope sind Kostenvorteile, die bei einer steigenden Produktvielfalt durch einen Verbundvorteil entstehen. Voraussetzung ist dabei, dass für die einzelnen Produkte auf gemeinsame Ressourcen zurückgegriffen werden kann. Wenn hierbei die Gesamtkosten der Produktion mehrerer Produkte niedriger sind als die Summe der Produktionskosten der einzelnen Produkte bei getrennter Fertigung, spricht man von Economies of Scope.

[435] Vgl. Wirtz, Bernd W., a. a. O., S. 400 und Vogel, Dieter, a. a. O., S. 283

[436] Vgl. Wirtz, Bernd W., a. a. O., S. 400

Um eine bestimmte temporale Phase zu analysieren, werden die einzelnen abnormalen Renditen zur kumulierten abnormalen Rendite (KAR) über die Zeitspannen summiert. Die untersuchte M&A-Transaktion hat für die Shareholder zu einer Wertsteigerung ihrer Aktien geführt, wenn KAR positiv ist.

Anhand der Aktienkursentwicklung unter Berücksichtigung der Dividendenausschüttung kann die tatsächliche Rendite börsennotierter Unternehmen bestimmt werden. Die Herleitung der erwarteten Rendite ist dagegen diffiziler. Verschiedene Ansätze sind in der Praxis gebräuchlich, manche Methoden gehen z. B. vereinfacht von der Entwicklung der Börsenkurse in der Vergangenheit aus. Zur Ermittlung der zu erwarteten Rendite $E(R_{it})$ wird neuerdings häufig das Capital-Asset-Pricing-Modell (CAPM)[437] eingesetzt.[438] Aufgrund der relativ fazilen Disponibilität seiner Daten spielt dieser Ansatz insbesondere im angloamerikanischen Raum eine Rolle. Dieser Ansatz wird in Deutschland aufgrund der geringen Breite des Kapitalmarktes seltener zur Erfolgsmessung von M&A-Transaktionen herangezogen. Die erwartete Rendite $E(R_{it})$ berechnet sich mittels des CAPM aus dem risikolosen Zins (unsystematisches Risiko) und dem systematischen Risiko des untersuchten Unternehmens. Durch seine partiell unrealistischen Modellannahmen ist dieser Ansatz trotz seiner vermeintlichen mathematischen Eleganz problematisch.[439] So basiert dieser Ansatz bzgl. des Investorenverhaltens auf folgenden Annahmen:[440]

- Investoren richten sich ausschließlich nach dem Erwartungswert sowie nach der Varianz der realisierbaren Renditen.

- Alle Investoren haben homogene Theorien bzgl. der einzelnen Anlageobjekte.

- Investoren handeln nutzenoptimierend und sind risikoaversiv.

---

[437] Diese Portfolio-Theorie besagt, dass in effizient funktionierenden Märkten, wo jede Information bereits in die Preise eingeflossen ist, ein Mehr an Ertrag nur durch ein Mehr an Risiko erkauft werden kann. Vgl. hierzu Kapitel 9.3.2 ff.

[438] Vgl. Vogel, Dieter, a. a. O., S. 283 f. und Kerler, Patrick, a. a. O., S. 87 ff.

[439] Vgl. Scheller, K. Randolf, Performance of corporate acquisitions over the medium term in Germany, Wiesbaden, 1999, S. 65 ff. und Vogel, Dieter, S. 283 f.

[440] Vgl. Vogel, Dieter, a. a. O., S. 284

- Investoren können zum risikolosen Zins (i_0) unbeschränkt Kapital anlegen oder aufnehmen.

Bei diesem Ansatz befindet sich der Kapitalmarkt im Gleichgewicht, es herrscht Informationseffizienz, sämtliche Informationen sind kostenfrei und immer zugänglich. Demgemäß zeigen sich sämtliche transaktionsbedingten Abweichungen der Erwartungen in den Marktpreisen bzw. -renditen. Es muss daher die realitätsferne Modellhaftigkeit für die Ermittlung des Erfolgs von Mergers & Acquisitions berücksichtigt werden.

Die Effizienz von Kapitalmarktdaten ist dadurch eingeschränkt, dass die veröffentlichten Daten in der Regel keine Informationen über mögliche Synergien beinhalten.[441]

Um dieses Defizit in der Erfolgsbeurteilung von Transaktionen auszugleichen, sollten die Kurse über einen längeren Anpassungszeitraum berücksichtigt werden. Allerdings wird es mit Ausdehnung des Betrachtungszeitraums schwieriger, die von der Übernahme verursachten Einflüsse von den sonstigen auf den Kurs einflussnehmenden Faktoren zu trennen. Bezüglich des optimalen Untersuchungszeitraums gibt es in der Literatur keinen Konsens.[442]

Ein weiteres Defizit dieser Methode der Erfolgsmessung ist die Unterstellung der Risikokonstanz. Eine Transaktion bringt eine Veränderung des systematischen Risikos mit sich, daher ist die Übertragung der Werte des unsystematischen und systematischen Risikos der Periode vor der Transaktion auf die Zeit nach dem Zusammenschluss nicht genau.[443]

Abgesehen von den beiden beschriebenen Defiziten, ist die Bestimmung der erwarteten Rendite $E(R_{it})$ als normale Rendite der gewöhnlichen Geschäftstätigkeit ohne M&A-Transaktion sehr vereinfachend und berücksichtigt nicht die vielen praktischen Möglichkeiten, wie etwa Joint Ventures oder Strategische Allianzen.[444]

---

[441] Vgl. Vogel, Dieter, a. a. O., S. 284
[442] Vgl. Gerpott, Thorsten J., a. a. O., S. 200 und Vogel, Dieter, a. a. O., S. 284 f.
[443] Vgl. Perin, Sinan, a. a. O., S. 51
[444] Vgl. Kerler, Patrick, a. a. O., S. 94

9.3.1.2 Einfacher Wertevergleich

Bei der Methode des einfachen Wertevergleichs wird als unkompliziert zugängliche Messgröße die Verfolgung der Marktkapitalisierung der in das M&A-Projekt involvierten Unternehmen seit Ankündigung der Transaktion herangezogen. Sollte aber eins der beteiligten Unternehmen nicht börsennotiert sein, ist für dieses ein von der Cash-Flow- bzw. Ertragsplanung ausgehendes Bewertungsmodell zu verwenden. Die Entwicklung des Unternehmenswertes nach der Transaktion im Vergleich zu den addierten Börsenwerten vor der Transaktion gibt bei vereinfachter Betrachtung ein erstes Anzeichen über Erfolg oder Misserfolg der Transaktion.[445]

9.3.1.3 Vergleich mit Indizes

Die Beobachtung relevanter Indizes zur Erfolgsbeurteilung von M&A führt zu einem differenzierteren Ergebnis als ein einfacher Wertevergleich. Es wird unterstellt, dass das neue Unternehmen sich in einem bestimmten Marktumfeld einer bestimmten Branche bewegt und dessen Trendentwicklung und Volatilität unterworfen ist. Stellt sich die Marktkapitalisierung nach der Transaktion positiver als die Branchenentwicklung dar, zeichnet dies nach diesem Ansatz eine erfolgreiche Transaktion aus, ein negativer Verlauf dementsprechend einen Misserfolg. Um die Entwicklung vor der Transaktion zu bewerten kann der indizierte Marktwert der involvierten Unternehmen im Verhältnis der Marktwerte dieser Unternehmen zum Zeitpunkt der Transaktion gewichtet werden.[446]

Es muss jedoch berücksichtigt werden, dass ein Wertverlauf unterhalb des Branchenindex nicht unbedingt gleichzusetzen ist mit dem Mißerfolg des M&A-Projektes, da es möglich sein kann, dass eines oder auch beide der involvierten Unternehmen den Index auch in der Stand-alone-Position unterschritten hätten.

---

[445] Vgl. Vogel, Dieter, a. a. O., S. 286
[446] Vgl. Vogel, Dieter, a. a. O., S. 287 f.

9.3.2 Die Analyse der Kapitalmarktreaktionen auf die Ankündigung von Cross-Border-Transaktionen

Im Rahmen dieser Arbeit wird der Versuch unternommen, ein Kapitalmarktsignal für den Erfolg bzw. Misserfolg einer M&A-Transaktion zu identifizieren. Dabei steht im Fokus die kontrovers diskutierte Post-Merger-Phase der fusionierten/akquirierten Unternehmen. Gerade bei internationalen Cross-Border-Transaktionen dürfte die Integrationsphase maßgeblich für den Erfolg der Transaktion sein, da dieser im Gegensatz zu nationalen Transaktionen auf Grund des höheren Integrationsaufwandes größere Bedeutung zukommen müsste. Aufgrund der am Kapitalmarkt zugänglichen Daten zu Cross-Border-Transaktionen wird in diesem Kapitel ausschließlich auf diese eingegangen. Vor diesem Hintergrund wird durch Untersuchung internationaler Cross-Border-Transaktionen die Erwartung des Kapitalmarktes im Hinblick auf den Erfolg des Zusammenschlusses gemessen. Dabei wird unterstellt, dass sich die Kapitalmarktreaktionen für Cross-Border-Transaktionen hauptsächlich auf Erwartungen hinsichtlich des Erfolgs/Misserfolgs innerhalb der Post-Merger-Phase beziehen.

9.3.2.1 Bestimmung der Vorgehensweise

Im Rahmen dieses Kapitels wird der Erfolg von Cross-Border-Transaktionen überprüft. Im Folgenden wird die Vorgehensweise der empirischen Untersuchung vorgestellt. Überprüft wird die Hypothese, ob der Kapitalmarkt die Ankündigung einer Cross-Border-Transaktion positiv oder negativ bewertet hat.

Die Ankündigungseffekte werden durch die Verwendung von Eventstudien[447] untersucht, welche sich insbesondere in der modernen Kapitalmarktforschung bei der Überprüfung von empirischen Zusammenhängen etabliert haben. Das Prinzip der Eventstudien basiert auf einem einfachen Ist-Soll-Vergleich. So wird die tatsächliche Rendite zum Zeitpunkt des Ereignisses mit der erwarteten Rendite zu diesem Zeit-

[447] Unter anderem haben sich z. B. Boehmer, Ekkehart; Musumeci, Jim; Poulsen, Annette B., Event-Study Methodology under Conditions of Event-Induced Variance, in: Journal of Financial Economics, Vol. 30, 1991, S. 253 – 272; Cable, John; Holland, Kevin, Regression vs. Non-regression models of normal returns: implications for event-studies, in: Economic Letters, Vol. 64, 1999, S. 81 – 85 und Dyckman, Thomas; Philbrick, Donna; Stephan, Jens, A comparison of event study methodologies using daily stock returns – A simulation approach, in: Journal of Accounting Research, Vol. 22, 1984, S. 1 – 33 mit den Vorgehensweisen bei Eventstudien befasst.

punkt, welche eingetreten wäre, würde das Ereignis nicht vorkommen, verglichen. Bei einer bestehender Differenz spricht man von einer Überrendite. Diese stellt im Wesentlichen die Erwartungen des Kapitalmarktes bzgl. der Wirtschaftlichkeit der Übernahmeentscheidung dar. Die Aktienrenditenanalyse ermöglicht somit indirekt, die Auswirkungen eines Ereignisses auf den Marktwert des Unternehmens zu messen.[448]

An der folgenden allgemeinen Vorgehensweise bei Ereignisstudien orientiert sich die im Rahmen dieser Arbeit durchgeführte Studie:

- Definitionen des Ereignisses und -zeitpunktes,
- Berechnung der erwarteten (normalen) Renditen und der abnormalen Renditen (Überrenditen), d. h. Bereinigung der beobachteten um die erwartete Rendite,
- Testen der statistischen Signifikanz der Überrenditen.

Eine wesentliche Voraussetzung bei der Untersuchung liegt in der Bestimmung der erwarteten Rendite. Zur Ermittlung der erwarteten Renditen wird ausschließlich das Marktmodell herangezogen. Die Vorteile dieser Entscheidung liegen darin, dass das Marktmodell von den Schwächen des CAPM abstrahiert. Zugleich ermöglicht das Marktmodell eine bessere Umsetzung der empirischen Untersuchung. Im Weiteren wird zunächst näher auf die Kapitalmarktmodelle eingegangen, um anschließend die Begründung für die Auswahl des Marktmodells zu liefern.

9.3.2.2 Besonderheiten von Cross-Border-Übernahmen im Rahmen der Event-Studien

Unter Cross-Border ist eine länderübergreifende Transaktion zu verstehen. Dabei ist stets wie bereits angedeutet die Integrationsphase von besonderer Bedeutung.

[448] Vgl. Wulff, Christian, Kapitalmarktreaktionen auf Nennwertumstellungen, Univ. Diss. Wiesbaden, 2001, S. 106

Um die Kursrelevanz der Cross-Border-Transaktionen zu bestimmen, kann auf die Literaturausführungen hingewiesen werden.[449] So werden in der betriebswirtschaftlichen Literatur Studien mit sowohl positiven als auch negativen Kursreaktionen genannt.

Aus der „klassischen“ Definition der Unternehmenstransaktion geht hervor, dass sie die Zahlungsströme beeinflusst und somit den Unternehmenswert verändert. Somit dürfte am Kapitalmarkt eine entsprechende transaktionsbasierte Neubewertung stattfinden. Die Richtung und die Höhe der Anpassung des Marktwertes bestimmt der Kapitalmarkt anhand der ihm zugänglichen Informationen und bildet daraus entsprechende Erwartungen.

9.3.2.2.1 Vorgehensweisen zur Ermittlung von Renditen sowie Überrenditen

Im Folgenden werden die geeigneten Vorgehensweisen zur Berechnung von Renditen und Überrenditen vorgestellt.

Berechnung von Renditen

Die zum Zeitpunkt t tatsächlich am Markt beobachtete Rendite entspricht dem Quotienten der Summe der im Zeitraum t-1 bis t realisierten Vorteile und dem Kurs zum Zeitpunkt t-1. Dabei ist zu berücksichtigen, dass im Zeitpunkt t-1 die Wertpapiere erworben wurden. Die Vorteile setzen sich aus der Kursdifferenz der zwei Zeitpunkte

[449] Vgl. Cakici, Nusret; Hessel, Chris; Tandon, Kishore, Foreign acquisitions in the United States – Effect on shareholder wealth of foreign acquiring firms, in: Journal of Banking and Finance, Vol. 20, 1996, S. 307 – 329; Eun, Cheol S.; Kolodny, Richard; Scheraga, Carl, Cross-border acquisitions and shareholder wealth: Test of the synergy and internalization hypotheses, in: Journal of Banking and Finance, Vol. 20, 1996, S. 1559 – 1582; Kang, Jeanne, The international market for corporate control: Mergers and acquisitions of US firms by Japanese firms, in: Journal of Financial Economics, Vol. 34, 1993; Markides, Constantinos C.; Ittner, Christopher D., Shareholder benefits from corporate international diversification – Evidence from US international acquisitions, in: Journal of International Business Studies, second quarter, 1994, S. 343 – 366; Danbolt, Jo, An analysis of gain and losses to shareholders of foreign bidding companies engaged in cross-border acquisitions into the United Kingdom, in: European Journal of Finance, Vol. 1, 1995, S. 279 – 309; Conn, R.; Connell, F., International mergers: Returns to US and British firms, in: Journal of Business Finance and Accounting, Vol. 17, 1990, S. 689 – 711; Goergen, Marc; Renneboog, Luc, Shareholder Wealth Effects of European Domestic and Cross-border Takeover Bids, in: European Financial Management, Vol. 10, 2004, Nr. 1, S. 9 – 45

und den in diesem Zeitraum auftretenden Dividendenzahlungen sowie sonstigen geldwerten Vorteilen, die in diesem Zeitraum entstanden sind, zusammen.

$$R_{i,t} = \frac{K_{i,t} - K_{i,t-1} + D_{i,t} + BZ_{i,t}}{K_{i,t-1}} - 1$$

Die Rendite einer Kapitalmarktanlage kann in Form von stetigen oder diskreten Verfahren berechnet werden. Die stetigen Renditen werden auf Grund von besseren Verteilungseigenschaften in vielen Arbeiten bevorzugt. So weisen die logarithmierten Renditen bessere Normalverteilungseigenschaften auf, die zugleich in vielen Kapitalmarktmodellen eine Basisannahme definieren. Ein weiterer Grund des Einsatzes von stetigen Renditen ist die Mitberücksichtigung des Zinseszinseffektes bei der Addition von stetigen Renditen.[450] Dennoch wurde in dieser Arbeit die Entscheidung getroffen, die Berechnung der Unternehmensrenditen ausschließlich mit diskreten Renditen durchzuführen. Zum einen orientiert sich diese Entscheidung an der Empfehlung von Campbell/Lo/MacKinley (1997)[451], in Ereignisstudien nicht logarithmierte Renditen zu verwenden. Zugleich konnte festgestellt werden, dass die logarithmierten Portfoliorenditen systematisch nach unten verzerrt sind.[452]
Letztendlich bestätigen die Ergebnisse von Simulationsstudien, dass die Auswahl der jeweiligen Renditeberechnungen keine Auswirkungen auf das Untersuchungsergebnis vermuten lässt. Zu diesem Ergebnis kam Thomson bei der Überprüfung der zwei Berechnungsvorgehensweisen.[453]
Bei der Renditebestimmung werden die Transaktionskosten beim Aktienhandel außer Acht gelassen.

---

[450] Auf Grund der mathematischen Eigenschaften von Logarithmen ist der Logarithmus einer Summe ungleich der Summe der Logarithmen. Dies führt im Rahmen der Ermittlung von Portfoliorenditen zu fehlerhaften Ergebnissen. Vgl. Wulff, Christian, S. 114 f.

[451] Vgl. Campbell, Johnny; Lo, Andrew W.; MacKinlay, A. Craig, The Econometrics of Financial Markets, Princeton, 1997

[452] Vgl. Barber, Brad M.; Lyon, John D., Detecting Long-Run Abnormal Stock Returns: The Empirical Power and Specification of Test Statistics, in: Journal of Financial Economics, Vol. 43, 1997, S. 153 ff.

[453] Vgl. Thompson, J. E., More Methods of Event Studies in Corporate Finance, in: Journal of Business Finance and Accounting, Vol. 15, 1988, S. 77 – 86

Berechnung von Überrenditen

Um die Auswirkungen der Ankündigung eines Unternehmensereignisses quantitativ am Aktienkurs zu messen, ist es erforderlich, neben der Berechnung der Renditen auch eine Orientierungsgröße zu bestimmen. Diese Größe erfasst dabei den theoretischen Fall, dass das Unternehmensereignis nicht eingetreten ist. Das Konzept der Überrenditenberechnung basiert auf dem Vergleich der tatsächlichen mit der erwarteten Rendite und versucht, diese Differenz durch fundierte wissenschaftliche Diskussion zu erklären. Im Rahmen des Überrenditekonzeptes ist die Definition des informationseffizienten Marktes[454] zu berücksichtigen. Ein informationseffizienter Markt nach Fama[455] ist derjenige, dessen Preise „at any time fully reflect available information". Gemäß dieser Definition erfolgt die Anpassung der Preise an neue Informationen stets unverzüglich und vollständig. Alle bewertungsrelevanten Informationen sind zu jedem Zeitpunkt in den Marktpreisen erhalten. In diesem Zustand ist jedoch die Realisierung von systematischen Überrenditen nicht möglich, wodurch das Überrenditekonzept zum folgenden Ergebnis führt:

$$E(AR_{i,t}) = 0$$

wobei sich die Überrendite wie folgt berechnet:

$$AR_{i,t} = R_{i,t} - E(R_{i,t})$$

$AR_{i,t}$ = Überrendite der Aktie i am Tag t
$R_{i,t}$ = beobachtete Rendite der Aktie i am Tag t
$E(R_{i,t})$ = erwartete Rendite der Aktie i am Tag t

Die im Markt gehandelten Wertpapiere notieren stets zu ihren fairen Preisen.[456] Da der deutsche Kapitalmarkt im Sinne der Definition von Fama[457] als nicht streng

[454] Maßgeblich wurde der Begriff der Informationseffizienz von Kapitalmärkten von Fama, E. F., Efficient Capital Markets – A Review of Theory and Empirical Work, in: Journal of Finance, Vol. 25, 1970, S. 383 – 418 geprägt.

[455] Vgl. Fama, E. F. (1970), a. a. O., S. 383 – 417 und Fama, E. F., Efficient Capital Markets –Reply, in: Journal of Finance, Vol. 31, 1976, S. 143 – 145

[456] Vgl. Seeger, Heiko, Insiderhandel am deutschen Kapitalmarkt – Eine empirische Untersuchung von Existenz und Erkennbarkeit, Univ. Diss., Frankfurt am Main, 1998, S. 20; Brealy, Richard A.; Myers, Stewart C., Principles of Corporate Finance, Fifth Edition, New York, 1996, S. 323 f. und S. 331

informationseffizient anzusehen ist, werden in diesem Fall zumindest in einem kleinen Zeitraum um den Ankündigungstag abnormale Renditen erwartet. Die Kursreaktion kann dabei Signale für die Erwartungen des Marktes in Bezug auf das angekündigte Ereignis senden.

Die Literatur verwendet bei der Ermittlung von kumulierten Überrenditen die additive sowie die multiplikative Verknüpfung der Überrenditen und die Bestimmung von Buy-and-hold-Überrenditen.[458]

Die additive Ermittlung von kumulierten Überrenditen geht auf Fama/Fisher/Jensen/Roll[459] zurück:

$$CAR_{i,\tau,L} = \sum_{t=\tau}^{t=\tau+L} AR_{i,t}$$

Die multiplikative Verknüpfung der Überrenditen geht auf Ball/Brown zurück. Das Ergebnis einer kumulierten multiplikativen Verdichtung von Überrenditen wurde von Ball/Brown[460] vorgeschlagen und wird in einem Abnormal-Performance-Index (API) erfasst. Der API berechnet die durchschnittliche Rendite eines Portfolios. Dabei werden im Gegensatz zum CAR auch Zinseszinseffekte berücksichtigt.

$$API_{\tau,L} = \frac{1}{N}\sum_{i=1}^{N} API_{i,\tau,L} = \frac{1}{N}\sum_{i=1}^{N}\left(\prod_{t=\tau}^{t=\tau+L}(1+AR_{i,t}) - 1\right)$$

Der Buy-and-hold-Ansatz sieht die folgende Vorgehensweise zur Ermittlung der Überrenditen vor:

---

457 Vgl. hierzu Fama, E. F. (1970), a. a. O.; Fama, E. F. (1976), a. a. O. und Fama, E. F., Efficient Capital Markets II, in: Journal of Finance, Vol. 46, 1991, S. 1575 – 1617

458 Die additive Berechnung der Überrenditen wird im Rahmen der empirischen Studien überwiegend eingesetzt. Vgl. hierzu z. B. Barber, Brad M.; Lyon, John D., a. a. O.; Erhardt, Martin, Börseneinführungen von Aktien am deutschen Kapitalmarkt, Wiesbaden, 1997 und Stehle, Richard; Erhardt, Olaf, Renditen bei Börseneinführungen am deutschen Kapitalmarkt, in: Zeitschrift für Betriebswirtschaft, 1999, S. 1395 – 1422

459 Vgl. Fama, E. F.; Fisher, L.; Jensen M. C.; Roll R., The Adjustment of Stock Prices to New Information, in: International Economic Review, Vol. 10, 1969, S. 1-21

460 Vgl. Ball, Ray; Brown, Philip, An Empirical Evaluation of Accounting Income Numbers, in: Journal of Accounting Research, Vol. 6, No. 2, 1968, S. 159 – 178

$$BHAR_{i,\tau,L} = \prod_{t=\tau}^{t=\tau+L}(1+R_{i,t}) - \prod_{t=\tau}^{t=\tau+L}(1+R_{m})$$

Im Rahmen dieser Arbeit werden die kumulierten Überrenditen mittels der additiven Vorgehensweise berechnet.

Berechnungsweisen der erwarteten Renditen

Als Alternativen zur Bestimmung der erwarteten Renditen stehen das Marktmodell, das Modell konstanter Renditemittelwerte, das Modell der Marktbereinigung, das CAPM bzw. andere Renditebestimmungsmodelle[461] zur Verfügung. In dieser Arbeit wird primär das Marktmodell zur Bestimmung der erwarteten Renditen und somit auch zur Determinierung von abnormalen Renditen herangezogen.

Im Folgenden erfolgt aus Gründen der Vollständigkeit die Vorstellung des Modells der konstanten Renditemittelwerte und des Modells der Marktbereinigung neben dem Marktmodell und dem CAPM.

a) Marktmodell

Die Entwicklung des Marktmodells geht auf Markowitz (1959) zurück. Er unterstellt einen linearen Zusammenhang zwischen Wertpapier- und Marktportfoliorendite.

$$R_{i,t} = \alpha_i + \beta_i R_{m,t} + \varepsilon_{i,t}$$

wobei

ε = Störterm

$R_{m,t}$ = Marktportfoliorendite am Tag t

Das OLS-Verfahren dient der Ermittlung von Alpha und Beta. Bei der Ermittlung der Parameter sollte möglichst keine Überlappung der Schätz- und der Ereignisperiode vorliegen.

---

[461] Wulff, Christian bietet eine Übersicht von alternativen Modellen; vgl. Wulff, Christian, a. a. O., S. 124 ff.

In dieser Arbeit werden die abnormalen Renditen bei der Bestimmung der Kapitalmarktreaktion als Input für weitere Berechnungen verwendet. Es werden die Marktreaktionen auf die Ankündigung einer Cross-Border-Transaktion untersucht. Im Mittelpunkt der Betrachtung stehen der Ankündigungstag und eine Ereignisperiode von 20 Tage vor und nach dem Ereignis.

Um die Parameter des Marktmodells zu bestimmen, wurde eine Schätzperiode von – 748 bis –20[462] Tage herangezogen.[463] Diese Vorgehensweise orientiert sich an der Vorgehensweise von Bloomberg. Dort werden zur Bestimmung von Marktmodellparametern Renditen der Aktien und des Marktes in einem Zeitraum von 104 Wochen aufeinander regressiert. Als Marktportfoliorendite wird die Performance des MSCI-World Index bei den Berechnungen berücksichtigt.

b) Modell der konstanten Renditemittelwerte

Das Modell der konstanten Renditemittelwerte basiert auf der Annahme, dass die erwartete Rendite einer Anlage in einem Verhältnis zu den historischen Renditen steht. Dieses Verhältnis kann dabei am besten durch einen Mittelwert prognostiziert werden.

$$E(R_{i,t}) = \overline{R_i} = \frac{1}{n}\sum_{t=1}^{n} R_{i,t}$$

Analog zu den Ausführungen im Rahmen des Marktmodells ist die Schätzperiode für die durchschnittliche Rendite üblicherweise auf einen bestimmten Zeitraum vor Beginn der Ereignisperiode zu determinieren.[464]

c) Modell der Marktbereinigung

Wie das Konzept der konstanten Renditemittelwerte, unterstellt auch das Modell der Marktbereinigung eine Abhängigkeit zwischen zwei Renditegrößen. Die Marktbereinigung unterstellt jedoch, dass die erwartete Rendite einer Anlage der Rendite des Marktindexes entspricht. Somit ist ausschließlich der Marktindex der maßgebliche Einflussfaktor.

---

[462] Dieser Zeitraum deckt 104 Handelswochen ab.

[463] Zur Bestimmung von Schätzperiodenlängen vgl. Wulf, Christian, a. a. O., S. 116 ff.

[464] Vgl. Wulff, Christian, a. a. O., S. 121 f.

$$E(R_{i,t}) = R_{m,t}$$

Die erwartete Rendite nach dem Modell der Marktbereinigung entspricht dem Marktmodell, falls der Alphaparameter des Markmodells gleich Null und der Betaparameter gleich Eins ist.[465]

d) CAPM

Das CAPM ist das in der Praxis am weitesten verbreitete und anerkannteste Kapitalmarktmodell und das trotz seiner offensichtlichen Schwächen. Das CAPM wurde unabhängig von William F. Sharpe[466], John Lintner[467] und Jan Mossin[468] entwickelt. In die CAPM-Berechnungsformel gehen die Renditewerte für festverzinsliche langjährige Wertpapiere bspw. 10-jährige Bundesanleihen oder Treasury Bills, ein. Zusätzlich werden dort die Rendite des Marktportfolios und das systematische Unternehmensrisiko berücksichtigt.

Wie bereits oben dargestellt, wird die CAPM-basierte Renditeforderung der Eigenkapitalgeber wie folgt bestimmt:

$$r^{CAPM} = r_f + (r_M - r_f) \times \beta$$

r^{CAPM}	= Eigenkapitalkosten nach CAPM
r_f	= risikoloser Zins
r_M	= Rendite des Marktportfolios
β	= Betawert des Unternehmens

Die Eigenkapitalrendite entspricht dem Eigenkapitalkostensatz im Sinne der aktionärsseitig minimal geforderten Rendite, die sich wiederum an den Risiken der Anlage orientiert. Es wird deutlich, dass der unternehmensindividuelle Eigenkapitalkostensatz allein von dem Betawert des Unternehmens abhängig ist.

---

[465] Vgl. Wulff, Christian, a. a. O., S. 123 f.

[466] Vgl. Sharpe, William F., Capital asset prices – A theory of market equilibrium under conditions of risk, in: The Journal of Finance, 1964, S. 425 – 442

[467] Vgl. Lintner, John, The valuation of risky assets and the selection of risky investments in stock portfolios and capital budgets, in: Review of Economics and Statistics, Vol. 47, 1965, No. 1, S. 13 – 37

[468] Vgl. Mossin, Jan, Equilibrium in a capital asset market, in: Econometrica, 1966, S. 768 – 783

9.3.2.2.2 Stichprobenauswahl

Im Rahmen der Untersuchung von Kapitalmarktreaktionen auf die Ankündigung von Cross-Border-Transaktionen werden zwei Subuntersuchungen durchgeführt. Die erste Untersuchung analysiert die Cross-Border-Transaktionen des Jahres 2004 und des Jahres 2005 bis zum 09. März 2005. An diesem Tag erfolgte die letzte Erhebung der Transaktionsankündigungen. Insgesamt werden im Rahmen dieser Subuntersuchung 2.205 Transaktionsankündigungen analysiert. Die zweite Untersuchung ist eine Stichprobe von Cross-Border-Transaktionen, die im Zeitraum vom 01. Januar 2000 bis zum 31. Dezember 2004 angekündigt wurden. Die Stichprobengröße enthält 256 Transaktionen. Die zweite Untersuchung soll einen Überblick über durchschnittliche historische Kursreaktionen ermöglichen.

9.3.2.2.3 Ereigniszeitraumbestimmung

Die Reaktion der Kapitalmärkte auf ein Ereignis kann in einen Erwartungseinfluss und einen Ankündigungseinfluss aufgeteilt werden. Die Höhe und Aufteilung der Einflüsse ist vom Antizipationsgrad eines Ereignisses bzw. dessen ex-ante-Eintrittswahrscheinlichkeit abhängig.

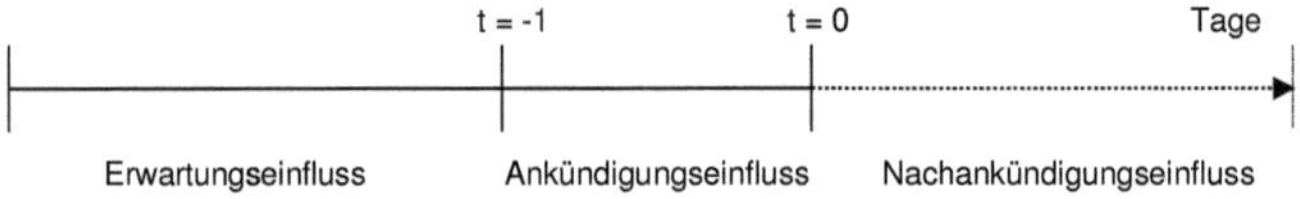

Abbildung 40: Determinierung der Ereigniszeiträume

Die Literatur der letzten Dekade berücksichtigt einen sogenannten 2-Tages-Ankündigungseffekt.[469] Er impliziert, dass eine bekanntgewordene Information eine kurze Zeit benötigt, bis sie sich vollständig im Aktienkurs niederschlagen kann.

[469] Vgl. Seeger, Heiko, a.a.O.,S. 106

Es wird erwartet, dass einen Tag nach der Veröffentlichung eines Ereignisses keine nennenswerten Überrenditen mehr zu erzielen sind. Eine Überrendite zwei Tage nach der Bekanntgabe eines Ereignisses dürfte nicht mehr vorliegen. Werden nach diesem Zeitraum abnormale Renditen festgestellt, so kann von der Annahme ausgegangen werden, dass der Markt die Transaktion als vor- bzw. nicht vorteilhaft bewertet. Auf Grund dieser Annahme kann bei einem Nachweis der Signifikanz der Überrenditen auf die Zustimmung bzw. Ablehnung des Marktes zur Transaktion geschlossen werden.

In empirischen Studien wird die hohe Relevanz der Festlegung des Ereignistages besonders betont.[470] Dies geschieht insbesondere in Bezug auf die Validität der ermittelten Ergebnisse. Allgemein wird als Ereignistag der Tag der Bekanntgabe der Information bestimmt. Der Veröffentlichungstag stimmt mit dem Zugang der Nachricht an die Öffentlichkeit überein. Erfolgt die Verbreitung der Information über ein allgemein zugängliches Informationssystem, so gilt sie allgemein als bekannt.

9.3.2.2.4 Empirische Untersuchung

Im Folgenden werden die Auswirkungen der Ankündigung einer Cross-Border-Transaktion empirisch beurteilt. Im Fokus der Überlegungen steht dabei die Analyse der abnormalen Renditen und somit der Einfluss der Ankündigung auf den totalen Marktwert der untersuchten Aktien. Sollte der Nachweis von abnormalen Renditen, die auf die Ankündigung einer Cross-Border-Transaktion zurückzuführen sind, gelingen, so wären einerseits die Markterwartungen in Bezug auf die Vorteilhaftigkeit des Unternehmenszusammenschlusses erkennbar, andererseits könnte die Signalwirkung der Ankündigung als Beginn einer globalen Expansionsstrategie als bestätigt angesehen werden. Werden im Folgenden bei allen Untersuchungen Ergebnisse als signifikant gekennzeichnet, so gilt dies für ein Sicherheitsniveau von mindestens 90%. Alle verwendeten Daten entstammen der Bloomberg-Datenbank. Zur Verifizierung der Daten wurde zusätzlich die Datastream-Datenbank von Thomson Financials herangezogen.

---

[470] Vgl. Seeger, Heiko, a. a. O., S. 109 und Brown, Stephen J.; Warner, Jerold B., Measuring security price performance, in: Journal of Financial Economics, Vol. 8, 1980, S. 249

Subuntersuchung für den Zeitraum 2004 bis 2005

Wie im Abschnitt 9.3.2.2.2 bereits aufgeführt, werden zwei empirische Subuntersuchungen durchgeführt. Die an dieser Stelle präsentierte Subuntersuchung betrachtet den Ankündigungszeitraum vom 01. Januar 2004 bis zum 09. März 2005. In diesem Zeitraum wurden insgesamt 2.205 Cross-Border-M&A-Deals angekündigt. Wie bereits erwähnt, wurden im Rahmen der Untersuchung die erwarteten Renditen mit Hilfe des Marktmodells ermittelt. Bei insgesamt 173 Unternehmen konnten die Alpha- und Betawerte des Marktmodells nicht mit ausreichender Datenmenge ermittelt werden. Unternehmen, bei welchen keine ausreichenden historischen Kurszeitreihen ermittelt werden konnten, wurden aus der Stichprobe ausgeschlossen. Insgesamt wurden 1.982 Ankündigungen von Cross-Border-Transaktionen in einem Zeitfenster von 20 Tagen betrachtet. 1.705 entfallen auf das Jahr 2004. Die verbleibenden Transaktionen wurden in 2005 angekündigt.

Die abnormalen Renditen zeigen einen auffälligen Ausschlag. Am Tag der Bekanntgabe der Cross-Border-Übernahme erfolgt die deutlichste positive Abweichung von den erwarteten Werten. Allerdings ist zu beobachten, dass die Anzahl der negativen abnormalen Renditen die positiven im Beobachtungszeitraum übersteigt. So sind insgesamt 13 positive im Gegensatz zu 27 negativen Überrenditen zu zählen. Zugleich sind nach der Ankündigung nur an vier Tagen positive abnormale Renditen zu beobachten. Im Vergleich dazu war an acht Tagen vor der Ankündigung eine positive Überrendite zu beobachten.

Der Kapitalmarkt scheint diese Cross-Border-Transaktionen kritisch zu betrachten. Werden die Überrenditen zur Analyse der Zweckmäßigkeit des Zusammenschlusses herangezogen, so scheint der Kapitalmarkt die internationalen Transaktionen zunächst sehr skeptisch zu beurteilen. Im Folgenden sind die Statistiken und der Test der Überrenditen auf ihre Signifikanz aufgeführt.

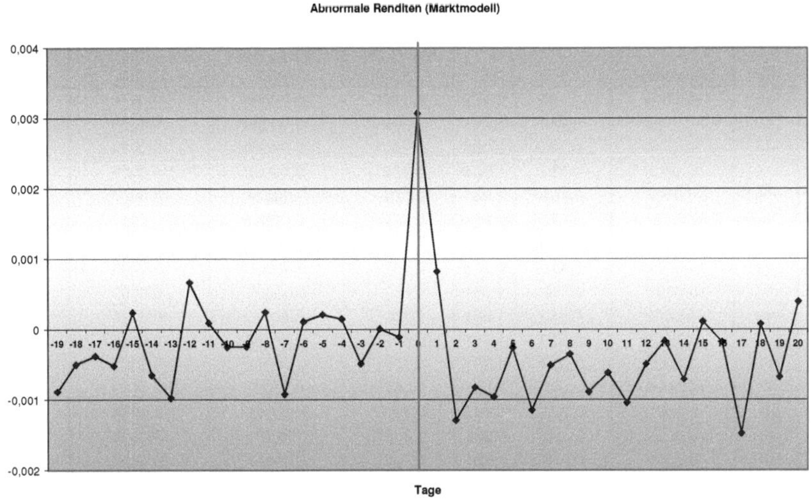

Abbildung 41: Durchschnittliche abnormale Renditen - Benchmark: Marktmodell

Die statistische Auswertung zeigt am Ankündigungstag eine signifikante positive Überrendite i. H. v. 0,31%. Die sonstigen Tage mit signifikanten Überrenditen sind in der Tabelle entsprechend dem Signifikanzniveau gekennzeichnet. Interessant ist die Tatsache, dass mit Ausnahme des Ankündigungstages alle anderen signifikanten Überrenditen negativ sind.[471]

[471] Die im Rahmen dieser Arbeit durchgeführten Berechnungen basieren auf der Statistiksoftware SPSS. Die Auswahl der einzelnen Testverfahren orientiert sich an den Empfehlung von statistischen Lehrbüchern; vgl. z. B. Hartung, J.; Elpelt, B.; Klösener, K.-H., Statistik, 11. Auflage, München, 1998

Test bei einer Stichprobe

Tage	Überrendite	Testwert = 0					
		T	df	Sig. (2-seitig)	Mittlere Differenz	95% Konfidenzintervall der Differenz	
						Untere	Obere
-19	**-0,0009**	-1,793	1.981	**0,073***	-0,00088	-0,0019	0,0001
-18	-0,0005	-0,942	1.981	0,346	-0,00050	-0,0015	0,0005
-17	-0,0004	-0,738	1.981	0,461	-0,00038	-0,0014	0,0006
-16	-0,0005	-0,981	1.981	0,327	-0,00052	-0,0016	0,0005
-15	0,0002	0,484	1.981	0,628	0,00024	-0,0007	0,0012
-14	-0,0007	-1,270	1.981	0,204	-0,00065	-0,0017	0,0004
-13	**-0,0010**	-2,119	1.981	**0,034****	-0,00098	-0,0019	-0,0001
-12	0,0007	1,404	1.981	0,161	0,00066	-0,0003	0,0016
-11	0,0001	0,186	1.981	0,852	0,00009	-0,0009	0,0011
-10	-0,0002	-0,553	1.981	0,580	-0,00025	-0,0011	0,0006
-9	-0,0002	-0,523	1.981	0,601	-0,00024	-0,0012	0,0007
-8	0,0002	0,504	1.981	0,614	0,00025	-0,0007	0,0012
-7	**-0,0009**	-1,877	1.981	**0,061***	-0,00092	-0,0019	0,0000
-6	0,0001	0,227	1.981	0,821	0,00011	-0,0008	0,0011
-5	0,0002	0,420	1.981	0,674	0,00021	-0,0008	0,0012
-4	0,0001	0,278	1.981	0,781	0,00015	-0,0009	0,0012
-3	-0,0005	-0,966	1.981	0,334	-0,00049	-0,0015	0,0005
-2	0,0000	0,013	1.981	0,990	0,00001	-0,0009	0,0009
-1	-0,0001	-0,218	1.981	0,827	-0,00011	-0,0011	0,0009
0	**0,0031**	4,398	1.981	**0,000*****	0,00307	0,0017	0,0044
1	0,0008	1,371	1.981	0,170	0,00082	-0,0004	0,0020
2	**-0,0013**	-2,418	1.981	**0,016****	-0,00129	-0,0023	-0,0002
3	**-0,0008**	-1,789	1.981	**0,074***	-0,00083	-0,0017	0,0001
4	**-0,0010**	-1,949	1.981	**0,051***	-0,00096	-0,0019	0,0000
5	-0,0003	-0,575	1.980	0,565	-0,00026	-0,0011	0,0006
6	**-0,0012**	-2,452	1.977	**0,014****	-0,00115	-0,0021	-0,0002
7	-0,0005	-0,988	1.968	0,323	-0,00051	-0,0015	0,0005
8	-0,0003	-0,673	1.966	0,501	-0,00035	-0,0014	0,0007
9	**-0,0009**	-1,668	1.962	**0,096***	-0,00089	-0,0019	0,0002
10	-0,0006	-1,215	1.955	0,224	-0,00061	-0,0016	0,0004
11	**-0,0010**	-2,114	1.942	**0,035****	-0,00105	-0,0020	-0,0001
12	-0,0005	-1,023	1.935	0,307	-0,00049	-0,0014	0,0005
13	-0,0002	-0,289	1.931	0,773	-0,00016	-0,0013	0,0009
14	-0,0007	-1,373	1.928	0,170	-0,00071	-0,0017	0,0003
15	0,0001	0,219	1.925	0,827	0,00011	-0,0009	0,0011
16	-0,0002	-0,373	1.921	0,709	-0,00018	-0,0011	0,0008
17	**-0,0015**	-3,095	1.914	**0,002*****	-0,00148	-0,0024	-0,0005
18	0,0001	0,144	1.908	0,886	0,00008	-0,0010	0,0011
19	-0,0007	-1,168	1.903	0,243	-0,00068	-0,0018	0,0005
20	0,0004	0,710	1.899	0,478	0,00039	-0,0007	0,0015

Abbildung 42: Durchschnittliche abnormale Renditen im Zeitraum (-20; + 20) - Benchmark: Marktmodell

Der Verlauf der ermittelten kumulierten abnormalen Renditen zeigt einen negativen Kurvenverlauf. Somit fallen die kumulierten Renditen bis einen Tag vor Ankündigung.

Anschließend erholen sie sich leicht, wobei der Erholung ein Absturz bis auf ein kumuliertes Niveau von etwa -1,1% folgt.

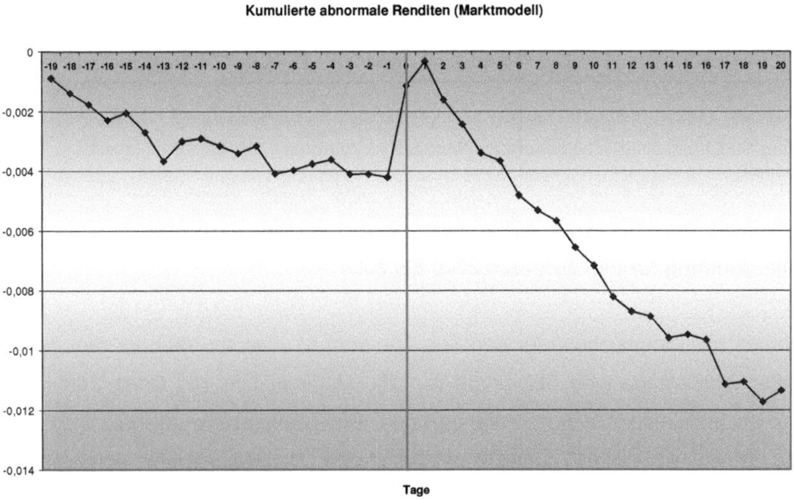

Abbildung 43: Kumulierte durchschnittliche abnormale Renditen 2004 - 2005 - Benchmark: Marktmodell

Bei der Betrachtung der kumulierten abnormalen Renditen unter Heranziehung des Marktmodells als Benchmark werden im Folgenden Zeitraumuntersuchungen analysiert. In dem Zeitraum von 20 Tagen um den Ankündigungstag ist eine signifikante kumulierte abnormale Rendite von -1,1% zu beobachten. Im Zeitraum von zehn Tagen um das Ereignis liegt eine signifikante kumulierte Überrendite von -0,4% vor. Weitere untersuchte Zeiträume zeigen keine signifikanten Entwicklungen auf.

Test bei einer Stichprobe

		Testwert = 0					
						95% Konfidenzintervall der Differer	
Tage	Überrenditen	T	df	Sig. (2-seitig)	Mittlere Differenz	Untere	Obere
-/+ 20	**-0,0112**	-3,216	1.981	**0,001*** **	-0,01119	-0,0180	-0,0044
-/+ 10	**-0,0040**	-1,650	1.981	**0,099***	-0,00398	-0,0087	0,0007
-/+ 5	0,0001	0,068	1.981	0,946	0,00011	-0,0030	0,0032
-/+ 2	0,0025	2,131	1.981	0,033	0,00249	0,0002	0,0048

*** = signifikant auf dem 0,01-Niveau ** = signifikant auf dem 0,05-Niveau * = signifikant auf dem 0,1-Niveau

Abbildung 44: Durchschnittliche abnormale Renditen im Zeitraum (-20; +20) - Benchmark: Marktmodell

Subuntersuchung für den Zeitraum 2000 bis 2004

Im Rahmen der Untersuchung für den Zeitraum vom 01. Januar 2000 bis zum 31. Dezember 2004 wurde eine Stichprobe von 256 Unternehmen, die Cross-Border-Transaktion angekündigt haben, herangezogen. Die Stichprobe wurde aus insgesamt 16.599 angekündigten Transaktionen ausgewählt. Dabei wurden für jedes Jahr mindestens 50 Vertreter ausgewählt. Die ausgewählten 256 Werte wurden anschließend noch um Werte, bei welchen keine ausreichenden historischen Kurszeitreihen ermittelt werden konnten, bereinigt. Insgesamt verblieben in der Untersuchungsstichprobe 169 Unternehmen, die eine Cross-Border-Transaktion angekündigt haben.

Der Kurvenverlauf der abnormalen Überrenditen zeigt deutliche Ausschläge. 14 Tage vor dem Ereignis ist die erste deutliche Abweichung ersichtlich. Diese beträgt in etwa 0,58%, ist jedoch nicht signifikant. Anders sieht es zehn und fünf Tage vor der Ankündigung aus. In beiden Fällen sind negative Überrenditen festgestellt worden. Zugleich sind beide Überrenditen statistisch signifikant. Es folgen einen Tag nach der Ankündigung eine signifikante positive Überrendite von 0,8% und 13 Tage nach der Ankündigung eine negative Überrendite von -0,94%, die ebenfalls statistisch signifikant ist. Die Anzahl der positiven Renditen geht von zehn vor der Ankündigung auf sieben nach der Ankündigung zurück. Dies ist eine ähnliche Entwicklung, wie bereits im Rahmen der Untersuchung der Jahre 2004 und des Beginns des Jahres 2005 festgestellt werden konnte.

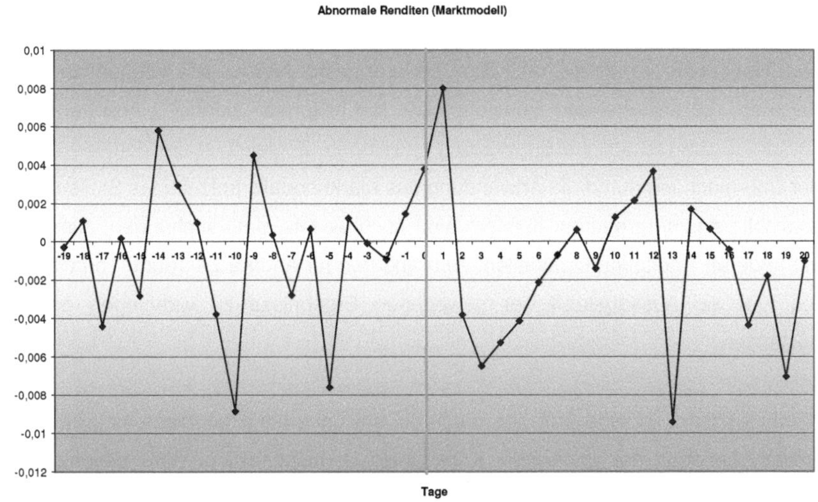

Abbildung 45: Durchschnittliche abnormale Renditen (Benchmark: Marktmodell)

Bei der Analyse ist eine weitere Gemeinsamkeit mit der oben durchgeführten Untersuchung festzustellen. Von insgesamt sechs signifikanten Überrenditen ist lediglich eine positiv. Und diese befindet sich in unmittelbarer Nähe des Ankündigungstages.

Die durchschnittlichen kumulierten Überrenditen zeigen mit Ausnahme des Zeitraumes 16 bis 11 Tage vor der Ankündigung einen ähnlichen Verlauf wie die oben durchgeführte Untersuchung. So entwickeln sich die kumulierten Renditen nach dem Tag -10 vornehmlich negativ. Anschließend erholen sie sich im Zeitraum um die Ankündigung, bis sie zum finalen Absturz übergehen.

Die Analyse der einzelnen Zeiträume zeigt jedoch keine signifikanten Abweichungen. Trotz dieser Feststellung beträgt die kumulierte Überrendite im Zeitraum von 20 Tagen um den Ankündigungstag 3,85%.

Insgesamt kann festgestellt werden, dass gemäß der gewonnenen Ergebnisse die Cross-Border-Transaktionen in einem kurzfristigen Zeitraum vom Kapitalmarkt sehr skeptisch beurteilt werden. Dies konnte durch beide Subuntersuchungen belegt werden. Es muss jedoch berücksichtigt werden, dass der Untersuchungszeitraum durch unterschiedliche Ereignisse beeinflusst worden ist: Zum einen ist an dieser Stelle der Zusammenbruch der weltweiten Börsen zu nennen, der am 11. September 2001 seinen Höhepunkt erfahren hat. Zum anderen sind hierbei der Afghanistan- und Irakkrieg, die anziehenden Rohstoffpreise, die historisch niedrigen Anleiherenditen und die weltwirtschaftliche Entwicklung zu nennen. Zugleich ist die Vorgehensweise der Untersuchung durch die Anwendung des Marktmodells trotz seines Stellenwertes vorsichtig zu interpretieren. Insofern sind noch weitere Untersuchungen, zum einen mit anderen Kapitalmarktmodellen, zum anderen für andere Zeiträume, durchzuführen, um die Aussagekraft der gewonnnen Ergebnisse zu widerlegen oder zu bestätigen.

Nichtsdestotrotz ist eine Aussage durch die gewonnenen Ergebnisse möglich. Unter Berücksichtigung der genannten Kritikpunkte ist festzustellen, dass diejenigen Investoren, die in den Jahren 2004 und zu Beginn des Jahres 2005 in einem Zeitraum von 20 Tagen um den Ankündigungstag einer grenzübergreifenden M&A-Transaktion die Wertpapiere des Übernehmers erworben haben, mit einer negativen Rendite von 1,1% zu rechnen hatten. Ähnliches zeigt die Analyse der Stichprobe von Unternehmen, welche in einem Zeitraum vom 01. Januar 2000 bis zum 31. Dezember 2004 eine grenzüberschreitende M&A-Transaktion angekündigt haben. Dort mussten die Investoren eine negative Überrendite von 3,85% in Kauf nehmen. Diese ist allerdings nicht statistisch signifikant, wobei das Sicherheitsniveau von 90% nur leicht verfehlt wurde.

Test bei einer Stichprobe

Tage	Überrendite	Testwert = 0					
		T	df	Sig. (2-seitig)	Mittlere Differenz	95% Konfidenzintervall der Differenz	
						Untere	Obere
-19	-0,0003	-0,076	168	0,940	-0,00029	-0,0079	0,0073
-18	0,0011	0,222	168	0,825	0,00110	-0,0087	0,0109
-17	-0,0044	-1,363	168	0,175	-0,00441	-0,0108	0,0020
-16	0,0002	0,073	168	0,942	0,00020	-0,0052	0,0056
-15	-0,0028	-0,727	168	0,468	-0,00282	-0,0105	0,0048
-14	0,0058	1,120	168	0,264	0,00581	-0,0044	0,0160
-13	0,0029	0,772	168	0,441	0,00293	-0,0046	0,0104
-12	0,0010	0,181	168	0,857	0,00100	-0,0099	0,0119
-11	-0,0038	-1,095	168	0,275	-0,00378	-0,0106	0,0030
-10	**-0,0089**	-3,059	168	**0,003*** **	-0,00885	-0,0146	-0,0031
-9	0,0045	0,960	168	0,338	0,00450	-0,0048	0,0138
-8	0,0004	0,103	168	0,918	0,00037	-0,0068	0,0075
-7	-0,0028	-0,938	168	0,350	-0,00279	-0,0087	0,0031
-6	0,0007	0,270	168	0,787	0,00067	-0,0043	0,0056
-5	**-0,0076**	-2,548	168	**0,012** **	-0,00760	-0,0135	-0,0017
-4	0,0012	0,276	168	0,783	0,00123	-0,0076	0,0101
-3	-0,0001	-0,035	168	0,972	-0,00010	-0,0058	0,0056
-2	-0,0010	-0,336	168	0,737	-0,00095	-0,0065	0,0046
-1	0,0014	0,364	168	0,716	0,00145	-0,0064	0,0093
0	0,0038	0,988	168	0,324	0,00379	-0,0038	0,0114
1	**0,0080**	2,030	168	**0,044** **	0,00801	0,0002	0,0158
2	-0,0038	-1,277	168	0,203	-0,00382	-0,0097	0,0021
3	-0,0065	-1,238	168	0,218	-0,00649	-0,0168	0,0039
4	-0,0053	-1,311	168	0,192	-0,00527	-0,0132	0,0027
5	**-0,0041**	-1,830	168	**0,069***	-0,00414	-0,0086	0,0003
6	-0,0021	-0,766	168	0,445	-0,00212	-0,0076	0,0033
7	-0,0007	-0,213	168	0,831	-0,00071	-0,0073	0,0058
8	0,0006	0,225	168	0,822	0,00063	-0,0049	0,0061
9	-0,0014	-0,392	168	0,696	-0,00141	-0,0085	0,0057
10	0,0013	0,385	168	0,701	0,00127	-0,0053	0,0078
11	0,0022	0,719	168	0,473	0,00215	-0,0038	0,0081
12	0,0037	0,563	168	0,574	0,00367	-0,0092	0,0165
13	**-0,0094**	-1,892	168	**0,060***	-0,00941	-0,0192	0,0004
14	0,0017	0,301	168	0,764	0,00169	-0,0094	0,0127
15	0,0007	0,143	168	0,887	0,00066	-0,0085	0,0098
16	-0,0004	-0,139	168	0,890	-0,00042	-0,0065	0,0056
17	-0,0044	-1,249	168	0,213	-0,00436	-0,0112	0,0025
18	-0,0018	-0,405	168	0,686	-0,00180	-0,0106	0,0070
19	**-0,0071**	-2,127	168	**0,035** **	-0,00706	-0,0136	-0,0005
20	-0,0010	-0,287	168	0,774	-0,00103	-0,0081	0,0061

Abbildung 46: Durchschnittliche abnormale Renditen im Zeitraum (-20; +20) - Benchmark: Marktmodell

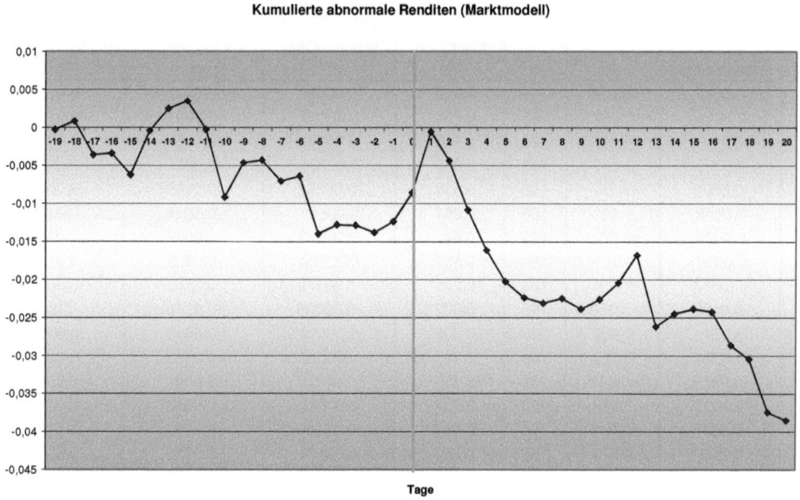

Abbildung 47: Kumulierte durchschnittliche abnormale Renditen 2000 - 2004 Benchmark: Marktmodell

Test bei einer Stichprobe

		Testwert = 0					
						95% Konfidenzintervall der Differenz	
Tage	Überrenditen	T	df	Sig. (2-seitig)	Mittlere Differenz	Untere	Obere
-/+ 20	-0,0385	-1,571	168	0,118	-0,03852	-0,0869	0,0099
-/+ 10	-0,0135	-0,869	168	0,386	-0,01347	-0,0441	0,0171
-/+ 5	-0,0063	-0,627	168	0,532	-0,00629	-0,0261	0,0135
-/+ 2	0,0094	1,492	168	0,138	0,00943	-0,0030	0,0219

*** = signifikant auf dem 0,01-Niveau ** = signifikant auf dem 0,05-Niveau * = signifikant auf dem 0,1-Niveau

Abbildung 48: Durchschnittliche kumulierte abnormale Renditen - Benchmark: Marktmodell

9.3.3 Kritische Betrachtung kapitalmarktorientierter Erfolgskontrolle

Unabhängig von dem angewandten Verfahren der Erfolgskontrolle sind mehrere Aspekte zu berücksichtigen, welche die Aussagekraft der kapitalmarktorientierten Erfolgskontrolle mindern können. Insbesondere die Aussagekraft entsprechender Beurteilungskriterien wird kritisiert.

Temporale Aspekte

Oft beginnt die Aufzeichnung der relevanten Börsenkurse unmittelbar vor der offiziellen Publikmachung der Transaktion. Hier wird ignoriert, dass dem Kapitalmarkt schon längere Zeit vor der Veröffentlichung der Transaktionsabsichten Informationen über die Transaktion vorgelegen haben können oder diese Transaktion die letzte einer schon früher begonnenen Reihe von Transaktionen ist.[472]

Die Dauer des Analysezeitraums hat ebenfalls einen entscheidenden Einfluss auf die Aussagekraft der Erfolgsbeurteilung, da sowohl ein kurzer als auch ein langfristig angelegter Analysezeitraum mit spezifischen Problemen verbunden sind.[473]

Bei einem zu kurz gewählten Analysezeitraum, der bereits unmittelbar nach Abschluss des Kaufvertrages endet, sind in der Regel die angestrebten Synergien noch nicht oder nur teilweise realisiert worden.

Aber auch ein zu lang gewählter Untersuchungszeitraum kann nicht sämtliche Auswirkungen einer M&A-Transaktion erfassen. Strategische Entscheidungen sowie externe Einflüsse überlagern mit größer werdender Dauer des Analysezeitraums die Erfolgswirkungen der Transaktion.[474]

Da beispielsweise ein kausaler Zusammenhang zwischen den vorgenommenen M&A-Aktivitäten und den durch sie ausgelösten Erfolgswirkungen nicht einwandfrei nachgewiesen werden kann, ist die M&A-Erfolgskontrolle auf Basis der langfristigen Analyse der jeweiligen Aktienkursentwicklung nur eingeschränkt möglich.[475]

Ein generelles Problem der kapitalmarktorientierten Erfolgsbeurteilungen ist deren hoher Aggregationsgrad. Daher lässt sich der direkte Einfluss der einzelnen Maßnahmen auf den Aktienkurs selten quantifizieren.

Zu diesen von der Dauer des Analysezeitraums abhängigen Problemen kommt noch das generelle Problem intertemporaler Vergleiche. Dies resultiert daraus, dass hier eine rein hypothetische Entwicklung der Aktienkurse unter der Annahme, die Transaktion hätte nicht stattgefunden, der Analyse zugrunde liegt. Daher gestaltet sich eine Erfolgsbeurteilung der entsprechenden Maßnahmen schwierig.[476]

---

[472] Vgl. Vogel, Dieter, a. a. O., S. 288
[473] Vgl. Wirtz, Bernd, a. a. O., S. 401
[474] Vgl. Schäfer, Michael, Integrationscontrolling – Bausteine zur Beobachtung der Integration von Akquisitionen, St. Gallen, 2001, S. 86 ff. und Wirtz, Bernd, a. a. O., S. 401
[475] Vgl. Jakoby, Stephan, a. a. O., S. 62
[476] Vgl. Schäfer, Michael, a. a. O., S. 88 und Wirtz, Bernd W., a. a. O., S. 401

Small-Firm-Effekte

Ein beachtlicher Teil von M&A-Transaktionen findet zwischen Unternehmen unterschiedlicher Größe statt.[477] Da empirische Untersuchungen gezeigt haben, dass kleinere Unternehmen in Bezug auf ihre risikoadjustierte Rentabilität bessere Ergebnisse als der Markt zeigen, kann ein Teil der nach der Transaktion eintretenden Kursveränderungen diesem kaum isolierbaren Effekt zugeschrieben werden.[478]

Börsennotierung

In Deutschland sind von insgesamt 2,9 Millionen Unternehmen[479] gerade 1300 Unternehmen börsennotiert[480], daher können auch nur diese 1300 Unternehmen bei einer M&A-Transaktion nach der kapitalmarktorientierten Erfolgskontrolle bewertet werden, da für diese Analyse die Börsennotierung der involvierten Unternehmen Voraussetzung ist.[481]

Entgegen den genannten Problembereichen kann die Verwendung kapitalmarktorientierter Verfahren hilfreich sein. Im Gegensatz zu jahresabschlussorientierten Erfolgsanalysen besteht hier der Vorteil der Nichtmanipulierbarkeit, einer gewissen Zukunftsbezogenheit sowie der simplen Interpretation der Ergebnisse.[482] Zudem lässt sich aus der Reaktion des Kapitalmarktes auf die Bekanntgabe der Transaktion ein erster Rückschluss auf die Plausibilität der mit dem M&A-Projekt verfolgten Strategie ziehen. Trotz der beschriebenen Einschränkungen ermöglicht eine längerfristige Analyse des Marktverhaltens eine primäre Beurteilung darüber, wie realistisch die Strategieumsetzung gesehen wird. Eventuell lassen sich hieraus Indikatoren für eine gegebenenfalls notwendige Revision der Strategie ableiten.[483]

---

[477] Vgl. Bundeskartellamt (Hrsg.), Tätigkeitsbericht 2001/2002, Berlin, 2003

[478] Vgl. Vogel, Dieter, a. a. O., S. 288

[479] Vgl. Statistisches Bundesamt (Hrsg.), www.destatis.de/basis/d/fist/fist011.htm, letzter Zugriff 01. 09. 2004

[480] Vgl. Hoppenstedt Financial Information (Hrsg.), Hoppenstedt Aktienführer 2004, 96 Auflage, Darmstadt, 2003

[481] Vgl. Vogel, Dieter, a. a. O., S. 289

[482] Vgl. Gerpott, Thorsten J., a. a. O., S. 202 f. und Hase, Stefan, a. a. O., S. 191

[483] Vgl. Wirtz, Bernd W., a. a. O., S, 401 f.

9.4 Ereignisorientierte Messverfahren

Das Eintreten bestimmter, in räumlicher und temporaler Beziehung exakt abgrenzbarer und sachlich zu beobachtender Ereignisse wertet die ergebnisorientierte Erfolgskontrolle als Indikator für den Erfolg oder Misserfolg eines M&A-Projektes.[484] In diesem Zusammenhang wird der Erfolg einer M&A-Transaktion insbesondere daran bewertet, ob die erworbene Einheit zu einem späteren Zeitpunkt wieder veräußert wird (Desinvestition) und ob die Führungskräfte des Akquisitionsobjektes im Unternehmen verbleiben.[485]

9.4.1 Analyse der Desinvestitionsprojekte

Der Grundgedanke der Erfolgskontrolle anhand des Verbleibs des Akquisitionsobjektes im Unternehmensverbund sieht vor, dass eine Transaktion als erfolgreich einzuordnen ist, wenn das akquirierte Unternehmen dauerhaft im Unternehmensverbund verbleibt. Wird das akquirierte Unternehmen innerhalb kürzester Zeit wieder veräußert, spricht dies in diesem Zusammenhang für einen Misserfolg der M&A-Transaktion.[486] Basis dieser Schlussfolgerung ist die Annahme, dass sich ein Unternehmen nur in Sonderfällen von einem lukrativen Unternehmensteil trennen würde. In einer Untersuchung wurde herausgefunden, dass über die Hälfte der betrachteten Unternehmen sieben bis zwölf Jahre nach der Akquisition die akquirierte Geschäftseinheit wieder veräußern. Dies wird als Misserfolg der einstigen M&A-Strategie gewertet.[487]

Generell sollte in diesem Zusammenhang die Aussagekraft dieses Kriteriums hinterfragt werden. Da eine Beurteilung eines Transaktionsprojektes mit Hilfe dieses Kriteriums erst im Falle eines Demergers bzw. nach Ablauf einer bestimmten Zeitspanne möglich ist, besitzt dieses Kriterium kaum Aussagekraft für die Erfolgskontrolle in Verbindung mit einer Transaktion. Zudem kann dieses Kriterium kaum

[484] Vgl. Sewing, Nanette (2003), a. a. O., S. 86
[485] Vgl. Schäfer, Michael, a. a. O., S. 95
[486] Vgl. Wirtz, Bernd W., a. a. O., S. 402
[487] Vgl. Porter, Michael E. (1987), From Competitive Advantage to Corporate Strategy, in: Harvard Business Review, 65. Jahrgang, 1987, S. 43 ff.

einen Beitrag zur Kontrolle des Transaktionsprozesses leisten, wodurch eventuelle Fehlentwicklungen übersehen werden können. Darüber hinaus muss eine akquirierte und nicht wiederveräußerte Geschäftseinheit nicht unbedingt ein Indiz für eine erfolgreiche Akquisition sein.[488]

Misserfolg der Transaktion ist nur ein mögliches Motiv für eine Desinvestition. Diese kann aus verschiedenen Antrieben heraus durchgeführt werden:[489]

- Muttergesellschaft nimmt Portfolioumschichtung vor
- Verschlechterte Zukunftsprognosen durch veränderte Umweltbedingungen
- Steuervorteile durch Verkauf realisieren
- Liquiditätsbedarf der Muttergesellschaft
- Auflösung Stiller Reserven zur Abwehr einer feindlichen Übernahme
- Interessantes Kaufangebot.

Manche Akquisitionen haben die Weiterveräußerung sogar zum Ziel.
Diese verschiedenen Motive für eine Desinvestition zeigen, dass dieses Kriterium nur in seltenen Fällen zur Bestätigung des M&A-Erfolgs bzw. Misserfolgs verwendet werden kann.[490]

Aufgrund des dichotomen Charakters ist der Grad des Erfolgs bzw. Misserfolgs nicht zu bestimmen und sorgt so für weitere Kritik. Des Weiteren ist die Erfolgsanalyse nur mit einem geringen Detaillierungsgrad möglich.[491]

---

[488] Vgl. Schäfer, Michael, a. a. O., S. 95 ff.
[489] Vgl. Bamberger, Burkhard, Der Erfolg von Unternehmensakquisitionen in Deutschland – Eine theoretische und praktische Studie, Bergisch Gladbach – Köln, 1994, S. 118 f.
[490] Vgl. Vogel, Dieter, a. a. O., S. 290
[491] Vgl. Schäfer, Michael, a. a. O., S. 95 ff.

9.4.2 Fluktuation der Führungskräfte

Ein weiterer ereignisorientierter Erfolgsindikator ist der Verbleib bzw. die Fluktuation der Führungskräfte des akquirierten Unternehmens nach der Transaktion. In diesem Zusammenhang wird eine Kausalität zwischen dem Transaktionserfolg und der Fluktuationsrate der Führungskräfte des Akquisitionsobjektes unterstellt. Das Akquisitionsprojekt wird umso erfolgreicher eingestuft, je geringer die Fluktuationsrate unter den Führungskräften ist.[492] Einem Unternehmen geht durch eine hohe Fluktuationsrate wertvolles Wissen und Know-how verloren. Daher ist die Fluktuationsrate weniger ein Indikator für den Erfolg oder Misserfolg einer Transaktion als vielmehr eine essentielle Determinante des Akquisitionserfolgs.[493] Dieses Know-how kann jedoch eine wesentliche Basis der durch die Akquisition erhofften Synergieeffekte sein.[494]

Andererseits kann sich eine hohe Fluktuationsrate auch positiv auf den Transaktionserfolg auswirken. Zum einen können so Doppelbesetzungen bestimmter Positionen vermieden werden. Zum anderen können wichtige Veränderungen häufig erst nach Abgang der Führungskräfte durchgesetzt werden.[495]

Als Fazit kann festgehalten werden, dass ereignisorientierte Erfolgsindikatoren, wie der Verbleib des Akquisitionsobjektes beim Erwerberunternehmen sowie die Fluktuationsrate unter den Führungskräften im Akquisitionsobjekt, nur eine geringe Aussagekraft für den Transaktionserfolg besitzen.

9.5 Erfolgskontrolle mittels Insider-Befragungen

Bei der Erfolgskontrolle mittels Insider-Befragungen wird der Transaktionserfolg über die subjektive Erfolgseinschätzung unmittelbar oder mittelbar Betroffener gemessen.[496] Dabei werden häufig die mit der Durchführung der Akquisition betrauten Manager oder Berater mittels eines Fragebogens oder eines strukturierten Interviews

[492] Vgl. Sewing, Nanette (1996), a. a. O., S. 87 und Wirtz, Bernd W., a. a. O., S. 403
[493] Vgl. Schäfer, Michael, a. a. O., S. 99
[494] Vgl. Wirtz, Bernd W., a. a. O., S. 403
[495] Vgl. Serwing, Nanette (1996), a. a. O., S. 87
[496] Vgl. Sewing, Nanette (1996), Steigerung des Erfolges von grenzüberschreitenden Akquisitionen durch gezielte Integration der Mitarbeiter differierender Landeskulturen, Wiesbaden, 1996, S. 87

nach ihren persönlichen Transaktionserfahrungen und ihren subjektiven Einschätzung der Erfolgsaussichten des Akquisitionsprojektes befragt. Diese in der Regel skalierten Daten werden statistisch aufbereitet und auf systematische Zusammenhänge mit anderen Größen untersucht.[497] Es lassen sich in Bezug auf die interviewten Personen vier Versionen der befragungsbasierten Erfolgskontrolle unterscheiden: Erfolgseinschätzung und -überwachung aus Management- bzw. Mitarbeiterperspektive sowie aus der Perspektive interner bzw. externer M&A-Experten.[498] Solche Befragungen sind insbesondere dazu geeignet, Wechselbeziehungen zwischen durchgeführten Aktionen in Zusammenhang mit dem M&A-Prozess und Aspekten des M&A-Erfolgs aufzudecken.[499]

Insbesondere dass schon im Laufe des Akquisitions- bzw. Integrationsprozesses eine Einschätzung darüber möglich ist, wie sich bestimmte Aktionen auf das Gelingen der Transaktion auswirken, macht diese Methode attraktiv. Sie ermöglicht ein frühzeitiges Eingreifen im Falle einer unerwünschten Entwicklung, da sie schon während des Akquisitionsprozesses eingesetzt werden kann. Abgesehen von der subjektiven Zufriedenheit mit quantitativen Werten können parallel auch qualitative Faktoren in die Erfolgskontrolle einfließen.[500]

Abgesehen von den aufgezeigten Vorzügen, ist die Erfolgskontrolle mit Hilfe von Insiderbefragungen mit einigen fundamentalen Nachteilen behaftet. Die zentralen Voraussetzungen zur Aussagefähigkeit dieser Erfolgsmessung sind die Kritikfähigkeit und Offenheit der involvierten Führungsmannschaft. Dies ist in der Regel nur bei Akquisitionen der Fall, die aus der Sicht der Führungskräfte und der relevanten Öffentlichkeit vorteilhaft abgelaufen sind. Daher kommt es häufig zu Verzerrungen der Resultate, da subjektive Erfolgseinschätzungen vielfach durch Optimismen beeinflusst sind, welche die Interviewten zu einer zu positiven Erfolgsbeurteilung bewegen können. Zusätzlich kann die subjektive Bewertung einem temporalen Wandel unterliegen, so dass die individuelle Einschätzung im Zeitverlauf extrem variiert.[501]

---

[497] Vgl. Schäfer, Michael, a. a. O., S. 102
[498] Vgl. Gerpott, Thorsten J. (1993), a. a. O., S. 210 ff.
[499] Vgl. Schäfer, Michael, a. a. O., S. 105
[500] Vgl. Wirtz, Bernd W., a. a. O., S. 404
[501] Vgl. Kerler, Patrick, a. a. O., S. 130 f.; Wirtz, Bernd W., a. a. O., S. 404 f. und Vogel, Dieter, a. a. O., S. 288 f.

Insgesamt bleibt festzuhalten, dass die befragungsorientierte Erfolgskontrolle durch die Berücksichtigung qualitativer Faktoren die quantitativen bzw. ereignisorientierten Ansätze sinnvoll ergänzen kann. Die o. g. Mängel zeigen aber, dass die befragungsorientierte Erfolgskontrolle allein nur mit großen Einschränkungen in der Lage ist, den M&A-Erfolg zu bewerten.

10. Resümee und Ausblick

Das Ziel dieser Arbeit war es, einen Leitfaden mit den relevantesten Aspekten einer Transaktion, speziell für die Phase der Post-Merger-Integration, zu erstellen. Die vorliegende Arbeit soll als Orientierungshilfe dienen. Diese Arbeit erhebt keinen Anspruch auf Vollständigkeit, was sämtliche Themen in Bezug auf Post-Merger-Integration betrifft, kann aber als umfangreicher Leitfaden in diesem Zusammenhang eingesetzt werden. Insbesondere wurde versucht, den Fokus auf deutsche mittelständische Unternehmen speziell aus der IT-Branche zu legen. Dies hat sich als relativ schwierig erwiesen, da die vorhandene Literatur zum Thema Post-Merger-Integration-Management sich hauptsächlich auf Transaktionen großer Unternehmen bezieht. Daher soll die vorliegende Arbeit eine hilfreiche Ergänzung zur vorhandenen Literatur darstellen. Generell ist aber darauf hinzuweisen, dass sämtliche für große Unternehmen relevanten Aspekte auch für mittelständische Unternehmen wichtig sein können. Je mehr sich der Autor in die vorhandene Literatur eingelesen hat, umso mehr hat er seine über viele Jahre geprägte Meinung großteils revidiert, dass Fusionen kleinerer Unternehmen eine andere Integrationsstrategie, eine andere Geschwindigkeit und Gründlichkeit brauchen als größerer. Es ist vielmehr eine Auswahl der aufgeführten Themen nach Kriterien wie Branchenzugehörigkeit, Motiven für die Transaktion und beispielsweise regionalen Unterschieden zwischen den involvierten Unternehmen zu treffen. Leider hat es der Umfang dieser Arbeit nicht erlaubt, die vielen Themen einzeln bezüglich ihrer Relevanz für o. g. Aspekte zu analysieren und erlebte Praxisbeispiele aufzuführen. Diese Aspekte müssen individuell bei jeder Transaktion auf ihre Relevanz von den involvierten Unternehmen überprüft werden, da es hier unzählige Kombinationsmöglichkeiten gibt.

Nach der Erfahrung des Autors werden nicht Unternehmen fusioniert, sondern Menschen. Unternehmen kritisieren nicht und sind auch motivationsfrei. Menschen werden mit all ihren Vorlieben und Abneigungen sowie guten und schlechten Eigenschaften zusammengebracht. Diese verschiedenen Menschen mit ihren Besonderheiten und ihrer Individualität optimal zu vereinen, ist die eigentliche Kunst (Handwerk) des Post-Merger-Integration-Managements. Entgegen der häufig formulierten Vermutung, es wäre schwieriger, Unternehmen mit höherer geografischer Entfernung zu fusionieren, ist der Autor der Meinung, dies verhalte sich genau umgekehrt.

Menschen, die aufgrund der räumlichen Trennung keine Berührungspunkte haben, treten nicht miteinander in Konkurrenz und es kommt nicht wiederkehrend zu Diskrepanzen und Missverständnissen. Die kulturellen Unterschiede besitzen so weniger Relevanz. Aus organisatorischen Gesichtspunkten ist es in der Regel schwieriger, Unternehmen auf z. B. zwei verschiedenen Kontinenten zu fusionieren. Aber häufig sind es o. g. Problemfelder, die eine Integration behindern.

Laut einer Studie sind insbesondere Unternehmen, die relativ häufig Transaktionen durchführten, bei diesen überdurchschnittlich erfolgreich. Wird im Durchschnitt mehr als eine Transaktion im Jahr durchgeführt, steigen laut Bain die Chancen signifikant, daraus auch einen Mehrwert zu ziehen. Am erfolglosesten waren in diesem Zusammenhang sowohl Unternehmen, die selten akquirierten, als auch verhältnismäßig große Transaktionen.[502]

Eine Transaktion ist eventuell eine nötige Präventivmaßnahme oder die einzige Strategie zum Überleben bzw. zum Maximieren des Shareholder Value. Sie eröffnet eine hohe Anzahl von strategischen Optionen. Sie kann einen günstigen Zugang zu Größe, Marktmacht, ergänzendem Know-how und Fähigkeiten oder interessanten Geschäftsfeldern verschaffen und damit zur „Überholspur" auf dem Weg zur Marktführerschaft werden. Durch eine Transaktion kann hingegen keine klare Unternehmensstrategie ersetzt werden. Ebenfalls kann sie nicht als Vehikel zur Lösung interner Probleme genutzt werden, denn aus der Kombination von zwei schwachen Unternehmen entsteht noch lange kein starkes Team und eine kleine Infusion reicht für den Turnaround eines großen nicht aus. Zudem ist zu bedenken, dass in der Integrationsphase die Gefahr einer hohen strategischen Verwundbarkeit besteht und nicht geplante Ereignisse Flexibilität und geeignete Notfallpläne erfordern.[503]
Generell sollte festgehalten werden, dass selbst ein akribisches Abarbeiten aller relevanten Faktoren keine Erfolgsgarantie für das einwandfreie Gelingen einer Integration ist.

---

[502] Vgl. Bain & Company Germany and Switzerland (Hrsg.), Mit Disziplin zur Meisterschaft, in Bain & Company Results, Ausgabe Dezember 2004 und Frankfurter Allgemeine Zeitung (Hrsg.), Fusionen wenig erfolgreich, Frankfurt am Main, 20. Dezember 2004, Nr. 297, S. 20

[503] Vgl. Wisskirchen, Cornell; Naujoks, Henrik; Matouschek, Gero; Balz, Ulrich; Arlinghaus, Olaf (Hrsg.), a. a. O., S. 335 f.

Unternehmenszusammenschlüsse sind keine Erfindungen unserer Zeit. Seit dem ersten konzentrierten Auftreten von Transaktionen gegen Ende des 19. Jahrhunderts lassen sich zyklische Wellen identifizieren. Diese hatten eine sehr unterschiedliche strategische Motivation und mussten sich daher individuellen Integrationsanforderungen stellen. Abgesehen von den jeweiligen Integrationsaktivitäten ist auffällig – wenn auch nicht monokausal zu beweisen –, dass jeder Transaktionswelle eine volkswirtschaftliche Rezession folgte.[504]

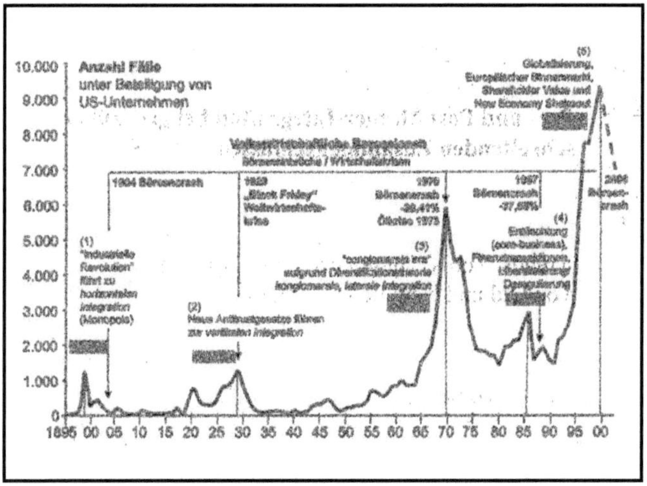

Abbildung 49: Die fünf Mergerwellen

Modifiziert nach Jansen, Stephan A.; Picot, Gerhard; Schiereck, Dirk, Internationales Fusionsmanagement – Erfolgsfaktoren grenzüberschreitender Unternehmenskäufe, Stuttgart, 2002

Die in Abbildung 49 angeführten wirtschaftlichen Krisen bzw. Aktienmarkteinbrüche lassen dennoch einen Zusammenhang dieser enormen Investitionssummen bei Fusionen und der wirtschaftlichen Situation annehmen. Eine Erklärung hierfür könnte auch sein, dass die beim Closing an die Aktionäre des Zielunternehmens bereits

[504] Vgl. Grube, Rüdiger; Töpfer, Armin, a. a. O., S. 4 f. und Jansen, Stephan A. (2002), a. a. O., S. 505 f.

ausgeschütteten Prämien – als diskontierte zukünftige Erträge – im Rahmen der Integration nicht mehr erwirtschaftet werden können.[505]

Die weltweite Stagnation bedeutender Volkswirtschaften und die Schwächephase der internationalen Börsen scheinen ein Grund für den schwerwiegenden Abschwung des bis zum Jahre 2000 boomenden Transaktionsgeschäftes und damit für das Ende der letzten Mergerwelle zu sein. Aktuelle Studien scheinen allerdings eine eindeutige Trendwende und den möglichen Anfang einer weiteren M&A-Welle in der zyklischen Folge der nationalen und internationalen Fusionen zu belegen. Deutlich belebter erscheint auch der Unternehmensmarkt in Deutschland. Im ersten Halbjahr 2003 gab es nur 548 Transaktionen mit deutscher Beteiligung. Im gleichen Zeitraum 2004 stieg die Anzahl der Transaktionen auf 680. Dies bedeutet eine Steigerung von gut 24%. Allerdings hat sich das Volumen der Fusionen im Durchschnitt verringert. Dies lag im ersten Halbjahr 2003 mit 39,9 Mrd. Euro um 4,5% über dem Wert des Folgejahres (38,1 Mrd. Euro). Der Zuwachs bei der Anzahl der Fusionen kann in Deutschland insbesondere auf grenzüberschreitende Transaktionen zurückgeführt werden.[506] Zudem zeichnet sich eine Wende der Kaufmotive ab. Wirtschaftliche Einheiten werden nicht mehr ausschließlich von Unternehmen gekauft, die Produkte herstellen, Märkte erobern oder Arbeitsplätze schaffen wollen. Zunehmend werden die Transaktionsobjekte von reinen Finanzinvestoren erworben, welche vornehmlich Entwicklungspotential sehen und die Chance auf eine hohe Rendite in kurzer Zeit. Solche Finanzinvestoren, so genannte Private-Equity-Firmen oder Risikokapitalgeber, kommen insbesondere aus Amerika. Sie sind auf der Suche nach sinnvollen Möglichkeiten, um das ihnen u. a. von Fonds oder solventen Privatpersonen zur Verfügung gestellte Kapital anzulegen. Speziell in Deutschland scheinen sie dabei fündig zu werden. Im weltweiten Durchschnitt werden 7% aller Fusionen von Private-Equity-Firmen durchgeführt, in Deutschland sind dies schätzungsweise 30%. Damit zählten diese Firmen im Jahr 2004 zu den dynamischsten Akteuren auf dem deutschen M&A-Markt. Diese Entwicklung wird sich im Jahr 2005 wohl weiter fortsetzten.[507]

---

[505] Vgl. Jansen, Stephan A. (2002), a. a. O., S. 506
[506] Vgl. www.mergers-and-acquisitions.de/fakten1020.htm, letzter Zugriff 25. 01. 2004
[507] Vgl. Giesberg, Georg, Frankfurter Allgemeine Zeitung (Hrsg.), Finanzinvestoren zahlen bei Übernahmen verrückte Preise, Frankfurt am Main, 23. 12. 2004, Nr. 300

Literaturverzeichnis

Ahrens, Rupert; Berehnt, Michael, Integrierte Kommunikation als unternehmerischer Erfolgsfaktor; Entwurf eines Leitbildes für Manager der integrierten Unternehmenskommunikation, in: Ahrens, Rupert; Scherer, Helmut; Zerfaß, Ansgar (Hrsg.), Integriertes Kommunikationsmanagement – Konzeptionelle Grundlagen und praktische Erfahrungen –Ein Handbuch für Öffentlichkeitsarbeit, Marketing, Personal- und Organisationsentwicklung, Frankfurt am Main, 1995

Ahrens, Rupert; Scherer, Helmut; Zerfaß, Ansgar, Integriertes Kommunikationsmanagement – Konzeptionelle Grundlagen und praktische Erfahrungen –Ein Handbuch für Öffentlichkeitsarbeit, Marketing, Personal- und Organisationsentwicklung, Frankfurt am Main, 1995

Albrecht, Stefan, Erfolgreiche Zusammenschlussstrategien –Eine empirische Untersuchung deutscher Unternehmen, Wiesbaden, 1994

Aldering, Christoph; Freiin von Hutten, Christina, Due Diligence und Human Resources, in: Berens, Wolfgang; Brauner, Hans U.; Strauch, Joachim (Hrsg.), Die Due Diligence bei Unternehmensakquisitionen, 3. Auflage, Stuttgart, 2002

Arnolds, Hans; Heege, Franz; Tussing, Werner, Materialwirtschaft und Einkauf, 10. Auflage, Wiesbaden, 2001

Backhaus, Klaus; de Zoeten, Robert, Organisation der Produktentwicklung, in: Frese, Erich (Hrsg.), Handwörterbuch der Organisation, Stuttgart, 1992, Sp. 2030 und Sp. 2034

Baetge, Jörg, Bilanzanalyse, Düsseldorf, 1998

Bain & Company Germany and Switzerland (Hrsg.), Mit Disziplin zur Meisterschaft, in Bain & Company Results, Ausgabe Dezember 2004, 2004

Ball, Ray; Brown, Philip, An Empirical Evaluation of Accounting Income Numbers, in: Journal of Accounting Research, Vol. 6, No. 2, 1968, S. 159 - 178

Balz, Ulrich; Arlinghaus, Olaf (Hrsg.); Wisskirchen, Cornell; Naujoks, Henrik; Matouschek, Gero, Post-Merger-Integration; Sonderdruck aus Das Praxisbuch Mergers & Acquisitions, Bonn, 2004

Bamberger, Burkhard, Der Erfolg von Unternehmensakquisitionen in Deutschland - Eine theoretische und praktische Studie, Bergisch Gladbach - Köln, 1994

Barber, Brad M.; Lyon, John D., Detecting Long-Run Abnormal Stock Returns – The Empirical Power and Specification of Test Statistics, in: Journal of Financial Economics, Vol. 43, 1997, S. 341 - 372

Berens, Wolfgang; Strauch, Joachim, Planung und Durchführung der Due Diligence, in: Berens, Wolfgang; Brauner, Hans U.; Strauch, Joachim (Hrsg.), Die Due Diligence bei Unternehmensakquisitionen, 3. Auflage, Stuttgart, 2002

Berner, Winfried, Integrationskonzept – Das neue Unternehmen schnellstmöglich arbeitsfähig machen, www.pmi-post-merger-integration.de/integrationskonzept.php?-layout=druck, letzter Zugriff 12. November 2004

Bestmann, Uwe, Finanz- und Börsenlexikon, München, 2000

Bloomfield, Richard; Lamb, Alyson und Quirke, Bill, Faktor Mensch: Neue Regeln für die digitale Kommunikation, in: Deekeling, Egbert; Fiebig, Norbert, Interne Kommunikation – Erfolgsfaktor im corporate change, Frankfurt am Main; Wiesbaden, 1999

Böckem, Sabine, Fusionsdomino – Eine industrieökonomische Erklärung von Fusionswellen, in: Franz, Wolfgang; Ramser, Hans Jürgen; Stadler, Manfred, Fusionen, Tübingen, 2002

Boehmer, Ekkehart; Musumeci, Jim; Poulsen, Annette B., Event-Study Methodology under Conditions of Event-Induced Variance, in: Journal of Financial Economics, Vol. 30, 1991, S. 253 - 272

Brealy, Richard A.; Myers, Stewart C., Principles of Corporate Finance, Fifth Edition, New York, 1996

Brown, Stephen J.; Warner, Jerold B., Measuring security price performance, in: Journal of Financial Economics, Vol. 8, 1980, S. 205 - 258

Bruhn, Manfred, Integrierte Kommunikation als Unternehmensaufgabe und Gestaltungsprozeß, in: Bruhn, Manfred; Dahlhoff, H. Dieter, (Hrsg.), Effizientes Kommunikationsmanagement – Konzepte, Beispiele und Erfahrungen aus der integrierten Unternehmenskommunikation, Stuttgart, 1993

Bruhn, Manfred, Kommunikationspolitik; Grundlagen der Unternehmenskommunikation, München, 1997

Bühner, Rolf, Fusionen aus betriebswirtschaftlicher Sicht, in: Franz, Wolfgang; Ramser, Hans Jürgen; Stadler, Manfred, Fusionen, Tübingen, 2002

Bühner, Rolf, Grenzüberschreitende Unternehmenszusammenschlüsse deutscher Unternehmen, Stuttgart, 1991

Bundeskartellamt (Hrsg.), Tätigkeitsbericht 2001/2002, Berlin, 2003

Cable, John; Holland, Kevin, Regression vs. Non-regression models of normal returns: implications for event-studies, in: Economic Letters, Vol. 64, 1999, S. 81 – 85

Cakici, Nusret; Hessel, Chris; Tandon, Kishore, Foreign acquisitions in the United States: Effect on shareholder wealth of foreign acquiring firms, in: Journal of Banking and Finance, Vol. 20, 1996, S. 307 – 329

Campbell, Johnny; Lo, Andrew W.; MacKinlay, A. Craig, The Econometrics of Financial Markets, Princeton, 1997

Clever, Holger, Post-Merger-Management, Stuttgart, 1993

Coenenberg, Adolf G.; Alvarez, Biberacher, Johannes, Jahresabschluß und Jahresabschlussanalyse, 19. Auflage, Stuttgart, 2003

Commandeur, Gert; Kleinebrink, Wolfgang, Betriebs- und Firmenübernahme, München, 2002

Conn, R.; Connell, F., International mergers: Returns to US and British firms, in: Journal of Business Finance and Accounting, Vol. 17, 1990, S. 689 – 711

Dabui, Mani, Postmerger-Management, Zielgerichtete Integration bei Akquisitionen und Fusionen, Wiesbaden, 1998

Danbolt, Jo, An analysis of gain and losses to shareholders of foreign bidding companies engaged in cross-border acquisitions into the United Kingdom, in: European Journal of Finance, Vol. 1, 1995, S. 279 – 309

Dankl, Andreas; Müller, Michael, Technical Due Diligence, in: Kranebitter, Gottwald (Hrsg.), Due Diligence: Risikoanalyse im Zuge von Unternehmenstransaktionen, Bonn, 2002

Davidson, Mike; Neumann, Petra, Sieben verhängnisvolle Illusionen bei der Integration nach Mergers & Acquisitions, in: M&A-Review, 7. Jahrgang, 1997, Heft 12, S. 3 ff.

Deekeling, Egbert, Das Zusammenspiel der Kommunikationsträger in Change-Prozessen, in: Deekeling, Egbert; Fiebig, Norbert, Interne Kommunikation: Erfolgsfaktor im corporate change, Wiesbaden, 1999

Deekeling, Egbert, Jenseits von PR: Externe und interne Kommunikation bei Fusionen, in: Jansen, Stephan A.; Picot, Gerhard; Schierek, Dirk (Hrsg.), Internationales Fusionsmanagement – Erfolgsfaktoren grenzüberschreitender Unternehmenszusammenschlüsse, Stuttgart, 2001

Derieth, Anke, Unternehmenskommunikation – Eine Analyse zur Kommunikationsqualität von Wirtschaftsorganisationen, Opladen, 1995

Deutscher Bundestag, Schlussbericht der Enquete-Kommission Zukunft der Medien in Wirtschaft und Gesellschaft – Deutschlands Weg in die Informationsgesellschaft, Bonn, 1998

Dönitz, Ulrich, Die Fusion – Ein Härtetest – Interne Kommunikation bei der Fusion von Bayrischer Vereinsbank AG und Hypo-Bank, in: Deekeling, Egbert; Fiebig, Norbert, Interne Kommunikation – Erfolgsfaktor im corporate change, Frankfurt am Main; Wiesbaden, 1999

Dostal, Werner, Beschäftigungsgewinne in Informationsberufen – Mitteilungen aus der Arbeitsmarkt- und Berufsforschung, Stuttgart u. a., 1999

Dreesbach, Michael; Khuen, Florian; Leuchs, Johannes; Prym, Stephan; Weber, Marco, Strategie- und managementbezogene Ansätze zur Begründung von Mergers & Acquisitions, wwwfl.ebs.de/Lehrstuehle/Strategische_Unternehmensfuehrung.pdf, letzter Zugriff 14. Dezember 2004

Dyckman, Thomas; Philbrick, Donna; Stephan, Jens, A comparison of event study methodologies using daily stock returns – A simulation approach, in: Journal of Accounting Research, Vol. 22, 1984, S. 1 - 33

Eggers, Bernd; Eickhoff, Martin, Instrumente des strategischen Controlling, Wiesbaden, 1996

Erhardt, Martin, Börseneinführungen von Aktien am deutschen Kapitalmarkt, Wiesbaden, 1997

Empfehlung der Europäischen Kommission betreffend die Definition von kleinen und mittleren Unternehmen vom 03.04.1996, in: AMTSBLATT DER EUROPÄISCHEN GEMEINSCHAFTEN; L 107, 1996

Engelhardt, Werner H., Absatz, Verkauf, Vertrieb, Marketing, in: Wittmann, Waldemar et al. (Hrsg.), Handwörterbuch der Betriebswirtschaft, Stuttgart, 1993

Eun, Cheol S.; Kolodny, Richard; Scheraga, Carl, Cross-border acquisitions and shareholder wealth: Test of the synergy and internalization hypotheses, in: Journal of Banking and Finance, Vol. 20, 1996, S. 1559 – 1582

Eversheim, Walter, Flexible Produktionssysteme, in: Frese, Erich (Hrsg.), Handwörterbuch der Organisation, Stuttgart, 1992

Fama, E. F., Efficient Capital Markets – A Review of Theory and Empirical Work, in: Journal of Finance, Vol. 25, 1970, S. 383 – 418

Fama, E. F., Efficient Capital Markets – Reply, in: Journal of Finance, Vol. 31, 1976, S. 143 – 145

Fama, E. F., Efficient Capital Markets II, in: Journal of Finance, Vol. 46, 1991, S. 1575 – 1617

Fama, E. F.; Fisher, L.; Jensen M. C.; Roll R., The Adjustment of Stock Prices to New Information, in: International Economic Review, Vol. 10, 1969, S. 1-21

Feldmann, Mark L., Spratt, Michael F., Speedmanagement für Fusionen – Schnell entscheiden, handeln, integrieren – Über Frösche, Hasenfüße und Hasardeure (Originaltitel: Five Frogs on a Log), Wiesbaden, 2000

Fellner, Markus; Kellermayr, Sebastian; Rossmeier, Daniela; Schiffer, Jack; Zemp, Thomas P., Legal Due Diligence, in: Kranebitter, Gottwald (Hrsg.), Due Diligence – Risikoanalyse im Zuge von Unternehmenstransaktionen, Bonn, 2002

Fieten, Robert, Organisation der Beschaffung, in: Frese, Erich (Hrsg.), Handwörterbuch der Organisation, Stuttgart, 1992

Fischer, Heinz; Steffens-Duch, Silvia, Unternehmenskultur bei Akquisitionen und Fusionen – Das Beispiel Deutsche Bank und Bankers Trust, in: Personal, 53. Jahrgang, Heft 1, 2001, S. 49 – 53

Frankfurter Allgemeine Zeitung (Hrsg.), Fusionen wenig erfolgreich, Frankfurt am Main, 20. Dezember 2004, Nr. 297, S. 20

Gaiser, Bernd; Kaiser, Markus; Strobl, Günter, Post Merger-Integration; Erfolgreiche Steuerung von Unternehmensintegrationen, in: Blätchen, Wolfgang; Wegen, Gerhard (Hrsg.), Übernahme börsennotierter Unternehmen; Strategie, Unternehmensbewertung, Rechtliche Rahmenbedingungen, Steuern, Finanzkommunikation, Stuttgart, 2003

Gerpott, Thorsten J., Integrationsgestaltung und Erfolg von Unternehmens-akquisitionen, Stuttgart, 1993

Gerpott, Thorsten J.; Schreiber, Kerstin, Integrationsgestaltungsgeschwindigkeit nach Unternehmensakquisitionen – Revolutionäre Veränderung oder evolutionäre Anpassung?, in: Die Unternehmung, 48. Jahrgang, Heft 2, 1994, S. 99 -116

Geschwill, Roland, Fusionen erfolgreich managen – Wege aus der Integrationsfalle, GP Beratergruppe, Heidelberg, 2000

Giesberg, Georg, Frankfurter Allgemeine Zeitung (Hrsg.), Finanzinvestoren zahlen bei Übernahmen verrückte Preise, Frankfurt am Main, 23. 12. 2004, Nr. 300

Goergen, Marc; Renneboog, Luc, Shareholder Wealth Effects of European Domestic and Cross-border Takeover Bids, in: European Financial Management, Vol. 10, 2004, Nr. 1, S. 9 – 45

Gösche, Axel, Mergers & Acquisitions im Mittelstand – Unternehmen und Beteiligungen gezielt kaufen und verkaufen – Planung, Strategie, Durchführung, Integration, Wiesbaden, 1991

Gross, P., Das kommunikative Management von Fusionsrisiken, in: Siegwart, Hans; Neugebauer, G. (Hrsg.), Mega-Fusionen – Analysen, Kontroversen, Perspektiven, 2. Auflage, Bern; Stuttgart; Wien, 1999

Grube, Rüdiger; Töpfer, Armin, Post Merger Integration – Erfolgsfaktoren für das Zusammenwachsen von Unternehmen, Stuttgart, 2002

Günterberg, Brigitte; Wolter, Hans-Jürgen, Mittelstand in der Gesamtwirtschaft – Anstelle einer Definition, Bonn, 2002, www.ifm-bonn/dienste/kap-1.pdf

Gürntke, Kai; Kutzscher, Matthias, Schneller sein als Missgunst, Neid und Angst – Interne Kommunikation bei Fusionen, in: Mergers & Acquisitions, Heft 3, 1999, S. 18-20

Gut-Villa, Cornelia, Human Resource Management bei Mergers & Acquisitions; Bern, 1997

Habeck, Max M.; Kröger, Fritz; Träm, Michael, Wider das Fusionsfieber – Die sieben Schlüsselfaktoren erfolgreicher Fusionen, 2. Auflage, Wiesbaden, 2002

Hartung, J.; Elpelt, B.; Klösener, K.-H., Statistik, 11. Auflage, München, 1998

Hase, Stefan, Integration akquirierter Unternehmen – Planung, Konzeption, Bewertung und Kontrolle, 2. Auflage, Berlin, 2002

Haspelagh, Philippe C., Grundmuster der Integration – Ziel ist die Symbiose, in: Focus Integrationsmanagement, Egon Zehnder International GmbH (Hrsg.), 18. Jahrgang, Heft 1, 1999, S. 4 - 10

Hasselberg, Frank, Strategische Kontrolle im Rahmen strategischer Unternehmensführung, Frankfurt am Main, 1989

Hax, Arnold C.; Matluf, Nicolas S., Strategisches Management – Ein integratives Konzept aus dem MIT, Frankfurt; New York, 1991

Heinen, Edmund, Unternehmenskultur als Gegenstand der Betriebswirtschaftslehre, in: Heinen, Edmund; Fank, Mathias (Hrsg.), Unternehmenskultur – Perspektiven für Wissenschaft und Praxis, 2. Auflage, München u. a., 1997

Heinrich, Michael, Kann die moderne Unternehmenskultur zielorientiert gestaltet werden?, www.unternehmenskultur.org/uk/leseprobe%20Band1.html, letzter Zugriff 12. Oktober 2004

Herter, Ronald N., Unternehmenswertorientiertes Management (UwM) – Strategische Erfolgsbeurteilung von dezentralen Organisationseinheiten auf Basis der Wertsteigerungsanalyse, München, 1994

Henselmann, Klaus, Unternehmensbewertung, in: Lange, Georg F. (Hrsg.), Mergers & Acquisitions in der Praxis – Erfolgreiches Projektmanagement bei Unternehmenstransaktionen, Frankfurt a. M., 2001

Hill, Wilhelm; Fehlbaum, Raymond; Ulrich, Peter, Organisationslehre, Band 1 und 2, Bern, Stuttgart, 1992

Hinterhuber, Hans H., Strategische Unternehmensführung I – Strategisches Denken, Berlin; New York, 1992

Hoffmann, Werner H., Friedinger, Alfred, Integrationsmanagement im Zuge von Akquisitionen – Ziele, Strategien und Controllingaufgaben, in: Controlling, 10. Jahrgang, Heft 11, 1998, S. 26

Hofstede, Geert, Lokales Denken, Globales Handeln – Interkulturelle Zusammenarbeit und globales Management, München, 1997

Hoppenstedt Financial Information (Hrsg.), Hoppenstedt Aktienführer 2004, 96. Auflage, Darmstadt, 2003

Horvath, Peter, Controlling, 9. Auflage, München, 2003

Institut für Mittelstandsforschung Bonn (Hrsg.), www.ifm-bonn.org/dienste/daten.htm, letzter Zugriff 12. Oktober 2004

Jakoby, Stephan A., Erfolgsfaktoren von Management Buyouts in Deutschland, Lohmar – Köln, 2000

Jansen, Stephan A. (2001), Mergers & Acquisitions – Unternehmensakquisitionen und -kooperationen, 4. Auflag, Wiesbaden, 2001

Jansen, Stephan A. (2002), Trends, Tools, Thesen und empirische Tests zum Integrationsmanagement bei Unternehmenszusammenschlüssen, in: Picot, Gerhard (Hrsg.), Handbuch Mergers & Acquisitions – Planung, Durchführung, Integration, Stuttgart, 2002

Jansen, Stephan A. (1999), Die Härte der weichen Faktoren, in: Picot, Gerhard (Hrsg.), Mergers & Acquisitions optimal managen, www.picot.de/handelsblatt12.htm, letzter Zugriff 25. Januar 2005

Jansen, Stephan A.; Picot, Gerhard; Schiereck, Dirk, Internationales Fusionsmanagement – Erfolgsfaktoren grenzüberschreitender Unternehmenskäufe, Stuttgart, 2002

Jensen, Michael C., The Free Cash Flow Theory of Takeovers – A Financial Perspektive of Mergers and Acquisitions and the Economy, in: Browne, Lynn E.; Rosengren, Eric S. (Hrsg.), The Merger Boom, Proceedings of a Conference Held at Melvin Village, New Hampshire, Boston, 1987, S. 328-336

Kang, Jeanne, The international market for corporate control – Mergers and acquisitions of US firms by Japanese firms, in: Journal of Financial Economics, Vol. 34, 1993

Kay, Ira T.; Shelton, Mike, The people problem in mergers, in: The McKinsey Quarterly, Heft 4, 2000, S. 27–37

Kerler, Patrick, Mergers & Acquisitions und Shareholder Value, Bern, 2000

Kleinert, Jörn; Klodt, Henning, Fusionswellen und ihre Ursachen, in: Franz, Wolfgang; Ramser, Hans Jürgen; Stadler, Manfred, Fusionen, Tübingen, 2002

Koch, Thomas, Post-Merger-Management, in: Picot, Gerhard (Hrsg.), Handbuch Mergers & Acquisitions – Planung, Durchführung, Integration, Stuttgart, 2002

Koch, Wolfgang; Wegmann, Jürgen, Praktiker-Handbuch Due Diligence, Stuttgart, 2001

Köhler, Richard, Absatzorganisation, in: Frese, Erich (Hrsg.), Handwörterbuch der Organisation, Stuttgart, 1992, Sp. 34-56

Kramer, R. J., Organizational Aspects of Postmerger Integration, in: M&A Europe, 03.04.1990, S. 24 – 32

Kreikebaum, Hartmut, Strategische Unternehmensplanung, Stuttgart et al., 1997

Kresse, Werner; Leutz, Norbert, Die neue Schule des Bilanzbuchhalters; Grundlagen, Ordnungsmäßigkeit, Organisation der Buchführung, Abschlüsse nach Handelsrecht und Steuerrecht, 10. Auflage, Stuttgart, 2001

Krömker, Michael, Die Due Diligence im Spannungsfeld zwischen Gesellschafts- und Aktionärsinteressen – Ein Beitrag zur Offenbarungsbefugnis des Vorstandes und zum Offenbarungsanspruch eines Paketaktionärs zum Zwecke der Due Diligence vor einem Unternehmenskauf, Frankfurt am Main u. a., 2002

Krug, Martin, Interne Unternehmenskultur und externe Unternehmenskommunikation – Das Beispiel Hewlett Packard GmbH, in: Ahrens, Rupert; Scherer, Helmut; Zerfaß, Ansgar (Hrsg.), Integriertes Kommunikationsmanagement –Konzeptionelle Grundlagen und praktische Erfahrungen –Ein Handbuch für Öffentlichkeitsarbeit, Marketing, Personal- und Organisationsentwicklung, Frankfurt am Main, 1995, S. 206 f.

Krüger, Wilfried, Mergers & Acquisitions als geschäftspolitische Option?, www.competence-site.de/stratemanagement.nsf, letzter Zugriff 14. Januar 2004

Küpper, Hans-Ulrich, Controlling – Konzeption, Aufgaben und Instrumente, 3. Auflage, Stuttgart, 2001

Lang, Friedrich, Financial Due Diligence, in: Kranebitter, Gottwald (Hrsg.), Due Diligence – Risikoanalyse im Zuge von Unternehmenstransaktionen, Bonn, 2002

Lange, Georg F.; Ernst & Young (Hrsg.), Mergers & Acquisitions in der Praxis – Erfolgreiches Projektmanagement bei Unternehmenstransaktionen., Frankfurt am Main, 2001

Lechler, Thomas, Erfolgsfaktoren des Projektmanagements, Frankfurt am Main, 1997

Lehmann, Helmut, Integration, in: Grochla, Erwin (Hrsg.), Handwörterbuch der Organisation, 2. Auflage, Stuttgart, 1980

Lintner, John, The valuation of risky assets and the selection of risky investments in stock portfolios and capital budgets, in: Review of Economics and Statistics, Vol. 47, 1965, No. 1, S. 13 - 37

Markides, Constantinos C.; Ittner, Christopher D., Shareholder benefits from corporate international diversification – Evidence from US international acquisitions, in: Journal of International Business Studies, second quarter, 1994, S. 343 – 366

Menez, Raphael; Munder, Irmtraud; Töpsch, Karin, Qualifizierung und Personaleinsatz in der IT-Branche – Auswertung der Online-Studie BIT-S (Befragung von IT-Unternehmen in der Region Stuttgart), Stuttgart, 2001

Metz, Matthias, Controlling des Integrationsprozesses bei Mergers & Acquisitions, Wiesbaden, 2002

Meyer, Claus, Bilanzierung nach Handels- und Steuerrecht unter Einschluss der Konzernrechnungslegung und der internationalen Rechnungslegung, Herne/Berlin, 2001

Middelmann, Ulrich, Organisation von Akquisitionsprojekten, in: Picot, Arnold; Nordmeyer, Andreas; Pribillla, Peter, Management von Akquisitionen, Akquisitionsplanung und Integrationsmanagement; Kongress-Dokumentation 53. Deutscher Betriebswirtschafter-Tag 1999, Stuttgart, 2000

Mirvis, Philip H.; Marks, Mitchell Lee, Managing the Merger; Making It Work, London, 2003

Möller, Wolf P., Der Erfolg von Unternehmenszusammenschlüssen – Eine empirische Untersuchung, München, 1983

Morosini, Piero, Managing Cultural Differences, New York, 1998

Mossin, Jan, Equilibrium in a capital asset market, in: Econometrica, 1966, S. 768 - 783

Müller-Stewens, Günter; Salecker, Jürgen, Kommunikation – Schlüsselkompetenz im Akquisitionsprozeß, in: Absatzwirtschaft, 34. Jahrgang, 1991, S. 104-113

Mündemann, Tobias, Kommunikation in M&A-Prozessen, in: M&A Review, o. Jahrgang, Heft 10, 1998, S. 407-412

Nelles, Michael, Skript 3 Mergers & Acquisitions, Vorlesung Investment-Banking WS 2002/2003

Nestler, Anke; Kupke, Thomas, Die Bewertung von Unternehmen mit dem Discounted Cash Flow-Verfahren, www.orcf.de/downloads/BM_06_danz.pdf, letzter Zugriff 24. Juli 2004

Neumann, Andreas, Fusionen und fusionsähnliche Unternehmenszusammenschlüsse unter besonderer Berücksichtigung finanzieller Aspekte, Bern, 1994

Niewiarra, Manfred, Unternehmenskauf, Baden-Baden, 2002

Noll, Nathalie, Gestaltungsperspektiven interner Kommunikation, Wiesbaden, 1996

Nölting, Andreas, M&A-Preis: Handschlag der Gewinner, in: Manager Magazin, 30. Jahrgang, Heft 8, 2001, S. 102-106

OECD, ICCP Statistical Panel, Definition for the Information and Communication Technology Sector, www.oecd.org/dsti/sti/it/stats/defin.htm, 1998

Oehlrich, Marcus, Strategische Analyse von Unternehmensakquisitionen, Wiesbaden, 1999

Oltmanns, Michael, Vom ersten Kontakt bis zur Unternehmensübergabe – Rechtliche Facetten des Unternehmenskaufes, in: Lange, Georg F. (Hrsg.), Mergers & Acquisitions in der Praxis – Erfolgreiches Projektmanagement bei Unternehmenstransaktionen, Frankfurt am Main, 2001

Ossadnik, Wolfgang, Controlling, München; Wien, 2002

Ottersbach, Dieter; Kolbe, Christoph, Integrationsrisiken bei Unternehmensakquisitionen, in: Betriebswirtschaftliche Forschung und Praxis, 42. Jahrgang, Heft 2, 1990, S. 140-150

Pack, Heinrich, Due Diligence, in: Picot, Gerhard (Hrsg.), Handbuch Mergers & Acquisitions – Planung, Durchführung, Integration, Stuttgart, 2002

Pausenberger, Ehrenfried, Zur Systematik von Unternehmenszusammenschlüssen, in: Das Wirtschaftsstudium, Auflage 11/1989, 1989, S. 621 - 626

Penzel, Hans-Gert, Pietig, Christian (Hrsg.), MergerGuide – Handbuch für die Integration von Banken, Wiesbaden, 2000

Penzel, Hans-Gert, Klare Strategie und Zielausrichtung – Erfolgsfaktoren für das Post Merger Management in Banken, in: Zeitschrift für Führung und Organisation, 69. Jahrgang, Heft 1, 2000, S. 25-36

Perin, Sinan, Synergien bei Unternehmensakquisitionen. Empirische Untersuchung von Finanz-, Markt- und Leistungssynergien, Wiesbaden, 1996

Perridon, Louis; Steiner, Manfred, Finanzwirtschaft der Unternehmung, 11. Auflage, München, 2003

Pfohl, Hans-Christian (1992), Organisation der Logistik, in: Frese, Erich (Hrsg.), Handwörterbuch der Organisation, Stuttgart, 1992, Sp. 1255-1270

Pfohl, Hans-Christian (1993), Logistiksysteme, in: Wittmann, Walter et al. (Hrsg.), Handwörterbuch der Betriebswirtschaftslehre, Stuttgart, 1993, Sp. 2615-2631

Picot, Gerhard (Hrsg.), Unternehmenskauf und Restrukturierung – Handbuch zum Wirtschaftsrecht, München, 1998

Picot, Gerhard (2002a), Rechtliche Parameter der Integrations- bzw. Implementierungsmaßnahmen, insbesondere der Restrukturierungsmaßnahmen, in: Picot, Gerhard (Hrsg.), Mergers & Acquisitions – Planung, Durchführung, Integration, 2. Auflage, Stuttgart, 2002

Picot, Gerhard (2002b), Wirtschaftsrechtliche Aspekte der Durchführung von Mergers & Acquisitions, insbesondere der Gestaltung des Transaktionsvertrages, in: Picot, Gerhard (Hrsg.), Handbuch Mergers & Acquisitions – Planung, Durchführung, Integration, Stuttgart, 2002

Picot, Gerhard; Franz, Aleth, (1999), Der Unternehmenskaufvertrag, in: Picot, Gerhard (Hrsg.), Mergers & Acquisitions optimal managen, www.picot.de/handels-blatt05.htm, letzter Zugriff 02. August 2004

Picot, Gerhard (1999), Fusionseuphorie oder Überlebensstrategie?, in: Picot, Gerhard, (Hrsg.), Mergers & Akquisitions optimal managen, www.picot.de/-handelsblatt01.htm, letzter Zugriff 02. August 2004

Picot, Gerhard; Jansen, Stephan A., Moderne Bewertungsverfahren von Unternehmen, in: Picot, Gerhard (Hrsg.), Mergers & Acquisitions optimal managen; www.picot.de-/handelsblatt04.htm, letzter Zugriff 02. August 2004

Picot, Gerhard; Land, Volker, Der Ablauf von M&A-Transaktionen, in: Picot, Gerhard (Hrsg.), Mergers & Acquisitions optimal managen, www.picot.de/handels-blatt02.htm, letzter Zugriff 02. August 2004

Picot, Gerhard; Schnitker, Elmar, Arbeitsrecht bei Unternehmenskauf und Restrukturierung, München, 2001

Picot, Gerhard; Vondenhoff-Mertens, Renate, Due Diligence, in: Picot, Gerhard (Hrsg.), Mergers & Acquisitions optimal managen, www.picot.de/handelsblatt03.htm, letzter Zugriff 02. August 2004

Porter, Michael E., Wettbewerbsstrategie – Methoden zur Analyse von Branchen und Konkurrenten, Frankfurt am Main; New York, 1992

Porter, Michael E. (1987), From Competitive Advantage to Corporate Strategy, in: Harvard Business Review, 65. Jahrgang, 1987, S. 43-59

Preißler, Peter R., Controlling, München; Wien, 2000

Preschern, Georg; Wintersberger, Karlheinz, Commercial Due Diligence, in: Kranebitter, Gottwald (Hrsg.), Due Diligence – Risikoanalyse im Zuge von Unternehmenstransaktionen, Bonn, 2002, S. 106 ff.

Pribilla, Peter, Personelle und kulturelle Integration, in: Picot, Gerhard (Hrsg.), Handbuch Mergers & Acquisitions – Planung, Durchführung, Integration, Stuttgart, 2002

Quirke, Bill, Communicating Corporate Change – Ratschläge für ein effizientes Vorgehen, in: Deekeling, Egbert; Fiebig, Norbert, Interne Kommunikation – Erfolgsfaktor im corporate change, Frankfurt am Main/Wiesbaden, 1999

Rat der Europäischen Union, Vorschlag für eine Verordnung des Rates über die Kontrolle von Unternehmenszusammenschlüssen („EG_Fusionskontrollverordnung), Brüssel, 21.11.2003, Art. 10 i. V. m. Art. 7

Rebien, Axel; Andersen, Arthur, Financial Due Diligence, in: Lange, Georg F. (Hrsg.), Mergers & Acquisitions in der Praxis, Erfolgreiches Projektmanagement bei Unternehmenstransaktionen, Frankfurt am Main, 2001

Refäuter, Dirk, Strategisches Controlling auf der Basis des Cash Flow, Wiesbaden, 1990

Ridder, Hans-Gerd, Personalwirtschaftslehre, Stuttgart; Berlin; Köln, 1999

Rockholtz, Carsten (1990), Marktwertorientiertes Akquisitionsmanagement; Due Diligence-Konzeption zur Identifikation, Beurteilung und Realisation akquisitionsbedingter Synergiepotentiale, Frankfurt am Main, 1999

Rockholtz, Carsten (2002), Due Diligence-Konzeption zum synergieorientierten Akquisitionsmanagement, in: v. Berens, Wolfgang; Brauner, Hans U.; Strauch, Joachim (Hrsg.), Due Diligence bei Unternehmensakquisitionen, Stuttgart, 2002

Roll, Richard, The Hubris Hypothesis of Corporate Takeovers, in: Journal of Business, 59. Jahrgang, Heft 2, 1986, S. 202 ff.

RWI (Hrsg.), Wachstum- und Beschäftigungspotentiale der Informationsgesellschaft bis zum Jahr 2010; Endbericht zum Forschungsauftrag Nr. 30/99 des Bundesministeriums für Wirtschaft und Technologie, Essen, 2000

Salecker, Jürgen, Der Kommunikationsauftrag von Unternehmen bei Mergers & Acquisitions – Problemdimension und Gestaltungsoptionen der Kommunikation bei Unternehmensübernahmen, Bern; Stuttgart; Wien, 1995

Schäfer, Michael, Integrationscontrolling – Bausteine zur Beobachtung der Integration von Akquisitionen, St. Gallen, 2001

Scheller, K. Randolf, Performance of corporate acquisitions over the medium term in Germany, Wiesbaden, 1999

Schewe, Gerhard; Gerds, Johannes, Erfolgsfaktoren von Post Merger Integration – Ergebnisse einer pfadanalytischen Untersuchung, in: Zeitschrift für Betriebswirtschaft, Ergänzungsheft 1, 71. Jahrgang, 2001, S. 75-103

Schierenbeck, Henner, Grundzüge der Betriebswirtschaft, München; Wien, 2000

Schmidt, Reinhard H.; Hackethal, Andreas, Fusionen und Übernahmen: - immer wichtiger und immer schwieriger, www.finance.uni-frankfurt.de/schmidt/publikations/mergers.pdf letzter Zugriff 23. Mai 2005

Schmitt, Eberhard, Internal Relations – Reenginiering – Learning Organization. Kritische Anmerkung zum Kommunikationsmanagement der 90er Jahre, in: Deekeling, Egbert; Fiebig, Nortbert, Interne Kommunikation – Erfolgsfaktor im corporate change, Frankfurt am Main/Wiesbaden, 1999

Seeger, Heiko, Insiderhandel am deutschen Kapitalmarkt –Eine empirische Untersuchung von Existenz und Erkennbarkeit, Univ. Diss., Frankfurt am Main, 1998

Serfling, Klaus, Controlling, Stuttgart, 1992

Seufert, Wolfgang, Informations- und Kommunikationswirtschaft räumlich stark konzentriert, DIW-Wochenbericht 32/00, Berlin, 2000

Sewing, Nanette (2003), Akquisitionserfolg durch Integration der Mitarbeiter, Wiesbaden, 2003

Sewing, Nanette (1996), Steigerung des Erfolges von grenzüberschreitenden Akquisitionen durch gezielte Integration der Mitarbeiter differierender Landeskulturen, Wiesbaden, 1996

Sharpe, William F., Capital asset prices - A theory of market equilibrium under conditions of risk, in: The Journal of Finance, 1964, S. 425 - 442

Sommer, Stefan, Integration akquirierter Unternehmen – Instrumente und Methoden zur Realisierung von leistungswirtschaftlichen Synergiepotentialen, Frankfurt am Main, 1996

Staehle, Wolfgang H., Management – Eine verhaltenswissenschaftliche Perspektive, München, 1999

Statistisches Bundesamt (Hrsg.), www.destatis.de/basis/d/fist/fist011.htm, letzter Zugriff 01. September 2004

Statistisches Bundesamt (Hrsg.), www.destatis.de/themen/d/thm-unternehmen.htm, letzter Zugriff 01. September 2004

Stauss, Bernd, Kundenbindung durch Beschwerdemanagement, in: Bruhn, Manfred; Homburg, Christian (Hrsg.), Handbuch Kundenmanagement: Grundlagen – Konzepte – Erfahrungen, Wiesbaden, 1998

Stehle, Richard; Erhardt, Olaf, Renditen bei Börseneinführungen am deutschen Kapitalmarkt, in: Zeitschrift für Betriebswirtschaft, 1999, S. 1395 - 1422

Steinmüller, Horst, Environmental Due Diligence, in: Kranebitter, Gottwald (Hrsg.), Due Diligence – Risikoanalyse im Zuge von Unternehmenstransaktionen, Bonn, 2002

Steinöcker, Reinhard (1998), Mergers and Acquisitions – Strategische Planung von Firmenübernahmen – Konzeption, Transaktion, Controlling, Düsseldorf, 1998

Steinöcker, Reinhard (1993), Akquisitionscontrolling – Strategische Planung von Firmenübernahmen, Berlin, 1993

Stüdlein, Yvonne, Management von Kulturunterschieden – Phasenkonzept für internationale strategische Allianzen, Wiesbaden, 1997

Sundhoff, Edmund, Absatzorganisation, Wiesbaden, 1958

Teichmann, Stephan, Projektcontrolling, Studienbrief 2 – 030 – 1402, Fernstudienagentur des FVL, Berlin, 1999

Thom, Norbert; De Souza, David, Ansätze zur Personalintegration bei Fusionen und Akquisitionen mittelständischer Unternehmen, in: io Management, 70. Jahrgang, Heft 3, 2001, S. 40-44

Thommen, Jean-Paul; Sauermann, Sabine, Organisatorische Lösungskonzepte des M&A-Managements – Neuere Entwicklung des ganzheitlichen Managements von M&A-Prozessen, in: Zeitschrift Führung und Organisation, 68. Jahrgang, Heft 6, 1999, S. 318-322

Thompson, J. E., More Methods of Event Studies in Corporate Finance, in: Journal of Business Finance and Accounting, Vol. 15, 1988, S. 77 - 86

Uder, Helmuth L.; Kramarsch, Michael H., Buying is Fun, Merging is Hell – Mergers & Acquisitions Managen durch erfolgreiche Integration der Human Ressources, in: Jansen, Stephan A.; Picot, Gerhard; Schierek, Dirk (Hrsg.), Internationales Fusionsmanagement – Erfolgsfaktoren grenzüberschreitender Unternehmenszusammenschlüsse, Stuttgart, 2001

Ulrich, Peter, Unternehmenskultur, in: Wittmann, Waldemar (Hrsg.), Handwörterbuch der Betriebswirtschaft, Stuttgart, 1993

Unger, Christine; Behrend, Lars; Grube, Frank; Rösli, Priska, Tax Due Diligence, in: Kranebitter, Gottwald (Hrsg.), Due Diligence: Risikoanalyse im Zuge von Unternehmenstransaktionen, Bonn, 2002

Vogel, Dieter, M&A – Ideal und Wirklichkeit, Wiesbaden, 2002

Wächter, Hartmut, Personalwirtschaftliche Voraussetzungen und Folgen von Unternehmenszusammenschlüssen, in: Betriebswirtschaftliche Forschung und Praxis, 42. Jahrgang, Heft 2, 1990, S. 114-128

Weismüller, Arnold, Controlling von Synergieeffekten, in: Picot, Arnold; Nordmeyer, Andreas; Pribilla, Peter, Management von Akquisitionen, Akquisitionsplanung und Integrationsmanagement; Kongress-Dokumentation 53. Deutscher Betriebswirtschafter-Tag 1999, Stuttgart, 2000

Werner, Markus, Post-Merger-Integration – Problemfelder und Lösungsansätze, in: Zeitschrift für Führung und Organisation, 68. Jahrgang, Heft 6, 1999, S. 332-337

Winkler, Brigitte; Dörr, Stephan, Fusionen Überleben – Strategien für Manager, München, 2001

Wirtgen, Jörg, Post-Merger-Management, www.flexible-unternehmen.de/kl0908.htm, letzter Zugriff 20. Dezember 2004

Wirtz, Bernd W., Mergers & Acquisitions Management – Strategie und Organisation von Unternehmenszusammenschlüssen, Wiesbaden, 2003

Wöhe, Günter; Döring, Ulrich, Einführung in der Allgemeine Betriebswirtschaftslehre, 21. Auflage, München, 2002

Wulff, Christian, Kapitalmarktreaktionen auf Nennwertumstellungen, Univ. Diss. Wiesbaden, 2001

www.1-to-manage.de/onetomanage/1-to-manage.nsf, letzter Zugriff 23. Mai 2004

www.chancenfueralle.de/Service_Termine/Lexikon/U/Unternehmenskultur.html, letzter Zugriff 04. August 2004

www.instock.de/tools/popupPrint.html?section=MoneyPenny&id=10134710, letzter Zugriff 30. September 2004

www.mergers-and-acquisitions.de/fakten1020.htm, letzter Zugriff 25. Januar 2004

www.nexxt.org/seiten/unp/1113/2271/?print=1, letzter Zugriff 16. September 2004 www.organisationsberaterin.de/publikation/erfolge_mergers.htm, letzter Zugriff 08. November 2004

www.pmi-post-merger-integration.de/integrationskonzept.php?layout=druck, letzter Zugriff 18. November 2004

www.sachsen.de/de/wu/smwa/wirtschaft/mitthand/mittelstandsbericht/pdf/kapitel/1.2.pdf, letzter Zugriff 11. August 2004

www.umsetzungsberatung.de/lexikon/lexikon-change-management, letzter Zugriff 26. November 2004

Zimmermann, Rainer, Interne und externe Kommunikation, in: Picot, Gerhard, Mergers & Acquisitions – Planung, Durchführung, Integration, 2. Auflage, Stuttgart, 2002

Gesetze

Bürgerliches Gesetzbuch vom 15.12.2003, BGBl. I, S. 2676

Einkommensteuergesetz vom 29.12.2003, BGBl. I, S. 3076

Einkommensteuerrichtlinien vom 22.12.2003, Bundessteuerblatt I, Sondernummer 2/2003

Gesetz gegen Wettbewerbsbeschränkungen vom 26.08.1998, BGBl. I, S. 2546

Handelsgesetzbuch vom 10.12.2003, BGBl. I, S. 2463

AUSGEWÄHLTE VERÖFFENTLICHUNGEN

EUL VERLAG

PLANUNG, ORGANISATION UND UNTERNEHMUNGSFÜHRUNG

Herausgegeben von Prof. Dr. Dr. h. c. Norbert Szyperski, Köln, Prof. Dr. Winfried Matthes, Wuppertal, Prof. Dr. Udo Winand, Kassel, Prof. (em.) Dr. Joachim Griese, Bern, Prof. Dr. Harald F. O. von Kortzfleisch, Koblenz, Prof. Dr. Ludwig Theuvsen, Göttingen, und Prof. Dr. Andreas Al-Laham, Kaiserslautern

Band 75
Markus A. Happel
Wertorientiertes Controlling in der Praxis – Eine empirische Überprüfung
Lohmar – Köln 2001 • 296 S. • € 44,- (D) • ISBN 3-89012-909-9

Band 76
Martin Kupp
Kooperationen zwischen Umweltschutzorganisationen und Unternehmen
Lohmar – Köln 2001 • 200 S. • € 38,- (D) • ISBN 3-89012-914-5

Band 77
Andreas Lasar
Dezentrale Organisation in der Kommunalverwaltung
Lohmar – Köln 2001 • 308 S. • € 45,- (D) • ISBN 3-89012-920-X

Band 78
Mathias Luhn
Flexible Prozeßrechnung für ein Geschäftsprozeßmanagement
Lohmar – Köln 2002 • 350 S. • € 48,- (D) • ISBN 3-89012-927-7

Band 79
Martin Hermesch
Die Gestaltung von Interorganisationsbeziehungen – Theoretische sowie empirische Analysen und Erklärungen
Lohmar – Köln 2002 • 322 S. • € 46,- (D) • ISBN 3-89012-928-5

Band 80
Achim Korten
Wirkung kompetenzorientierter Strategien auf den Unternehmenswert – Eine simulationsbasierte Analyse mit System Dynamics
Lohmar – Köln 2002 • 334 S. • € 47,- (D) • ISBN 3-89012-937-4

Band 81
Thorsten Peske
Eignung des Realoptionsansatzes für die Unternehmensführung
Lohmar – Köln 2002 • 278 S. • € 43,- (D) • ISBN 3-89012-941-2

Band 82
Clemens Odendahl
Cooperation Resource Planning – Planung und Steuerung dynamischer Kooperationsnetzwerke
Lohmar – Köln 2002 • 228 S. • € 41,- (D) • ISBN 3-89012-962-5

Band 83
Yven Schmidt
Verbesserungsprozeßmanagement – Entwicklung eines Werkzeuges für die koordinierte Verbesserung von Geschäftsprozessen
Lohmar – Köln 2002 • 232 S. • € 44,- (D) • ISBN 3-89012-975-7

Band 84
Gerrit Andreas Marx
Wertorientiertes Management einer Region – Regional Resident Value und Corporate Shareholder Value als Management-Missionen einer Public-Private-Partnership auf Aktien
Lohmar – Köln 2002 • 304 S. • € 48,- (D) • ISBN 3-89012-982-X

Band 85
Felix Zimmermann
Vertrauen in Virtuellen Unternehmen
Lohmar – Köln 2003 • 272 S. • € 46,- (D) • ISBN 3-89936-077-X

Band 86
Beate Degen
Responsible Care© in Investments
Lohmar – Köln 2003 • 314 S. • € 48,- (D) • ISBN 3-89936-087-7
Band 87
Harald Wüllenweber
Mehr Kundenbindung durch Organisationales Lernen – Konzept – Modellierung – empirische Befunde
Lohmar – Köln 2003 • 354 S. • € 52,- (D) • ISBN 3-89936-106-7

Band 88
Carolina Catrin Schnitzler
Unternehmenskultur in Internet-Unternehmen – Gestaltungsmöglichkeiten durch Gründer und Führungskräfte
Lohmar – Köln 2003 • 284 S. • € 48,- (D) • ISBN 3-89936-111-3

Band 89
Jens Kiefel
Unternehmenssteuerung im Informationszeitalter – Gestaltung zwischen systemischer Machbarkeit und ökonomischer Rationalität
Lohmar – Köln 2003 • 360 S. • € 53,- (D) • ISBN 3-89936-134-2

Band 90
Matthias Kern
Lean Information System – Problemorientierte Gestaltung von Informationssystemen unter besonderer Berücksichtigung von Lean Management
Lohmar – Köln 2003 • 372 S. • € 54,- (D) • ISBN 3-89936-141-5

Band 91
Jochen Großpietsch
Supply Chain Management in der Konsumgüterindustrie
Lohmar – Köln 2003 • 254 S. • € 46,- (D) • ISBN 3-89936-145-8

Band 92
Stefan Sekul
Ökologisches Konfliktmanagement
Lohmar – Köln 2003 • 286 S. • € 48,- (D) • ISBN 3-89936-163-6

Band 93
Bernd Bräuer
Wissensmanagementstrategietypen in temporär intendierten Unternehmensnetzwerken
Lohmar – Köln 2003 • 410 S. • € 56,- (D) • ISBN 3-89936-179-2

Band 94
Frank Czymmek
Ökoeffizienz und unternehmerische Stakeholder
Lohmar – Köln 2003 • 266 S. • € 47,- (D) • ISBN 3-89936-180-6

Band 95
Florian Kelber
Turnaround Management von Dotcoms
Lohmar – Köln 2004 • 432 S. • € 56,- (D) • ISBN 3-89936-203-9

Band 96
Wolfgang Irrek
Controlling der Energiedienstleistungsunternehmen
Lohmar – Köln 2004 • 552 S. • € 65,- (D) • ISBN 3-89936-219-5

Band 97
Guido Paffenholz
Exitmanagement – Desinvestitionen von Beteiligungsgesellschaften
Lohmar – Köln 2004 • 276 S. • € 47,- (D) • ISBN 3-89936-256-X

Band 98
Ingmar Ackermann
Supply Chain Management in der Automobilindustrie
Lohmar – Köln 2004 • 428 S. • € 56,- (D) • ISBN 3-89936-269-1

Band 99
Lars-Heiko Rauscher
Strategische Frühaufklärung – Neuer Vorschlag zur finanziellen Bewertung
Lohmar – Köln 2004 • 292 S. • € 49,- (D) • ISBN 3-89936-271-3

Band 100
Katharina Brigitte Rick
Corporate Governance and Balanced Scorecard – A Strategic Monitoring System for Swiss Boards of Directors
Lohmar – Köln 2004 • 288 S. • € 48,- (D) • ISBN 3-89936-273-X

Band 101
Jens D.-O. Heymans
Management der textilen Supply Chain durch den Bekleidungs-einzelhandel
Lohmar – Köln 2004 • 314 S. • € 52,- (D) • ISBN 3-89936-274-8

Band 102
Roland Rolles
Content Management in der öffentlichen Verwaltung
Lohmar – Köln 2004 • 268 S. • € 47,- (D) • ISBN 3-89936-287-X

Band 103
Erik Hofmann
Strategisches Synergie- und Dyssynergiemanagement
Lohmar – Köln 2004 • 406 S. • € 56,- (D) • ISBN 3-89936-289-6

Band 104
Hanns Martin Schindewolf
Organisches Wachstum internationaler Unternehmen – Eine empirische Exploration
Lohmar – Köln 2004 • 350 S. • € 54,- (D) • ISBN 3-89936-292-6

Band 105
Oliver Schwarz
Die Anwendung des Markt- und Ressourcenorientierten Ansatzes des Strategischen Managements – Dargestellt am Beispiel der IPOs am Neuen Markt
Lohmar – Köln 2004 • 442 S. • € 58,- (D) • ISBN 3-89936-304-3

Band 106
Leonhard von Metzler
Risikoaggregation im industriellen Controlling
Lohmar – Köln 2004 • 262 S. • € 47,- (D) • ISBN 3-89936-306-X

Band 107
Markus Welter
Informations-, Wissens- und Meinungsmanagement für Dienstleistungsunternehmen – Analyse und Entwurf unter besonderer Berücksichtigung informationsökonomischer Aspekte
Lohmar – Köln 2005 • 328 S. • € 52,- (D) • ISBN 3-89936-332-9

Band 108
Michael Krupp
Kooperatives Verhalten auf der sozialen Ebene einer Supply Chain
Lohmar – Köln 2005 • 252 S. • € 47,- (D) • ISBN 3-89936-379-5

Band 109
Markus A. Launer
Coordination of Foreign Subsidiaries in Multinational Enterprises
Lohmar – Köln 2005 • 132 S. • € 38,- (D) • ISBN 3-89936-397-3

Band 110
Ulrich Thomé
Kooperations-Engineering – Ein lernorientierter Gestaltungsansatz
Lohmar – Köln 2006 • 376 S. • € 55,- (D) • ISBN 3-89936-445-7

Band 111
Gerhard Sessing
Wissenstransfer zwischen Organisationen – Erfolgsfaktoren im interorganisationalen Lernprozess
Lohmar – Köln 2006 • 298 S. • € 49,- (D) • ISBN 3-89936-458-9

Band 112
Kai-Christian Muchow
Strategischer Wandel in Professional Service Firms – Eine prozeßorientierte Untersuchung am Beispiel deutscher Rechtsanwaltskanzleien
Lohmar – Köln 2006 • 314 S. • € 52,- (D)
ISBN-13: 978-3-89936-488-0 • ISBN-10: 3-89936-488-0

Band 113
Stefan Wittenberg
Gestaltung interner Märkte in Unternehmensnetzwerken
Lohmar – Köln 2006 • 256 S. • € 47,- (D)
ISBN-13: 978-3-89936-500-9 • ISBN-10: 3-89936-500-3

Band 114
Andreas Roß
Wertsteigerung durch Netzwerkkompetenz – Konzeption und praktisches Vorgehen
Lohmar – Köln 2006 • 300 S. • € 49,- (D)
ISBN-13: 978-3-89936-522-1 • ISBN-10: 3-89936-522-4

Band 115
Klaus-Philipp Koepff
Institutionelles Krisenmanagement – Ein empirischer Vergleich von Inhouse- und Interim-Management
Lohmar – Köln 2007 • 274 S. • € 48,- (D) • ISBN 978-3-89936-574-0

Band 116
Karl Langenstein
Post Merger Integration Management
Lohmar – Köln 2007 • 260 S. • € 47,- (D) • ISBN 978-3-89936-627-3

Weitere Schriftenreihen:

UNIVERSITÄTS-SCHRIFTENREIHEN

- Reihe: Steuer, Wirtschaft und Recht
Herausgegeben von vBP StB Prof. Dr. Johannes Georg Bischoff, Wuppertal, Dr. Alfred Kellermann, Vorsitzender Richter (a. D.) am BGH, Karlsruhe, Prof. (em.) Dr. Günter Sieben, Köln, und WP StB Prof. Dr. Norbert Herzig, Köln

- Reihe: Rechnungslegung und Wirtschaftsprüfung
Herausgegeben von Prof. (em.) Dr. Dr. h. c. Jörg Baetge, Münster, Prof. Dr. Hans-Jürgen Kirsch, Münster, und Prof. Dr. Stefan Thiele, Wuppertal

- Reihe: Informationsmanagement und Unternehmensführung – Schriften des IMU, Universität Osnabrück
Herausgegeben von Prof. Dr. Uwe Hoppe, Prof. Dr. Bodo Rieger, Jun.-Prof. Dr. Frank Teuteberg und Prof. Dr. Thomas Witte

- Reihe: Controlling
Herausgegeben von Prof. Dr. Volker Lingnau, Kaiserslautern, und Prof. Dr. Albrecht Becker, Innsbruck

- Reihe: Wirtschaftsinformatik
Herausgegeben von Prof. Dr. Dietrich Seibt, Köln, Prof. Dr. Hans-Georg Kemper, Stuttgart, Prof. Dr. Georg Herzwurm, Stuttgart, Prof. Dr. Dirk Stelzer, Ilmenau, und Prof. Dr. Detlef Schoder, Köln

- Reihe: Schriften zu Kooperations- und Mediensystemen
Herausgegeben von Prof. Dr. Volker Wulf, Siegen, Prof. Dr. Jörg Haake, Hagen, Prof. Dr. Thomas Herrmann, Bochum, Prof. Dr. Helmut Krcmar, München, Prof. Dr. Johann Schlichter, München, Prof. Dr. Gerhard Schwabe, Zürich, und Prof. Dr.-Ing. Jürgen Ziegler, Duisburg

- Reihe: Telekommunikation @ Medienwirtschaft
Herausgegeben von Prof. Dr. Dr. h. c. Norbert Szyperski, Köln, Prof. Dr. Udo Winand, Kassel, Prof. Dr. Dietrich Seibt, Köln, Prof. Dr. Rainer Kuhlen, Konstanz, Dr. Rudolf Pospischil, Bonn, Prof. Dr. Claudia Löbbecke, Köln, und Prof. Dr. Christoph Zacharias, Köln

- Reihe: Electronic Commerce
Herausgegeben von Prof. Dr. Dr. h. c. Norbert Szyperski, Köln, Prof. Dr. Beat F. Schmid, St. Gallen, Prof. Dr. Dr. h. c. August-Wilhelm Scheer, Saarbrücken, Prof. Dr. Günther Pernul, Regensburg, Prof. Dr. Stefan Klein, Münster, Prof. Dr. Detlef Schoder, Köln, und Prof. Dr. Tobias Kollmann, Essen

- Reihe: E-Learning
Herausgegeben von Prof. Dr. Dietrich Seibt, Köln, Prof. Dr. Freimut Bodendorf, Nürnberg, Prof. Dr. Dieter Euler, St. Gallen, und Prof. Dr. Udo Winand, Kassel

- Reihe: InterScience Reports
Herausgegeben von Prof. Dr. Dr. h. c. Norbert Szyperski, Köln, Prof. Dr. Harald F. O. von Kortzfleisch, Koblenz, und Prof. Dr. Dietrich Seibt, Köln

- Reihe: FGF Entrepreneurship-Research Monographien
Herausgegeben von Prof. Dr. Heinz Klandt, Oestrich-Winkel, Prof. Dr. Dr. h. c. Norbert Szyperski, Köln, Prof. Dr. Michael Frese, Gießen, Prof. Dr. Josef Brüderl, Mannheim, Prof. Dr. Rolf Sternberg, Hannover, Prof. Dr. Ulrich Braukmann, Wuppertal, und Prof. Dr. Lambert T. Koch, Wuppertal

- Reihe: Venture Capital und Investment Banking, Neue Folge
Herausgegeben von Prof. Dr. Klaus Nathusius

- Reihe: Technologiemanagement, Innovation und Beratung
Herausgegeben von Prof. Dr. Dr. h. c. Norbert Szyperski, Köln, vBP StB Prof. Dr. Johannes Georg Bischoff, Wuppertal, und Prof. Dr. Heinz Klandt, Oestrich-Winkel

- Reihe: Kleine und mittlere Unternehmen
Herausgegeben von Prof. Dr. Jörn-Axel Meyer, Flensburg

- **Reihe: Wissenschafts- und Hochschulmanagement**
  Herausgegeben von Prof. Dr. Detlef Müller-Böling, Gütersloh, und Prof. Dr. Reinhard Schulte, Lüneburg

- **Reihe: Personal, Organisation und Arbeitsbeziehungen**
  Herausgegeben von Prof. Dr. Fred G. Becker, Bielefeld, und Prof. Dr. Walter A. Oechsler, Mannheim

- **Reihe: Forum Finanzwissenschaft und Public Management**
  Herausgegeben von Prof. Dr. Kurt Reding, Kassel, und PD Dr. Walter Müller, Kassel

- **Reihe: Finanzierung, Kapitalmarkt und Banken**
  Herausgegeben von Prof. Dr. Hermann Locarek-Junge, Dresden, Prof. Dr. Klaus Röder, Regensburg, und Prof. Dr. Mark Wahrenburg, Frankfurt

- **Reihe: Marketing**
  Herausgegeben von Prof. Dr. Heribert Gierl, Augsburg, Prof. Dr. Roland Helm, Jena, Prof. Dr. Frank Huber, Mainz, und Prof. Dr. Henrik Sattler, Hamburg

- **Reihe: Marketing, Handel und Management**
  Herausgegeben von Prof. Dr. Rainer Olbrich, Hagen

- **Reihe: Kundenorientierte Unternehmensführung**
  Herausgegeben von Prof. Dr. Hendrik Schröder, Essen

- **Reihe: Agrarökonomie**
  Herausgegeben von Prof. Dr. Achim Spiller, Göttingen, und Prof. Dr. Ludwig Theuvsen, Göttingen

- **Reihe: Produktionswirtschaft und Industriebetriebslehre**
  Herausgegeben von Prof. Dr. Jörg Schlüchtermann, Bayreuth

- **Reihe: Europäische Wirtschaft**
  Herausgegeben von Prof. Dr. Winfried Matthes, Wuppertal

- **Reihe: Katallaktik – Quantitative Modellierung menschlicher Interaktionen auf Märkten**
  Herausgegeben von Prof. Dr. Otto Loistl, Wien, und Prof. Dr. Markus Rudolf, Koblenz

- **Reihe: Quantitative Ökonomie**
  Herausgegeben von Prof. Dr. Eckart Bomsdorf, Köln, Prof. Dr. Wim Kösters, Bochum, und Prof. Dr. Winfried Matthes, Wuppertal

- **Reihe: Internationale Wirtschaft**
  Herausgegeben von Prof. Dr. Manfred Borchert, Münster, Prof. Dr. Gustav Dieckheuer, Münster, und Prof. Dr. Paul J. J. Welfens, Wuppertal

- **Schriftenreihe des Europäischen Instituts für Internationale Wirtschaftsbeziehungen**
  Herausgegeben von Prof. Dr. Wilfried Fuhrmann, Potsdam, und Prof. Dr. Paul J. J. Welfens, Wuppertal

- **Reihe: Industrieökonomik**
  Herausgegeben von Prof. Dr. Frank C. Englmann, Stuttgart, Prof. Dr. Mathias Erlei, Clausthal, Prof. Dr. Ulrich Schwalbe, Hohenheim, und Prof. Dr. Bernd Woeckener, Stuttgart

- **Reihe: Studien zur Dynamik der Wirtschaftsstruktur**
  Herausgegeben von Prof. Dr. Heinz Grossekettler, Münster

- **Reihe: Versicherungswirtschaft**
  Herausgegeben von Prof. (em.) Dr. Dieter Farny, Köln, und Prof. Dr. Heinrich R. Schradin, Köln

- **Reihe: Wirtschaftsgeographie und Wirtschaftsgeschichte**
  Herausgegeben von Prof. Dr. Ewald Gläßer, Köln, Prof. Dr. Josef Nipper, Köln, Dr. Martin W. Schmied, Köln, und Prof. Dr. Günther Schulz, Bonn

- **Reihe: Wirtschafts- und Sozialordnung: FRANZ-BÖHM-KOLLEG – Vorträge und Essays**
  Herausgegeben von Prof. Dr. Bodo B. Gemper, Siegen

- **Reihe: WISO-Studientexte**
  Herausgegeben von Prof. Dr. Eckart Bomsdorf, Köln, und Prof. (em.) Dr. Dr. h. c. Dr. h. c. Josef Kloock, Köln

- **Reihe: Europäisches Wirtschaftsrecht – Jean-Monnet-Schriftenreihe**
  Herausgegeben von Prof. Dr. Dieter Krimphove, Paderborn

- **Reihe: Rechtswissenschaft**

FACHHOCHSCHUL-SCHRIFTENREIHEN

- **Reihe: Institut für betriebliche Datenverarbeitung (IBD) e. V. im Forschungsschwerpunkt Informationsmanagement für KMU**
  Herausgegeben von Prof. Dr. Felicitas Albers, Düsseldorf

- **Reihe: FH-Schriften zu Marketing und IT**
  Herausgegeben von Prof. Dr. Doris Kortus-Schultes, Mönchengladbach, und Prof. Dr. Frank Victor, Gummersbach

- **Reihe: Marketing-Praxis – Schriften des Instituts für kreatives Marketing**
  Herausgegeben von Prof. Dr. Jochem Müller, FH Ansbach

- **Reihe: Medienmanagement**
  Herausgegeben von Prof. Dr. Thomas Breyer-Mayländer, Offenburg

- **Reihe: FuturE-Business**
  Herausgegeben von Prof. Dr. Michael Müßig, Würzburg-Schweinfurt

- **Reihe: Controlling-Forum – Wege zum Erfolg**
  Herausgegeben von Prof. Dr. Jochem Müller, Ansbach

- **Reihe: Unternehmensführung und Controlling in der Praxis**
  Herausgegeben von Prof. Dr. Thomas Rautenstrauch, Bielefeld

- **Reihe: Economy and Labour**
  Herausgegeben von EUR ING Prof. Dr.-Ing. Hans-Georg Nollau MBCS, Regensburg

- **Reihe: Institut für Regionale Innovationsforschung (IRI)**
  Herausgegeben von Prof. Dr. Rainer Voß, Wildau

- **Reihe: Interkulturelles Medienmanagement**
  Herausgegeben von Prof. Dr. Edda Pulst, Gelsenkirchen

PRAKTIKER-SCHRIFTENREIHEN

- **Reihe: Transparenz im Versicherungsmarkt**
  Herausgegeben von *ASSEKURATA* GmbH, Köln

- **Reihe: Betriebliche Praxis**
  Herausgegeben von vBP StB Prof. Dr. Johannes Georg Bischoff, Wuppertal

- **Reihe: Regulierungsrecht und Regulierungsökonomie**
  Herausgegeben von JUCONOMY Consulting AG, Düsseldorf